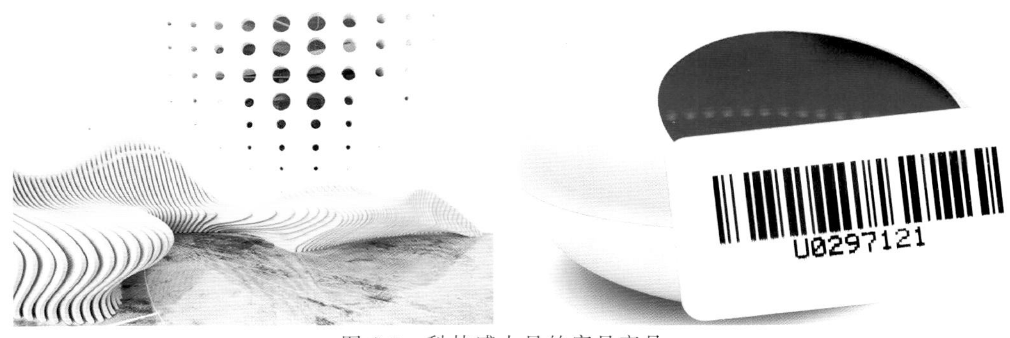

图 2-3 科技感十足的家具产品

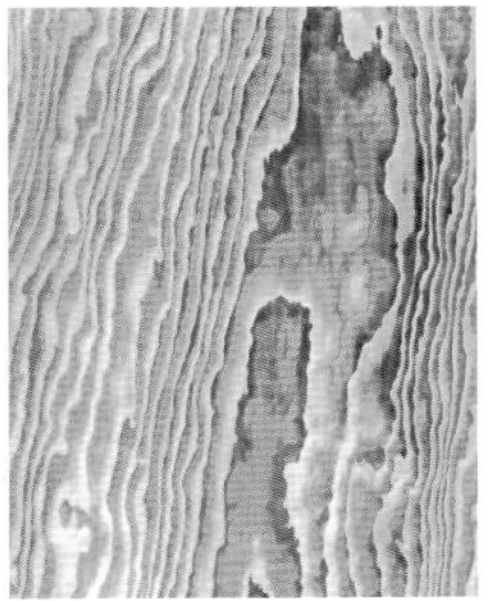
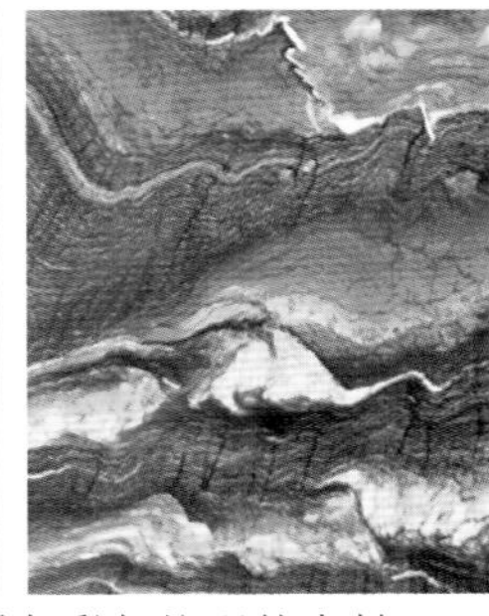
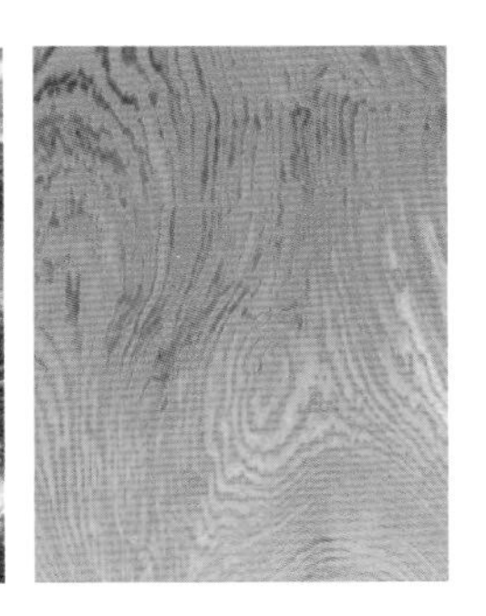

图 2-13 具有不同色彩与纹理的木材

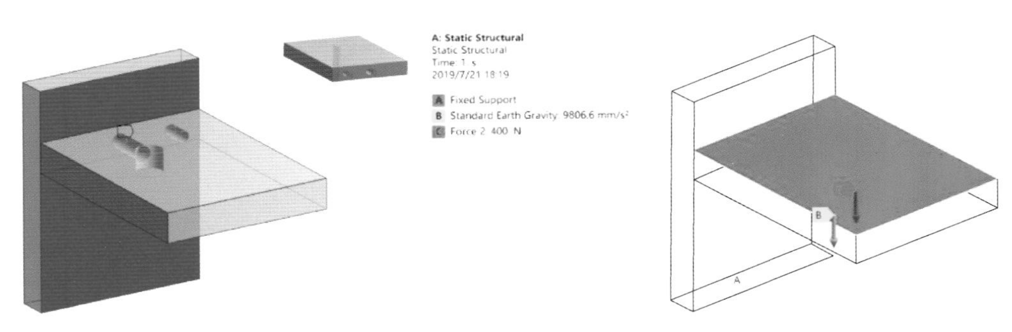

图 3-25 “T”型结构加载求解设置图

图 6-2 由金属丝焊接而成的椅子和由不锈钢与玻璃制造的桌子

图 6-30　采用胶接方式连接成型的塑料家具

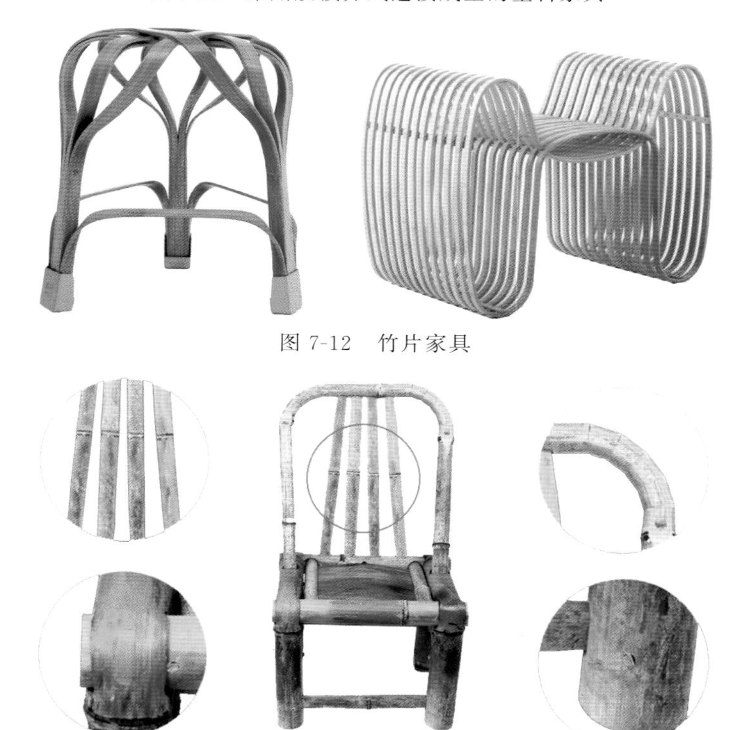

图 7-12　竹片家具

图 7-22　使用多种结构与工艺的原竹椅子

图 8-5　采用夹持结构的玻璃桌

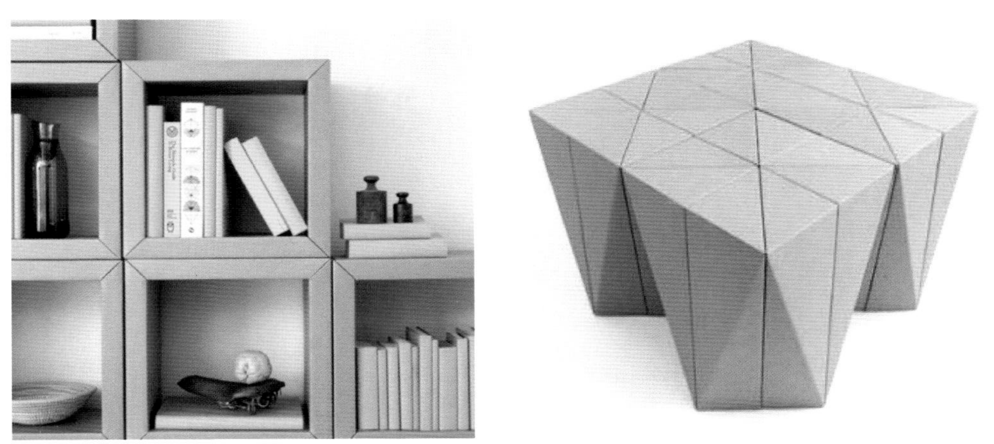

图 8-13　由折纸单元所组成的纸家具

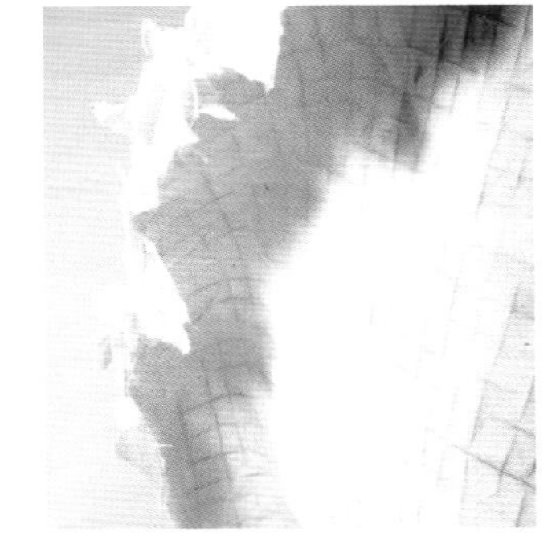

图 8-24　“Piao 2”椅

图 9-1　常见的软体家具

图 9-13　布艺沙发

图 9-14　真皮沙发

图 9-15　皮布结合沙发

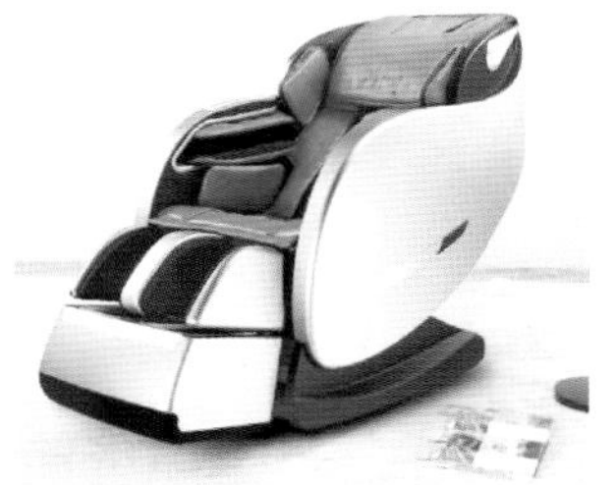

图 9-16　功能沙发

普通高等教育室内与家具设计专业系列教材

家具结构设计

孙德林　主编
王张恒　孙振宇　俞明功　参编

中国轻工业出版社

图书在版编目(CIP)数据

家具结构设计/孙德林主编. —北京:中国轻工业出版社，2024.8
ISBN 978-7-5184-2938-7

Ⅰ.①家…　Ⅱ.①孙…　Ⅲ.①家具-结构设计
Ⅳ.①TS664.01

中国版本图书馆 CIP 数据核字(2020)第 046027 号

责任编辑:陈　萍　　责任终审:李建华　　整体设计:锋尚设计
策划编辑:陈　萍　　责任校对:方　敏　　责任监印:张京华

出版发行:中国轻工业出版社(北京鲁谷东街5号，邮编：100040)
印　　刷:三河市国英印务有限公司
经　　销:各地新华书店
版　　次:2024 年 8 月第 1 版第 3 次印刷
开　　本:787×1092　1/16　印张:13.75
字　　数:350 千字　插页:2
书　　号:ISBN 978-7-5184-2938-7　定价:59.00 元
邮购电话:010-85119873
发行电话:010-85119832　　010-85119912
网　　址:http://www.chlip.com.cn
Email:club@chlip.com.cn

241413J1C103ZBW

前言

家具是为人们提供坐、卧、支撑和储存物品的器具或设备，与人们的日常生活息息相关。随着生活水平的提高与现代科技的发展，现代家具不仅要具有某些特定的用途，还应满足人们在精神层面上的需求。

家具结构是指家具产品零部件之间的接合方法与方式。通过科学的结构设计方法，不仅可以保证产品在结构上的安全性，还能够在一定程度上引导家具的造型设计，使形态、结构与功能相互协调，进而实现家具产品实用与审美的完美统一。

本书共计9章，主要包括家具结构设计中的原则方法与技术基础、结构的受力情况与受力分析以及主要按照材料与结构来分类的各类家具产品的结构与设计。第1章简要介绍了家具的概念、属性及其分类方法。第2章则从家具产品的造型、材料、功能、加工工艺以及安全性等要素与结构之间的关系出发，阐述了家具产品结构设计的基本原则、传统结构设计方法，同时分析了结构设计中的技术要素，为家具的结构设计奠定基础。第3章重点介绍了家具结构中的力学行为、关键节点的受力情况与计算方法，并分别以实木家具的榫卯结构和板式家具的“T”型节点为例，用有限元对其进行了模拟与分析，为家具的结构设计提供科学依据与理论方法。第4章和第5章分别就实木和板式家具结构进行了介绍，在实木家具结构中，对多种榫卯结构的性能特征进行了归纳与总结，同时对实木拆装、三维交汇和结构的增强设计进行了探讨。在板式家具结构中，对板式固定与拆装结构进行介绍，重点对32mm系统、标准连接件，尤其是板式的主体框架结构及连接方式进行了系统阐述与归纳。第6～9章，根据材料的基本属性分别对金属、塑料、竹、藤、玻璃、纸以及软体家具的结构进行了分析、归纳与总结，为基于材料的家具结构设计提供技术支撑。

本教材在编写过程中得到了中国轻工业出版社和“家具绿色设计与智造湖南省研究生培养创新基地”的大力支持。同时，林业工程学科家具方向的老师和研究生也做了大量的工作：王张恒整理与撰写了第4、5章的部分内容；孙振宇撰写了第2章并整理与撰写了第9章的部分内容；俞明功撰写了第3章部分内容；马宁与李光俊整理了第3章和第8章的部分内容，在此表示感谢。

本教材中引用了大量的图片与文献资料，部分引用自互联网与有关参考文献。这些在书后虽有列出，但未必详尽，如有遗漏，特表歉意。对已列出和未列出的在此一并表示感谢。

由于本书内容涉及多学科领域，加之笔者学识有限，书中难免有疏漏之处，敬请读者批评指正，以便在后续修订中改进。

孙德林

2020年5月于长沙

目录

第 1 章
家具分类与常见结构

《现代汉语规范辞典》对“结构”的解释是：① 构成事物整体的各个部分及其搭配、组合的方式；② 建筑上受力的构件。因此，家具结构可以理解为：构成家具产品的各个部件之间的搭配及其方式，并通过零部件之间的连接来实现。“设计”在百度上的解释为：把一种设想通过合理的规划、周密的计划、通过各种感觉形式传达出来的过程。因此，简单地说家具结构设计即是对家具产品结构的规划与计划。

构成家具产品的各个部件需要以一定的方式连接在一起形成整体，以实现家具产品的使用与审美功能。连接结构问题是家具产品设计中一个重要的问题，因此有必要对家具产品设计中的连接结构进行探讨。

1.1 家具与结构设计

1.1.1 家具的概念

家具是指人们维持日常生活、从事生产实践和开展社会活动必不可少的器具设施大类，是构建工作、生活空间的重要基础。家具的功能可分为四个方面，即使用功能、审美功能、技术功能和经济功能。

家具也可以认为是由材料、结构、外观形式和功能四个要素组成。其中功能是先导，是推动家具发展的动力；结构是主干，是实现功能的基础。这四个因素互相联系，又互相制约。由于家具是为了满足人们一定的物质需求和使用目的而设计与制作的，家具还具有外观形式和审美方面的要素。因此，家具既是物质产品，又是艺术作品，这便是人们常说的家具二重特点。

家具在我国有着悠久的历史，尤其是明式家具，在世界范围内都享有极高的声誉。在我国古代，家具就可分为：席、床、屏风、镜台、桌、椅、柜等。席子，是最古老、最原始的家具，最早由树叶编织而成，后来大都由芦苇、竹篾、藤皮等编制，古语中的“席地而坐”流传至今。床，是继席子之后最早出现的家具。一开始，床很矮，古人读书、写字、饮食、睡觉几乎都在床上进行。南北朝以后，床的高度与今天的床差不多，成为专供睡觉的家具。自唐朝以来，高型家具广泛普及，种类繁多，品种齐全，有床、桌、椅、凳、高几、长案、柜、衣架、巾架、屏风、盆架、镜台等多种。同时，各个时期的家具都极力讲究工艺手法，力求图案丰富、雕刻精美，表现出浓厚的中国传统气息，成了我国传统文化的一个组成部分。

家具的类型、数量、功能、形式、风格和制作水平以及当时的背景情况，反映了一个国家或地区在某一历史时期的社会生活方式、社会物质文明水平以及历史文化特征。因此，家具是某一国家或地域在某一历史时期社会生产力发展水平的标志，是某种生活方式的缩影，是某种文化形态的显现，所以家具凝聚了丰富而深刻的社会性。同时，家具也随着时代的步伐和科技的进步不断发展与创新，如今种类繁多、用料各异、用途不一。

1.1.2 家具结构

家具结构是指家具构件之间的组合与连接方式，也是所使用的材料和构件之间的一定组合与连接方式，是依据一定的使用功能而组成的一种结构系统。

1.1.2.1 家具结构的内涵

家具结构指家具零部件间的接合方式，如传统的榫卯连接方式和现代家具用的五金件连接方式，它与材料的变化和科学技术的发展相关。同时，不同的材料所构成的家具也存在不同的结构体系，如金属家具、塑料家具、藤家具、木家具等都有自己独特的结构特点。

家具的结构通常受材料物理与化学属性的约束，同时还要兼顾制造成本、工艺条件和造型样式的要求。一般来说，同一材料的家具也可以有不同的结构，如实木家具，除了传统的榫卯结构之外，类似于板式家具中的拆装结构，在一定范围内也适用于实木家具。

1.1.2.2 家具结构的外延

构件连接后的整体样式具有较宽泛的范围，并通过形态、材料、功能等加以展示，可认为是外观造型的另一种解释。由于家具是具有一定使用功能的产品，因此，要求家具在尺度、比例、形状和功能上都必须与使用者的生理特征相适应。同时，家具产品的形态与结构特征还应与环境相匹配。

为了设计出与人体的生理尺寸、姿态动作、运动范围和生理机能相适应的家具产品，在结构设计中通常要引入人体工程学的相关原理与方法，使产品的外在结构更具有科学性。

实际上，只有内涵与外延和谐统一，方可最大化地实现家具产品的功能价值。

1.1.3 家具的结构设计

在有文字记载的古代，人们所设计的家具外形和结构与今天我们所使用的家具差别其实不大。例如在埃及图坦卡蒙国王墓中发现的椅子、柜子，甚至折叠床，都与现代家具非常相似。而今天仍被广泛使用的榫卯结构，早在3000年前就已经被人们所了解和使用。

虽然人们使用家具有着数千年的历史，但如何设计与制造出既舒适实用又美观大方的家具依然是大家所关心的话题。因此，家具设计不仅仅是产品造型上的设计，还要包括结构与功能等方面的研究。从理论上讲，家具设计，尤其是结构设计，需要建立在一定的科学基础之上。如与结构相关的舒适性、承载能力、稳定性、使用寿命等方面均需要有科学依据。但从家具发展的历史来看，家具结构是通过不断尝试、不断吸取经验和教训而进化发展的。在早期的家具结构设计中，几乎都是以经验为主要依据，而且这种以经验为主的家具结构设计方式一直沿袭至今，并且还处于主导地位。因此，有必要将科学的设计方法引入家具产品的结构设计之中，使产品的结构更加合理。

家具结构设计是家具设计的重要组成部分，是在设计过程中按照产品的造型设计方案，为实现某种使用功能，选用合适的材料，并根据材料的基本属性，全面表达零部件之间的接合方式、装配关系以及必要的工艺技术要求的过程。它包括家具零部件的结构以及整体装配结构的设计。

由于一般的家具是由若干个零部件按照一定的接合方式装配而成，所以家具结构设计的主要内容就是研究其零部件间的接合关系。合理的结构不仅可以提高家具的力学性能，还能节省材料、提高工艺性，同时还可以加强家具造型的艺术性。因此，结构设计的任务除了满足家具使用过程中的力学要求外，还必须根据所用材料的属性来寻求力学与美学的统一。如中国明式家具之所以堪称典范，其最根本原因就是构件本身不仅起到装饰作用，而且实现了结构与造型的完美结合。

实际上，如何科学地对家具结构进行设计仍未引起足够重视。一方面，虽然设计师从未忽视产品的安全性与材料的减量化与轻量化之间的辩证关系，但许多设计师习惯基于设计经验进行设计，导致很少有家具结构研究的动力或缺乏科学地考虑这个问题的能力。因此，在家具结构分析方面所需要的详细信息很难获得或根本没有。而另一方面，在其他领域，科学的设计方法却在广泛应用。如建筑、桥梁以及其他工程领域不断取得新的成果：通过不断尝试，吸取经验和教训，再加上系统地、科学地分析与研究，并建立相应的标准。可见，在结构设计程序方面的不断规范、更新与改变，使得产品使用的安全性越来越高，而对设计师感性的依赖越来越少。

随着科学技术的不断进步，有多种设计方法与分析技术可以辅助家具的结构设计。因此，在讨论家具结构设计的同时，有必要将现代科学的设计方法与分析技术引入其中，从而对家具结构进行科学分析，使家具产品的设计更具科学性。

1.2 家具结构与分类

1.2.1 通用家具分类方法

家具的种类繁多，分类方法也不尽相同。通常可以按照风格、材料、功能、结构、使用场所等来分。

① 按家具风格分：现代家具、后现代家具、欧式古典家具、美式家具、中式古典家具、新古典家具、新中式家具、韩式田园家具、地中海家具等。

② 按所用材料分：实木家具、板式家具、软体家具、藤编家具、竹编家具、金属家具、钢木家具及其他材料组合，如玻璃、大理石、陶瓷、纤维织物、树脂家具等。

③ 按家具功能分：办公家具、户外家具、客厅家具、卧室家具、书房家具、儿童家具、餐厅家具、卫浴家具、厨卫家具（设备）和辅助家具等。

④ 按家具结构分：整装家具、拆装家具、折叠家具、固装家具、悬挂家具等。

⑤ 按使用场所分：学校家具、宾馆家具、医疗家具、食堂家具、图书馆家具等。

⑥ 按家具造型的效果分：普通家具、艺术家具等。

⑦ 按家具产品的档次分：高档、中高档、中档、中低档、低档等。

1.2.2 基于结构的家具分类

1.2.2.1 家具结构的类型

家具的结构是构成家具的关键系统，直接为家具功能服务，用以承受外力和自重，并将荷载自上而下合理地传到各结构支点直至地面。不同材料或同一种材料由于不同的使用功能及工艺条件，在满足牢固性和耐久性的要求下，都有着自己不同的结构方式。

家具的结构按照所用材料的不同可分为实木固定结构、金属插接结构、藤竹编织结构等；按传统与现代制造技术的不同，可分为传统榫卯连接结构、现代五金件连接结构；按使用场合或使用方式的不同，可分为固定结构、活动结构、支撑结构；按装配关系的不同，又可分为整体结构、零部件装配结构等。

此外，即使是同一种材料，也存在多种结构形式，如实木家具的基本接合方式就有榫卯接合、胶接合、五金件接合等。

1.2.2.2 按照材料的结构分类

（1）实木家具的结构

① 榫卯固定结构：榫卯是在两个构件上所采用的一种凹凸接合的连接方式。凸出部分叫榫（或榫头）；凹进部分叫卯（或卯眼、榫槽），榫和卯咬合，起到连接作用，可有效地限制构件的扭动。最基本的榫卯结构由两个构件组成，其中一个的榫头插入另一个的卯眼中，使两个构件连接并固定。当榫头或卯眼中涂胶或在接合之后用销钉固定使其无法拆卸，即成为不可拆装的固定结构，如图 1-1 所示。其特点在于结构稳定，不易扭动和松动。

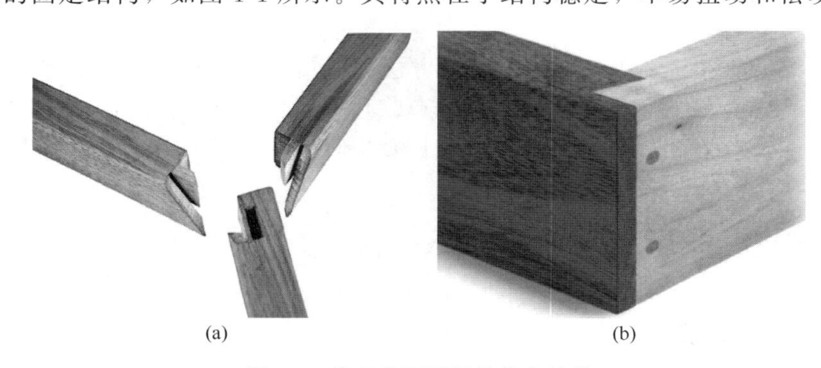

(a) (b)

图 1-1 常见的不可拆装榫卯结构

（a）榫卯组装时可涂布胶黏剂防止松动 （b）组装后用定位销固定

② 榫卯可拆装结构：当榫头与卯眼装配时不涂胶黏剂便可以构成可拆装结构，但为了防止使用过程中的松动，有些还需要用木楔之类的装置进行锁紧，如图 1-2 所示。"鲁班锁"民间也称作孔明锁、八卦锁，是可拆装榫卯结构的典范。用 6 根木条制作一件可拼可拆的木结构，通过咬合的方式把三组木条垂直相交固定，这种咬合结构被广泛应用在建筑上。如今，已经由最初的 6 根木条发展到由多根木条所构成的复杂结构。如图 1-3 所示展示了其最基本的构造和复杂的造型。

图 1-2 带有木楔锁紧装置的可拆装榫卯结构

③ 连接件可拆装结构：为了更快捷地加工、装配与拆装，在实木家具中也大量使用专用连接件来实现可拆装功能。可分为两大类：一类为保留原来的榫卯结构，用连接件来进行稳定与加固，如图 1-4（a）所示，在这里，榫卯结构的主要作用是定位与装饰，连接件用于锁紧与加固；另一类则没有榫卯结构，直接使用连接件连接，如图 1-4（b）所示。

图 1-3 “鲁班锁”基本的构造及其复杂的造型

(a) (b)

图 1-4 实木结构中的连接件可拆装结构
（a）保留榫卯结构的可拆装结构 （b）无榫卯结构的可拆装结构

此外，在实木家具的构件连接中，采用构件接触面涂胶胶压以及圆棒榫涂胶的方式也可形成固定连接。

（2）板式家具的结构

板式家具是以人造板为主要基材、以板件为基本构件的家具。早期的板式家具以固定结构为主，如今则多为可拆装结构。按照可拆装与不可拆装，其结构主要有以下几种：

① 偏心紧固件连接：偏心连接件由圆柱螺母、拉杆及塞孔螺母等组成，如图 1-5（a）所示。拉杆的一端有螺纹，可拧入塞孔螺母中，另一端通过板件的端部通孔套入开有凸轮曲线

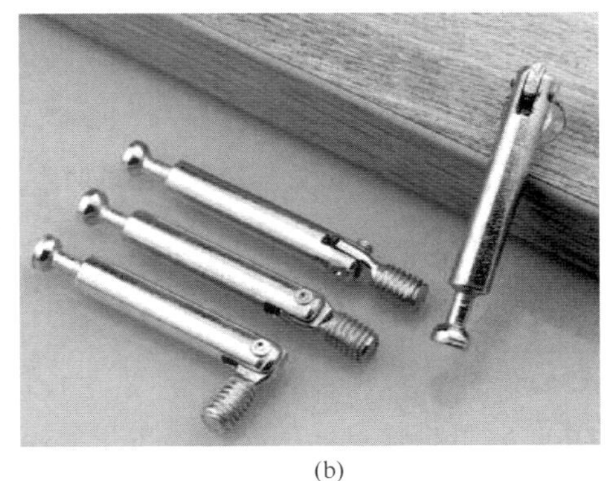

(a) (b)

图 1-5 偏心连接件及其连接方式
（a）偏心连接件 （b）板件成角度连接件

槽内，当顺时针拧转圆柱螺母时，拉杆在凸轮曲线槽内被提升，即可实现两个垂直部件之间的连接。当拉杆有一定弯曲角度时，则可将两块部件成不同角度连接，如图 1-5(b) 所示。同时，偏心连接件有多种，将在第 5 章板式家具结构中详细说明。

② 空芯螺钉紧固件连接：空芯螺钉由螺杆与带倒刺的螺母组成。空芯螺钉可分为两种形式：一种为如图 1-6(a) 所示，优点在于安装便捷，结构稳固，不足是在产品的外部就能看到螺钉头；另一种为隐藏式的，如图 1-6(b) 所示，优点在于从家具的外部（或正面）看不到螺钉，利于产品的美观。因空心螺钉具有定位与紧固的双重作用，故一般不需圆榫定位，并可反复拆装。

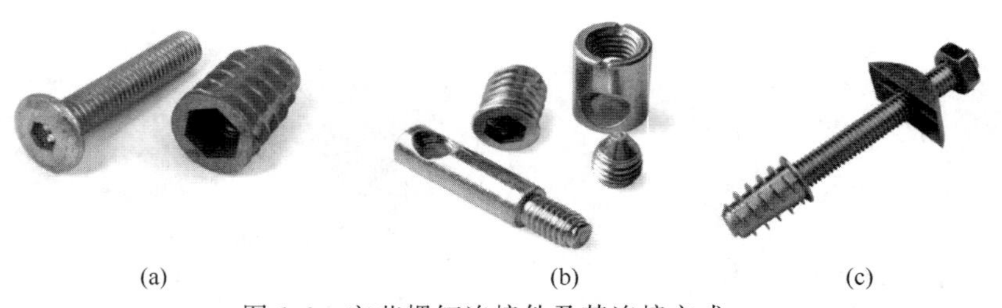

(a) (b) (c)

图 1-6 空芯螺钉连接件及其连接方式

(a) 普通空芯螺钉 (b) 隐藏式空芯螺钉 (c) 半月牙四合一

③ 圆棒榫固定连接：圆棒榫是廉价的连接件之一，既可用于实木家具，也可以用于板式家具。在板式家具中，圆棒榫作为固定连接件时一般会在其表面和圆孔中涂胶以防脱落。圆棒榫按照表面的形式可分为光面、直纹、螺旋纹、网纹等几种，表面有纹的圆棒榫，因为胶水在纹槽中固化后形成较密集的胶钉，故接合强度更佳。一般两个圆棒榫同时使用，这样在增加强度的同时可以防止板件的扭动。圆棒榫及连接方式如图 1-7 所示。

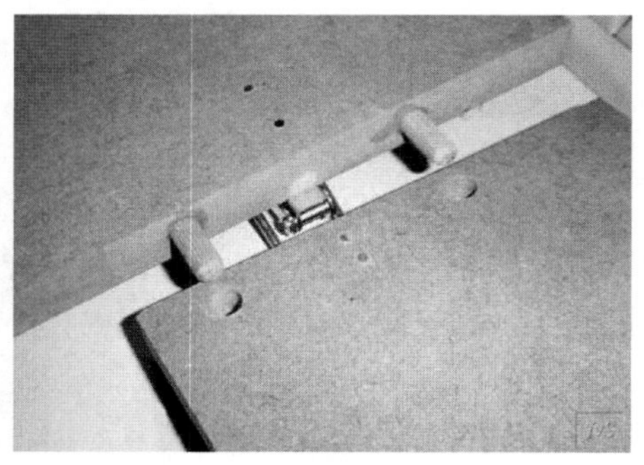

图 1-7 圆棒榫及其在板式家具中的固定连接方式

④ 榫卯固定连接：在板式家具中，榫卯固定连接主要用于箱体式结构，如用实木板制作的柜体与抽屉的角接合部位使用直角榫或燕尾榫构成固定连接，不仅可以通过不同切面展示材料的质感与肌理，也能起到更加稳固的作用。如图 1-8 所示展示了板式家具箱体结构中的直角榫和燕尾榫连接。

⑤ 可拆装插接结构：插接结构一种是在板件上切割卡槽，结构之间连接不需要胶、钉和连接件，而是通过板件之间的交叉、相互卡挂达到稳定的结构，也可称为断面插接，属于可拆装结构的一种。如图 1-9 所示便携式小凳就是以多层胶合板为基材，通过槽口之间的卡插来达到锁紧的目的。另一种是以栓榫作为主要固定件的插接栓锁固定式结构，常用于框架主体结构，加工方便，连接强度较高，能够防止构件松动，增强结构的稳定性。拔出栓榫就

图 1-8　板式箱体结构中榫卯固定连接方式

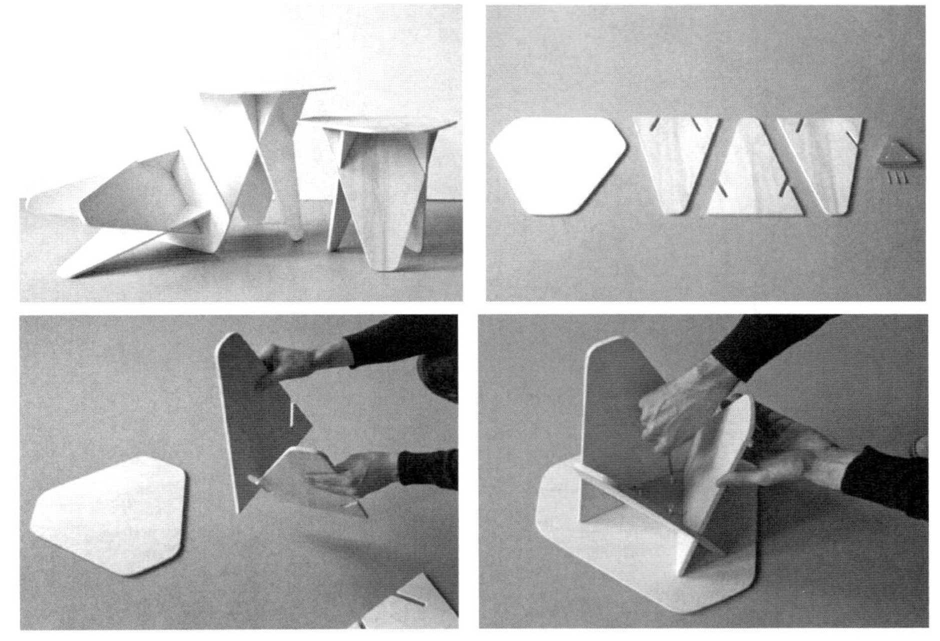

图 1-9　插接式便携凳

可拆卸各个部件，不需要五金连接件。由于天然木材具有各向异性、吸湿易变形开裂等问题，一般采用材性稳定、强度高的多层胶合板来作为插接构件的主要用材，如图 1-10 所示椅子和儿童家具就属于这一类。如图 1-11 中所示的 Refold 便携式硬纸板创意桌，是一款利用硬纸板设计和制作而成的便携式家具，人性化的设计可以用于办公室、学校、工作室，甚至可用于移动办公和救灾场所。该桌子仅重 6.5kg，板件厚度为 7mm，由四个部件构成，采用插接式结构，2min 左右即可完成组装。虽然是由纸板插接而成，但可以承受 1 个人的重量。

（3）金属家具的结构

金属家具是以金属管材、板材等作为主架构，配以木材、各类人造板、玻璃、石材等制成的家具以及完全由金属材料制作的铁艺家具。金属家具主要构架的连接方式有焊接、插接、铆接与螺丝连接等多种接合方式。

① 焊接：焊接是金属家具中常用的工艺之一，是一种以加热、高温或者高压的方式接合金属的制造技术。金属焊接方法有 40 种以上，主要分为熔焊、压焊和钎焊三大类，在金

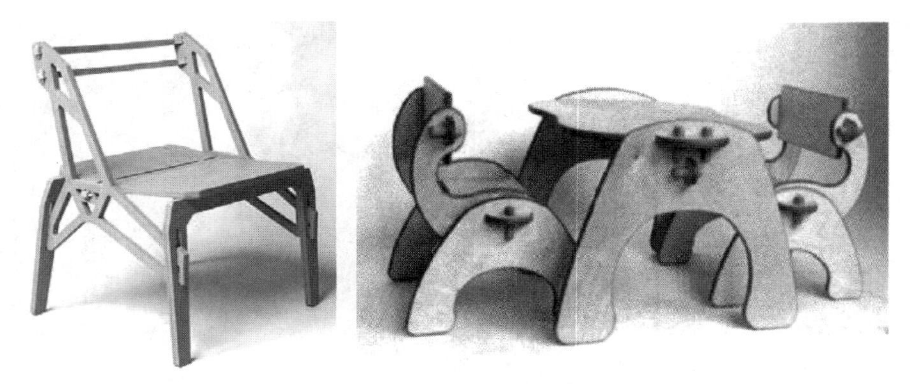

图 1-10　插接栓锁固定式结构家具

图 1-11　Refold 插接式硬纸板桌子

属家具制造过程中，熔焊因其工艺与设备均比较简单而使用较多。焊接而成的金属家具结构牢固，焊接及局部细节如图 1-12 所示。

图 1-12　金属家具的焊接现场、金属椅子及其焊接局部细节

② 铆接：利用专用的铆钉将金属构件连接在一起形成不可拆卸结构的方法。可分为抽芯铆钉、击芯铆钉等。抽芯铆钉是一类单面铆接用的铆钉，特别适用于不便采用普通铆钉（从两面进行铆接）的铆接场合；而击芯铆钉则是锤敲击铆钉头部露出钉芯，使之与钉头端面平齐。根据需要，铆接可以是动连接，也可以是固定连接，如在家具连接件中，许多需要转动的部位都是采用铆接来形成的动连接。如图 1-13 所示展示了抽芯铆钉、击芯铆钉及其连接的家具。罗・阿拉德设计的“回弹钢”扶手椅，椅子由四片冲模剪切、1mm 厚的不锈钢片组成，造型简单明快。钢片经过回火处理，具有良好的柔韧度，弹性优异，又有强烈的

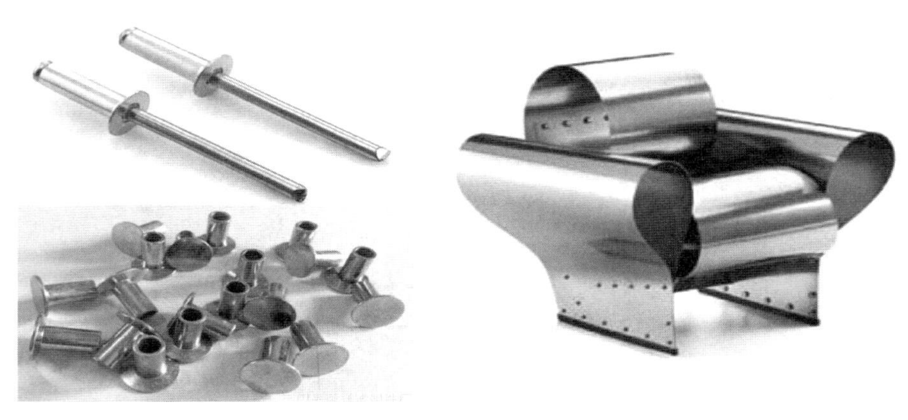

图 1-13 铆钉及铆接的家具

视觉效果，给人以华丽、精致和现代感。椅子的各部分由电脑控制激光切割而成，各部分卷折后由铆钉连接而成，不需要焊接和粘接。

③ 插接：主要用于管材之间的连接，是最快捷的连接方式之一。插接接头可直接加工在要连接的管材上，也可使用配套的专用接头。直接连接时，管接头部位可加工定位槽，还可将连接部位加工成一定的锥度，当管件插入后随着外力的增加而形成紧密配合，拥有锥形接头的插接方式一般不易拆装。如图 1-14 所示为金属家具专用圆管接头，通过螺丝锁紧，便于拆卸。

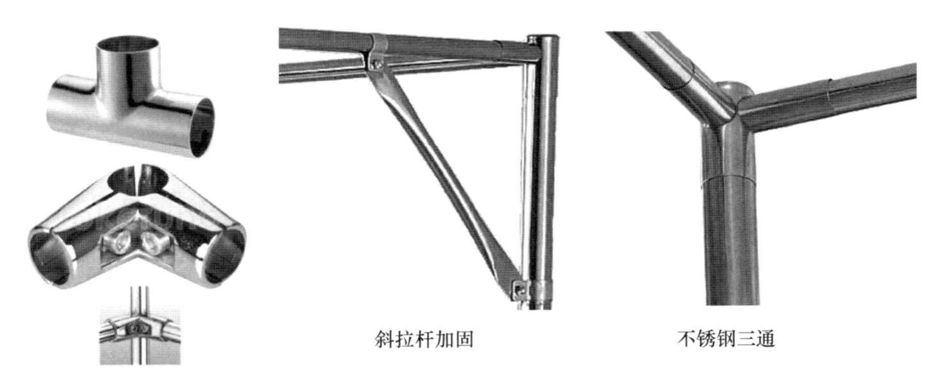

图 1-14 金属家具的插接接头与连接

④ 螺栓连接：用于连接两个带有通孔的构件，属于可拆装连接。同时，既可形成固定连接，也可形成动连接，是一种较灵活的连接方式。由于螺栓与螺母都可选用标准件，因此螺栓连接是一种加工简单、成本低廉的连接方式。除了连接板材之外，如图 1-15 所示的儿童椅金属管材之间也可采用螺栓连接，形成固定与活动结构。

（4）塑料家具的结构

塑料家具因其色彩斑斓、价格低廉、成型简单、连接方便等诸多优点而受到消费者的青睐。塑料家具的连接方式大体上可以分为：一次成型（无须额外的连接）、机械连接、粘接和熔接等。

① 一次成型：塑料家具可采用注射成型（注塑成型）、压制成型等方式进行一次性成型。如将粒状或粉状的原料加入注射机的料斗里，原料经加热熔化呈流动状态，在注射机的螺杆或活塞推动下，经喷嘴和模具的浇注系统进入模具型腔，在模具型腔内硬化定型。这种

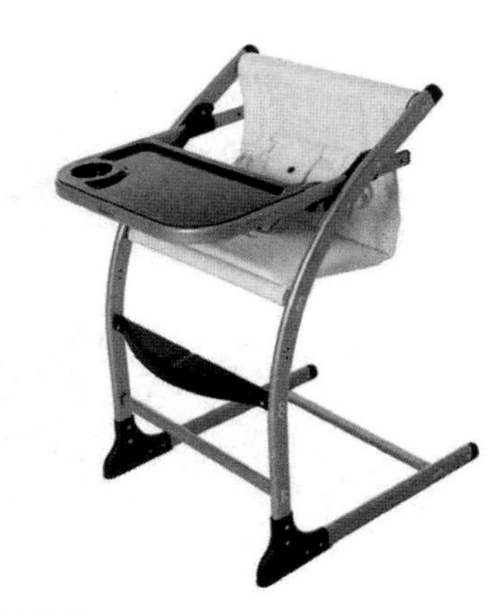

图 1-15　用螺栓连接的金属家具

方式可以一次成型外形复杂、尺寸精确的塑料家具及构件。因此，在很多情况下塑料家具无须太多的后续加工。如图 1-16 所示塑料椅子就是一次成型的产品，零部件之间不存在更多的连接。

图 1-16　一次成型的塑料椅子

② 机械连接：这里的机械连接与机械工业中的机械连接有所不同，更多的是指采用机械原理的方法将塑料家具构件连接在一起，主要有插接和螺钉（螺栓）连接等。

a. 插接：由于在塑料制品加工中可以通过挤压成型、注塑成型等多种方式加工出管材、线材、型材等形态的材料，因此采用插接的方法可以将（同质或非同质）的家具构件连接在一起。由于插接属于可拆装结构，加上塑料制品存在老化与蠕变的现象，因此塑料家具的插接结构在某种意义上存在一些稳定性的隐患。如图 1-17 所示三角搁物架与充气沙发均是采用插接方式来连接的，但二者的稳定性都不是很理想。此外，在塑料家具插接连接结构中，考虑到塑料具有良好的弹性形变，因此锁扣连接也不失为一种极方便的连接结构，具有结构简单、形式灵活、强度可靠等优点。同时，在塑料产品构件上设置锁扣结构装置，对模具的复杂程度增加有限，几乎不影响产品的生产成本。

b. 螺钉（螺栓）连接：是一种较常见的塑料家具构件的连接方式，可以是同质部件之间的连接，也可以是异质部件之间的连接。采用螺钉（螺栓）连接的塑料家具一般结构稳定、强度较高，而且可拆装。除了选用金属的螺钉或螺栓外，还可以选用塑料螺钉或螺栓加

图 1-17　插接结构塑料家具

胶黏剂形成不可拆装的固定结构。如图 1-18 所示两款塑料椅子，其椅腿与椅座之间就是采用的金属螺钉连接，同时椅腿还使用了插接结构。

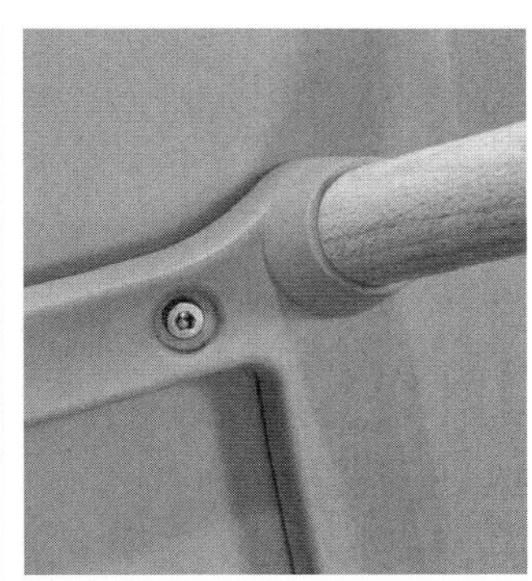

图 1-18　采用螺钉连接的塑料家具

③ 粘接与熔接：由于许多塑料可以溶于有机溶剂，因此一些塑料家具构件之间的连接可以使用胶黏剂粘接，如选用具有柔性的胶黏剂就可以粘接塑料软体家具及其构件。

充气家具一般以通用的 PVC 为原料，通过加压使气体进入家具内而塑型，克服了传统家具笨重的不足。放气后体积小巧，便于收藏与携带，可作为坐具与卧具。同时，充气家具还可根据人身体不同部位的压力主动调节承托力（软硬程度），让人感受体贴入微的坐感。如今，色彩缤纷、晶莹剔透、形态奇异、造型别致的充气家具广受新潮一族的欢迎。如图 1-19（a）所示充气沙发的靠背与座面的连接就可以采用粘接来实现。

塑料的熔点都不是很高，尤其是热塑性塑料在高温下软化、冷却后又会恢复强度，利用这一特点可以采用熔接的方式将塑料家具零部件连接起来，这是一种不可拆装的固定连接。如图 1-19（b）所示靠背、座面与椅腿之间就可以采用熔接的方式进行连接。

（5）竹、藤家具的结构

竹、藤具有质量轻、韧性高、绿色环保等特点，以竹、藤为基材的家具有着与其他材料不同的结构。竹材与藤材具有多种形态，如竹材就有原竹、竹片、竹篾、竹集成材、竹重组材等；而藤材也可分为原藤、藤芯、藤皮、藤条等。因此竹藤家具的结构也多种多样，如原竹家具，在弯曲构件的制作上就可根据原竹中空的特点多采用加热弯曲、开凹槽弯曲，而在

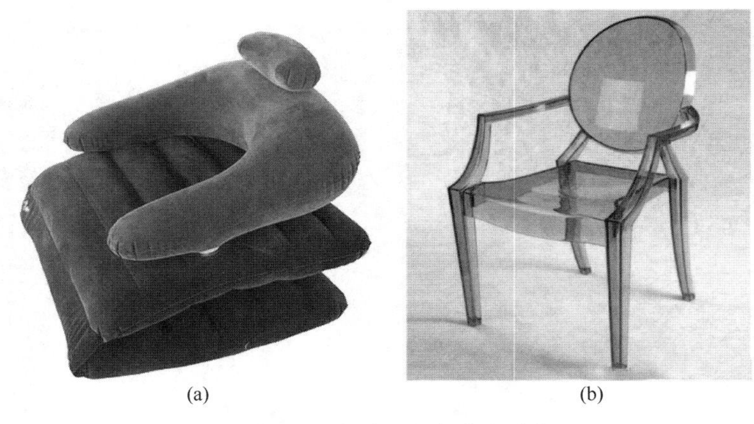
(a) (b)

图 1-19 塑料家具的粘接与熔接
(a) 采用粘接的充气沙发 (b) 采用熔接的塑料椅子

直材的接合上则多使用圆棒连接、丁/十字型连接、L 型连接、并接、嵌接、缠接等多种方式。

同时，竹、藤的柔韧性为编织提供了极大的便利，因此竹编与藤编在竹、藤家具中得到广泛应用，出现了诸如单圈扣结、蝴蝶结、菱形结、平结、女结、方形结、梅花结、环式结、旋式结、球式结、挂结等数十种结饰以及数十种面层图案纹样、框体缠接纹样、结构缠接纹样、包角纹样、收口纹样、线脚装饰纹样等，这些纹样的搭配与组合便可形成多种结构与风格。因此，即使只从编织的角度来看，竹、藤家具的结构就变化无穷。如图 1-20 所示竹、藤家具就是不同材料形态、不同结构在竹、藤家具产品中的应用实例。

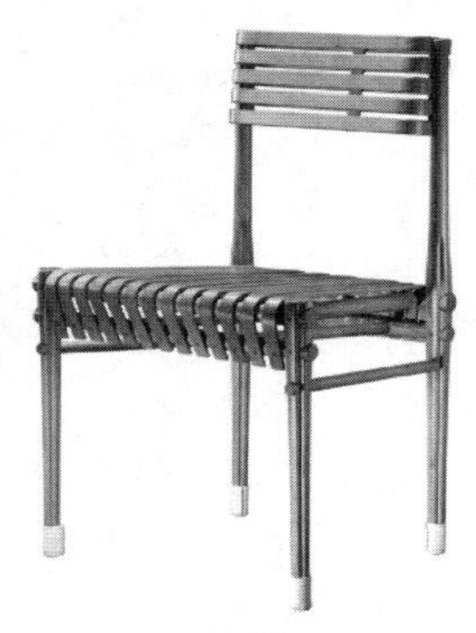

图 1-20 不同结构与风格的竹、藤家具

除了上述材料之外，玻璃、纸、软体材料等也在家具中得到了广泛应用，所制成的家具在形态与结构上也千差万别。

1.2.2.3 按照可拆与不可拆装结构分类

家具构件连接后的各个零件（或组件）之间无相互位置变化，连接后零部件之间不允许产生相对运动，连接固定为一体，故又称为固定连接。根据连接后的可拆性分为可拆装固定连接和不可拆装固定连接。

(1) 可拆装固定连接

可拆装固定连接即家具构件连接成为一个整体后，不需毁坏连接中构件的某一零件就可拆开的连接。可拆装固定连接允许多次重复拆装，如实木家具中的空芯螺钉连接、板式家具中的偏心件连接、金属家具中的螺纹连接与插接、塑料家具中的卡扣连接等。在使用的时候，可以方便地把它们组装成一个整体，在不用的时候又可以把它们轻松拆除，既有利于保管，又方便运输。

如图1-21所示帕特·荷恩·艾克（荷兰）设计的铝质椅子，由多块铝板弯曲成型，在结构上采用螺杆连接形成可拆装结构，轻巧、方便、实用、美观。

图1-21　用螺丝连接的可拆装结构铝质椅子

（2）不可拆装固定连接

不可拆装固定连接即家具构件连接成为一个整体后，至少必须毁坏连接中的某一部分才能拆开的连接。其主要的连接方式有多种，如实木家具中的榫卯结构涂胶连接、金属家具中的焊接、塑料家具中的熔接与粘接等。

1.2.2.4　按照运动与非运动方式分类

在家具产品结构设计中，按照结构的功能和部件的活动空间，可以分为静态连接和动态连接结构。

（1）静态连接

静态连接即固定连接，在1.2.2.3中有详细描述。

（2）动态连接

① 移动（滑动）连接结构：构件沿着一条固定轨道运动，轨道可以是直线、平面曲线或者空间。在家具中使用最多的有抽屉、移门等。特别要注意的是移动的可靠性、滑动阻力的设置以及运动精度的确定。如图1-22所示拉伸餐桌，采用滑动导轨形成动态连接，可根据需要将藏在桌面下的备用桌面升起，进而扩大桌面面积，特别适合小居室的餐厅使用。如图1-23所示儿童课桌椅的升降装置也是一种动态连接，可根据不同的身高来调整座高与桌面高度。

图1-22　拉伸餐桌

图1-23　可升降的儿童课桌椅

② 转动（铰接）连接结构：用铰链把两个物体连接起来叫铰接，可以形成转动连接，这是一种常用的机械接合方式。家具中常用于连接转动门、翻板或其他摆动部件与折叠部件。传统的铰链由两个或多个移动的金属片构成，现代家具铰链已经形成了多种结构形式。如图1-24所示餐桌椅均采用了转动与折叠连接，可以大量节约空间，便于收纳与运输。

图 1-24　采用折叠与转动结构的餐椅与餐桌

③ 伸缩与折叠结构：通过转动、铰接等方法可以形成伸缩与折叠结构，用这种结构组装的家具非常适合小空间使用与日常收纳。通常所说的折叠家具就属于这种类型，其不仅可以节省空间，还能起到意想不到的变化结果。如图 1-25 所示的折叠桌椅，折叠时为 600mm×600mm×100mm 的箱子，展开则为一张 1200mm×600mm 的桌子和 4 个凳子，轻巧、方便、实用。

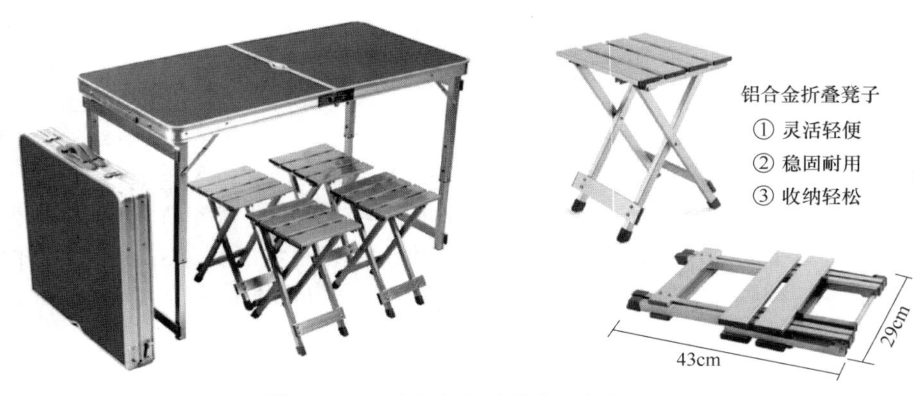

图 1-25　可伸缩与折叠的桌子与椅子

④ 柔性连接结构：家具中的柔性连接有别于电子产品和机械领域中常说的柔性连接，这里主要是指通过柔性材料（如织物、橡胶、柔性塑料等）将产品骨架连接在一起而构成的家具。柔性连接多用于折叠产品。如图 1-26 所示的椅子均为帆布（或化纤纺织品）与金属或木质材料构成的柔性连接结构，不仅舒适柔软，而且方便折叠，利于收纳与携带。

1924—1925 年，布鲁尔用一种无弹性的镀铬钢管制作出了如图 1-27 所示“瓦西里椅”。这张钢管椅由不锈钢圆管和皮革构成柔性连接：采用纯粹几何形式，简洁轻盈的造型与现代化家庭生活空间非常协调，而且合乎标准化、简单化的大批量生产要求，充分表现出机械美学的时代精神。它的出现突破了木质家具的造型范围，是现代家具的典型代表。由于金属质轻而坚韧，强度高，富有延展性，形成了较木质家具框架更富有变化的支架式家具，打破了木质家具必由四腿构成的框架形式。实际上，在很多家具产品中，往往会采用几种连接与结构方式，这样更有利于实现产品的功能，并降低成本。

图 1-26　由织物构成具有柔性结构的椅子

图 1-27　布鲁尔设计的“瓦西里椅”

家具的结构设计是构成家具产品的关键步骤，也是实现家具产品功能价值的技术手段。采用科学的设计方法，把握材料的共性与个性，方可展示家具产品的结构美、技术美和功能美，充分体现其应有的价值。

第2章 结构设计技术基础

产品的形态设计离不开对产品结构的思考。形态设计时如果能够很好地考虑相关的产品结构技术问题，将会大大提高产品设计方案的可行性。从功能和结构中获得形态，不仅可提高设计效率，还能有效降低生产成本。在家具结构设计中，有多种连接方式，但如何根据生产成本、使用需求和安全性来合理地选择连接方式却值得探讨。

当工程技术进入家具设计领域后，信息化和数字化的应用开始改变这种情况，然而，在这一领域，仍然需要进行大量的研究。

一切物体要保持自己的形态，必须要有一定强度、刚度和稳定性的结构来支撑。家具产品的结构形态也是如此。

2.1 结构设计关联因素

影响家具产品结构设计的因素有多种，如外观形态、材料、功能、加工工艺、使用需求以及最重要的安全性等，且这些因素的影响可能不是单独的，很可能是多重的。

2.1.1 产品造型与结构

产品造型作为传递产品信息的第一要素，它能使产品内在的品质、组织、结构、内涵等本质因素上升为外在表象因素。家具产品造型是家具内在品质的视觉化体现，直接影响着消费者对产品的第一印象；家具结构是实现家具产品空间的架构，支撑着产品的形态、体现产品功能，是家具得以存在的基础。同时，家具结构决定着家具产品的使用方式与应用范围，并在一定程度上影响着产品造型与产品结构的存在形式。

2.1.1.1 造型与结构的关联性

在进行家具产品设计时，造型与结构之间存在着深层次的关联性：造型与结构设计合理匹配，可以使得产品整体设计取得成功，反之则会直接阻碍设计流程的推进，影响新产品研发。不同的产品造型要求有不同的连接结构与之相配合，同时，不同的连接结构会产生不同的产品造型。例如实木家具，就可以有榫卯结构、拆装结构等多种形式，这些不同的结构将对应不同的产品造型，使得家具千姿百态。

为了满足市场对家具造型创新设计的需求，家具结构设计本身也发生着变化，为实现新的家具造型提供支持。但往往采用艺术化手段设计出的家具造型并不都是合理的，有些还可能会脱离现实基础，以现在的技术手段难以实现或实现成本过高，这对产品整体设计而言都是不利的。如图2-1所示粽角榫，在明式家具中非常普遍，在许多新中式家具中也常常会得到应用。但在使用普通木工机床加工时往往需要多次定位才能完成，也就存在加工成本较高的问题。为了改变这一状况，可以通过在外部形态不变（装饰效果不变）的前提下，在简化榫卯内部结构上进行改进。因此，产品的造型在不断创新的同时被结构所约束，而产品结构在影响造型设计的同时也被造型所改变，二者之间相互促进、相互约束，继而使产品设计向更合理的方向发展。

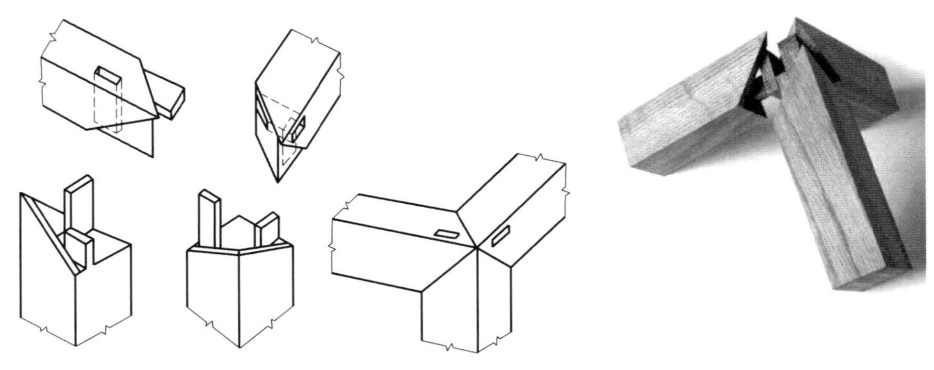

图 2-1 结构复杂的粽角榫

2.1.1.2 形态与结构的适应性

（1）造型设计引导结构创新

以满足市场需求为目标的经营理念让企业更加注重产品的造型设计。为了设计出更新的产品外观，设计者将美学方面的要素引入造型设计之中，从而使产品的外观有了很大的创新。要实现这些新的产品形态，产品结构设计也要相应地进行调整，由原先同类型产品采用相同的结构开始向根据形态差异进行改进转变，这使得产品结构设计突破了固有的几种类型、模式，开始向多样化发展，增强了结构设计的灵活性。

弗兰克·盖里设计的多维弯曲曲木椅子，如图 2-2（a）所示，从民间日用编篮上得到灵感，将多维曲线应用于家具的造型之中，不需要任何支撑构件，形成了造型新颖、形态飘逸、美观大方的造型，而且还具有一定的弹性。对于这一类产品，如果还采用传统的榫卯结构显然难以实现。因此，新的结构，诸如胶合、螺钉连接等方式将在这类产品中得到应用。

蝴蝶椅如图 2-2（b）所示，是日本设计师柳宗理的代表作。这种仿蝴蝶形态的造型，采用对称形式，像雕塑一样，给人感觉严谨简洁。

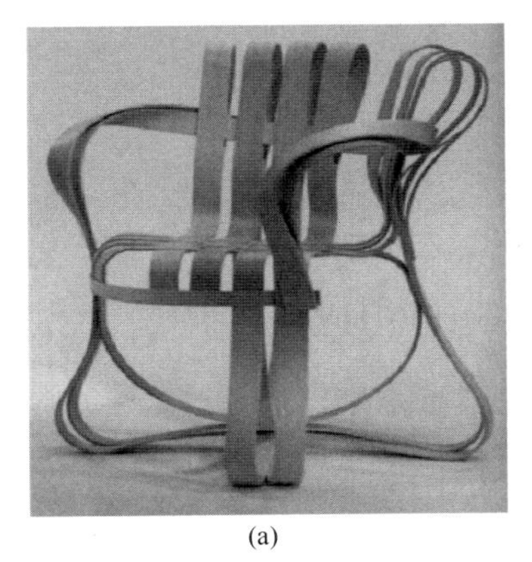

(a)

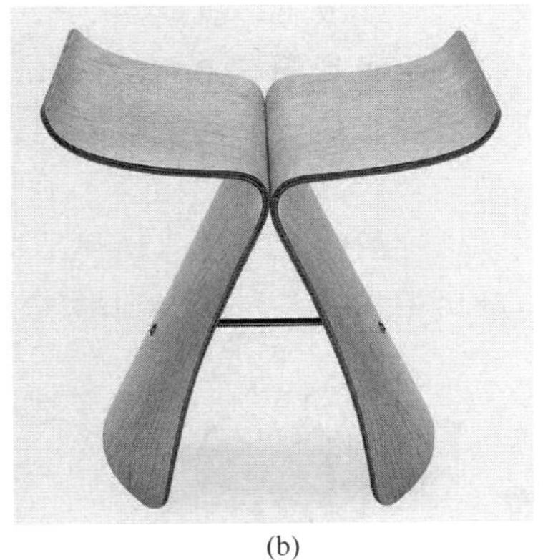

(b)

图 2-2 有别于传统榫卯结构的多维弯曲曲木家具

（a）弗兰克·盖里曲木椅 （b）蝴蝶椅

（2）科学意识规范形态构成

产品的结构在新产品形态的影响下不断创新变化，支撑着产品的形态构成。但有时采用艺术创作手法抽象出来的元素与造型往往缺乏考虑当下的技术水平，有可能存在实现难度较大或而无法实现的情况。因此，家具产品结构设计从产品造型的构思之初就需要进行充分的科学性论证，使其有较高的可行性。所以家具结构设计在尽量满足形态表现的同时，也应从自身角度出发，为造型设计提出设计标准与规范，从而使得产品形态的构成在满足创新的前提下也具备科学性与合理性，以提高成型的效率。

如图 2-3 所示家具产品，造型新颖独特、科技感十足，但在进行工业化生产时却需要经过多种设备协同才能完成。为了降低生产成本，实现工业化生产，可以通过结构的优化与形态的协调来简化生产流程或采用更先进的技术来保证实施。

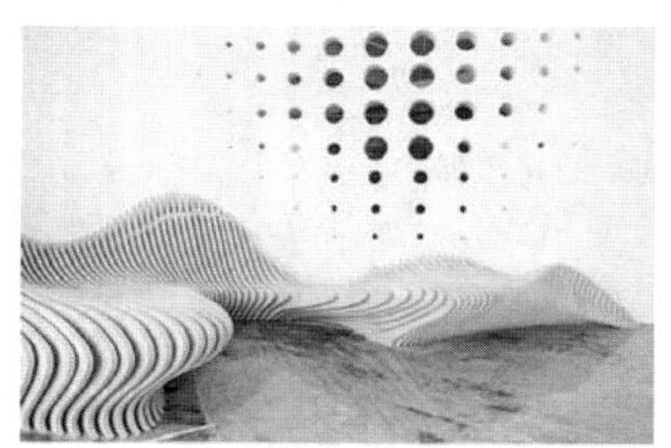
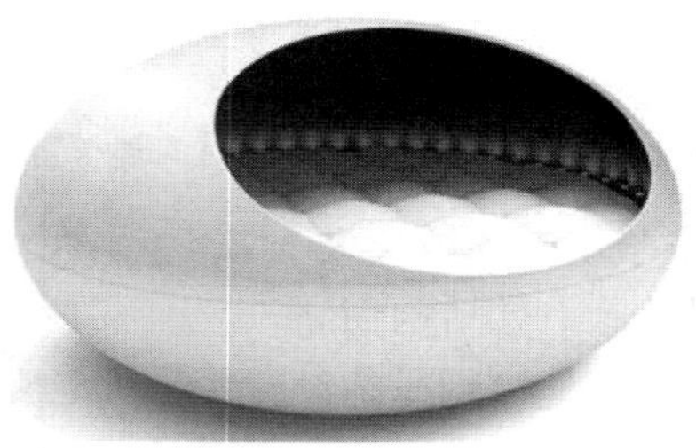

图 2-3　科技感十足的家具产品

由此可见，在家具产品设计中，家具的造型与结构通过相互促进、相互约束的双向关系，形成一种特有的相互关联的设计方式，使得产品造型与结构的设计过程均得到改良，并促进生产技术的进步。

（3）造型元素影响结构构成

任何一件家具产品，无论其功能简单还是复杂，都要通过造型使其由抽象的层次转变到具体的层次。而要实现这一过程，首先要进行造型元素的选取。在艺术化的设计方式被引入造型设计中后，由于这种设计手段是从审美的角度出发的，因此其从结构角度考虑的因素可能相对较少。

在家具设计实践过程中，通过将固有的方形、三角形、圆形、多边形等基本的几何图案元素进行切割或组合，形成了一批新的造型元素，将其应用到形态设计中来实现产品形态表现的创新。或是将所收集到的具象元素打散、重构，提炼出新的主题元素。为了使这些利用新的造型元素所设计出来的产品形态能够实现，设计者开始对产品结构进行重新设计。通过分析新形态的造型，从产品结构的构架入手，对支撑产品外观形态的结构骨架进行配合性设计，改变产品原有结构的构成方法，使得结构框架按照既定的要求进行变化。如图 2-4 所示将云气纹进行打散后重构，并将所得到的新的形象在家具设计中进行应用。

图 2-4　造型元素在家具结构中的应用

（4）形态分割关联构件组合

形态分割是否得当，视觉感受是否和谐，是评判产品形态设计的两个重要标准。为了加强产品的审美体验，在产品形态设计的过程中将外观形态按照特定的比例进行分割，从而使其符合实用与审美的要求。家具产品在进行造型创新设计时也可根据这一方法对面、体形态进行分割，然后再对分割形态造型分别进行体量、结构与色彩上的处理。通过这样的手法，对一个外观造型进行不同的分割组合，可以使其呈现出多种视觉效果，从而使得产品的形态更加丰富，可变性也更强。在实现产品功能的同时，也丰富了产品外形的造型语言。在这个过程中，随着造型的变化，其结构部件的组成与组合也会进行相应的变化。

如图2-5所示板式家具就是根据不同的体、面形态的分割与组合，通过色彩、虚实空间、材料搭配等方式等来实现造型的变化。在产品结构上，除了采用最基本的偏心件进行连接之外，滑门、玻璃门等多种结构也应用其中，使得产品无论在形态还是在色彩上均变得生动、丰富。图2-5中圈椅的尺寸图更加凸显科学的构成技术与产品结构的关联性。

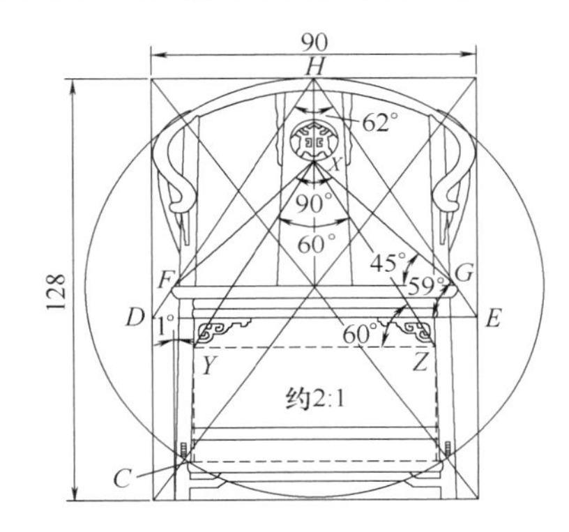

图2-5　家具中不同形态分割、构成与结构的关联变化

2.1.2　材料属性与结构

设计家具产品，在考虑造型与结构时，材料是不可忽视的重要因素。

2.1.2.1　常用材料与结构

在家具常用的金属、木材、陶瓷、玻璃、塑料5种材料中，不同的材料属性，要求用不同的连接结构。比如对金属和塑料采用焊接的方法，但是木材就不适合焊接，而更适合榫接、胶接等。又如在设计塑料家具连接结构时应注意产品有无开合要求，若有则需要综合考虑开合的频率、连接结构的强度、外观、加工质量以及是否需要装配、所用树脂的适应性、连接加工的成本等因素，然后再确定连接结构的设计方案。由于材料的理化特性和加工性能不同，同种材料构件之间的装配及接合形式也不同，常用接合方式如表2-1所示。

表2-1　同种材料构件之间常见装配及接合形式

构件材料	构件间常见装配及接合形式
金属	焊接、机械连接、胶接
木材	榫卯连接、胶接、螺钉连接、五金件连接
塑料	机械连接、化学连接、焊接、胶接
竹材	竹销接合、螺钉连接、五金件连接、编织、捆扎、胶接
藤材	榫接合、钢钉接合、竹销接合、藤皮缠绕

2.1.2.2 材料对结构的影响

（1）材料理化性能对家具结构设计的影响

材料的理化性能包括强度、硬度、韧性、耐磨性、抗疲劳性、耐腐蚀性、耐热性、抗电磁辐射、抗冲击性等。在实际设计中，还需要考虑这些性能在长时间使用过程中的稳定性问题。在现有加工手段和设备的基础上，材料自身的理化性能会影响以其为物质载体设计出的家具结构零部件的成型加工方式和表面处理工艺，也会在一定程度上限制这些零部件之间的接合形式。

在理化性能的基础上，材料抵抗外部机械力作用的能力称为材料的力学性能。材料本身的力学性能直接影响家具结构的强度和稳定性，从而关系到家具使用的安全性。材料强度和刚度等力学性能的高低，直接关系到家具结构能否有效地抵抗外部载荷的作用，包括在冲击载荷和循环载荷下产生的结构疲劳以及在静载荷和变载荷作用下产生的蠕变等。

一些材料（如木材、钢铁、塑料等）受温度和湿度的影响会产生膨胀、缩小或变形，因此，在结构设计上就需要考虑如何抵抗这些应力以维持原有形态。一般情况下，材料的应力变化往往是不易被察觉的，因而常常被忽视，直到家具发生了变形、开裂时才被发现。为了防患于未然，应当在造型最初的结构设计阶段予以充分考虑，如预留伸缩缝、预设变形余量、强化结构的刚性等。

为克服重力，家具结构需要具有从下向上承托或从上向下牵拉的功能。家具结构除了要抵抗重力外，更重要的是要抵抗载荷，这些包括盛放物品时的静载荷、反复推拉抽屉和开关柜门的循环载荷以及各种情况下的冲击载荷等。同一种家具材料，不同零部件的形状和接合方式在承受同样载荷的情况下所呈现的强度性能也是不一样的。例如木材是一种非均质各向异性的材料，不同纹理方向的抗拉、抗压、抗弯强度都不同，只有充分了解木材不同纹理方向上的力学性能，在具体受力分析中考虑各构件在不同方向上的受力形式，才能真正解决其在木质家具结构设计中的强度问题。

此外，不同材料之间可以搭配使用，但不同材料构件间的相互连接也存在着差异，如木材与金属和木材与塑料连接时的结构与性能就不一样。金属和其他材料构件之间的装配和接合形式见表 2-2。

表 2-2 金属与不同材料构件之间常见的装配及接合形式

构件材料	常见装配及接合形式
木材	机械连接、胶接合
塑料	插入式接合、螺钉接合、胶接合
弹性材料	包覆接合、吊扣接合
玻璃	胶接合、咬缝接合、卡槽接合、机械连接
竹、藤材	插入式接合、编织、缠绕

（2）材料形态对家具结构设计的影响

材料的主要形态是指材料本身所体现出来的外观属性，如块状、片状、线状等多种形式。这些形式可以构筑出千姿百态的造型及与其相适应的结构。同时，对于一些天然材料，如木、竹、藤等，除了具有以上块状、片状、线状等形式外，自身结构特征所形成的形态与特征也会成为家具结构设计的点睛之笔。如图 2-6 所示座椅与沙发，就充分利用了金属与天然藤材在形态与材质上的共性与个性来展示产品的结构之美。

（3）材料经济学特性对家具结构设计的影响

图 2-6　材料形态与家具结构

材料的经济学特性既包括材料的自身价格属性，又包含材料整个生命周期过程中的制造、使用成本和后期处理成本。制造成本是在整个生产过程中材料加工所需的劳动力成本、原料成本、设备成本及能耗成本等深层经济问题；使用成本包括使用过程中的维护、返修和回收过程中报废处理的成本等。

在选择主体框架材料和结构连接方式时，需要优先考虑价格便宜，加工、维护、后期处理成本低的材料。在材料成本相同的情况下，材料越易于加工、加工方式越简单，加工成本就越低。例如塑料和玻璃类的家具往往在加工过程中不发生组分间的化学变化，构件和材料是同时形成的产品。基于这种特点，此类家具结构的整体性能提高，可以大大节省零部件和复杂连接件的数量，从而缩短加工周期，降低成本，提高构件实现的可能性。

对于较为珍贵的实木材料，充分利用加工剩余料进行重新加工或者指接成材，使用在比较隐蔽的构件上，并不会影响家具整体的美观性，同时也节约了资源，降低了成本。

此外，在部件设计上，应增加零部件的通用性和互换性，减少系列产品中零部件的种类，从而提高生产效率，降低生产储存和管理成本，也利于产品的回收再利用。

（4）材料的环保特性对家具结构设计的影响

随着现代工业发展带来的环境恶化和资源枯竭问题，当代家具设计越来越关注物质材料资源的合理利用以及生产、使用和回收家具过程中人与自然的良性互动。

材料的环保特性体现在其再生性、可回收性、加工低能耗、使用时对人和环境低毒、低害等几个方面。基于材料环保特性，家具结构设计要符合以下原则：

① 尽量简化结构单体零部件的设计，缩短成型加工工艺环节；加强零部件的通用化，提高产品零部件重复利用率。

② 增加标准部件的设计，使零部件的尺寸最大限度标准化、系列化，便于组织专业化、联动化的生产，以降低材料损耗、机械损耗和不必要的能耗。

③ 充分发挥新材料的优势，改进接合部位，减少因“强度过剩”所造成的材料浪费。

④ 增加结构的易拆性，便于部件还可以被再次使用。

坚持绿色设计为导向，在结构设计上可体现在结构的可拆卸、构件的重复使用与再生。美国 Herman Miller 公司设计的 Aeron 办公椅（图 2-7）所有部件都是由可循环使用的铝、钢、泡沫等材料制成，即使是整个框架结构也使用了可回收利用的塑料。

（5）材料感性特性对家具结构设计的影响

材料的感性特性是与感官相关的材料审美层面的属性，包括触觉属性、视觉属性等，这些感性特性直接影响家具的外观造型和设计风格。为了突出家具的某种风格特征或者某些个性化的造型，通常会通过材料的颜色、肌理、质感等感性特性将其表达出来。而结构往往是

图 2-7 Aeron 办公椅及其细节

这种表达的实现基础，甚至材料本身也可成为一种表达语言。

在家具产品中，不同的形态要求有不同的连接结构与之相配合。同时，不同的连接结构又会产生不同的家具形态，而零部件自身的尺寸也会影响产品的外观与形态，且家具零部件形态的改变可以调节家具整体与局部的视觉重量。

榫卯结构在中国传统木结构建筑及中国传统家具中随处可见。榫卯连接的方式除了在结构上牢固可靠之外，本身也是立体构成的艺术，体现出几何美学。尤其是木材之间的榫卯接合所展现出的木材纹理的纵横交错和色彩变化，烘托出木材特有的动感和韵律，因此，在现代家具设计中常常采用出头榫作为装饰。

2.1.3 家具功能与结构

家具的功能包括使用功能和审美功能，二者相互依存，共同构筑家具产品的功能属性与审美属性。

2.1.3.1 基于使用功能的家具结构

使用功能强调家具首先是物质产品，应该以实用为主。所以在产品设计时应该科学分析人、家具、环境的关系，以人体工程学为基础，满足作为家具的主要功能需求。与此同时，设计过程中考虑使用过程中的辅助功能，如搬运、堆放、折叠、拆装等。不管是主要功能还是辅助功能，均与结构相关。因此，在很大程度上产品的功能决定着产品的结构。

如日常生活中使用最多的家具——椅子，其主要功能就是以坐具的形式来实现的，要实现这一主要功能，椅子必须具有支撑人身体重量的座面和起支撑作用的椅腿，为了满足舒适性，很多椅子还设计了靠背。同时，坐的主要姿势可分为向前坐、笔直挺坐、向后靠坐三种，通过调节座面与靠背的角度来实现。因此，如图 2-8 所示椅子座面高度、座面与靠背角度的调节机构便应运而生。

2.1.3.2 基于审美功能的家具结构

审美功能是家具的又一属性，造型优美、装饰细腻的产品能给人更多的愉悦感。在家具结构设计中，家具零部件之间的结构设计虽然不如整体结构那样对家具的形态有决定性的作

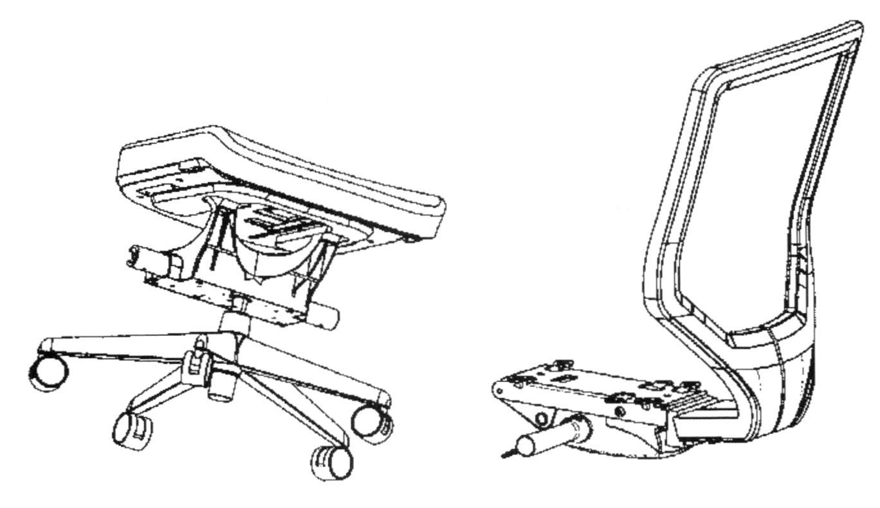

图 2-8　椅子座面高度、座面与靠背角度调节装置

用，但家具的细节之美几乎都体现在部件结构、连接结构之中。如实木家具中广泛使用的燕尾榫除了具有结构稳固、防止脱落的功能之外，还具有装饰作用。如图 2-9 所示家具结构，燕尾榫的使用就具有上述双重功能。同时，通过材料的色彩与纹理之间的对比，更能体现出产品的结构美。

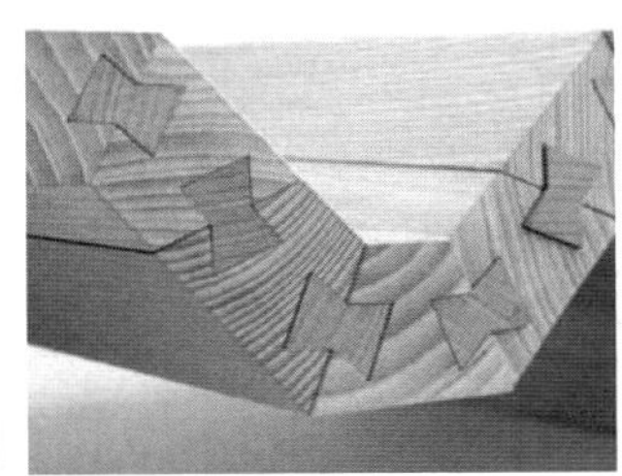

图 2-9　燕尾榫的结构特征与装饰作用

同样，随着加工技术的提升，技术美也能在家具产品的结构设计之中得到运用，并在细节上得以体现。如图 2-10 所示零部件与椅子靠背，细腻、柔美、精致，如果没有现代加工技术作为支撑是难以完成的。因此，从审美的角度来看，家具的结构美还需要技术美作为基础，并加以诠释。

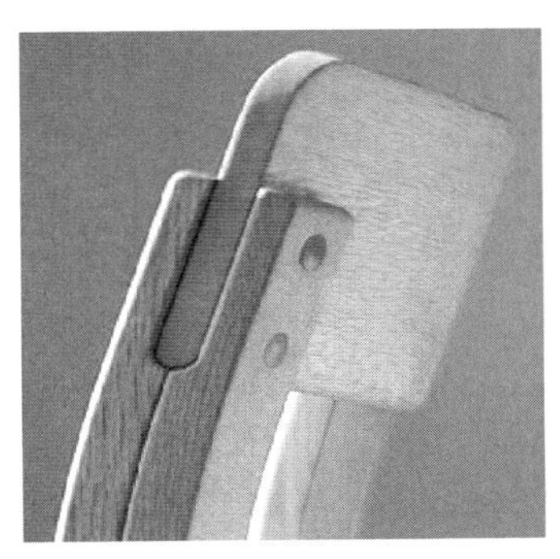
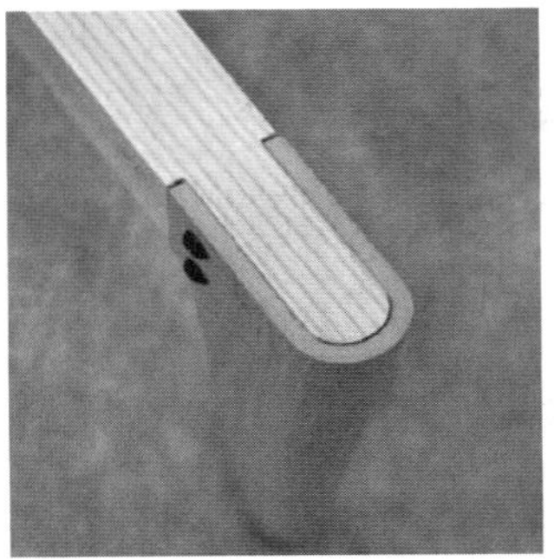
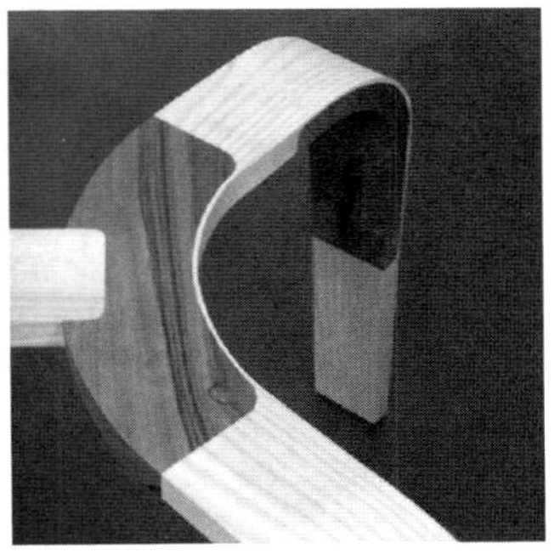

图 2-10　体现技术美的家具结构局部

2.1.4　加工工艺与结构

生产成本与质量是工厂最关心的问题，而加工工艺直接关系到产品生产成本的高低和质量好坏。从生产的角度来说，当然希望以最便捷的方式生产产品，但往往事与愿违。家具结构的复杂程度在很大程度上影响着生产成本。因此，在家具结构设计中，尤其在实木家具的设计中更应该注意这个问题。如图2-11所示抱肩榫，即使是采用较先进的加工中心也需要多次调整工位才能完成。同样，在榫卯结构的设计中，方榫与圆榫在结构强度上相差不大，但从加工的角度来讲，就目前的加工技术而言，圆榫结构更容易加工，因此制造成本相对较低。

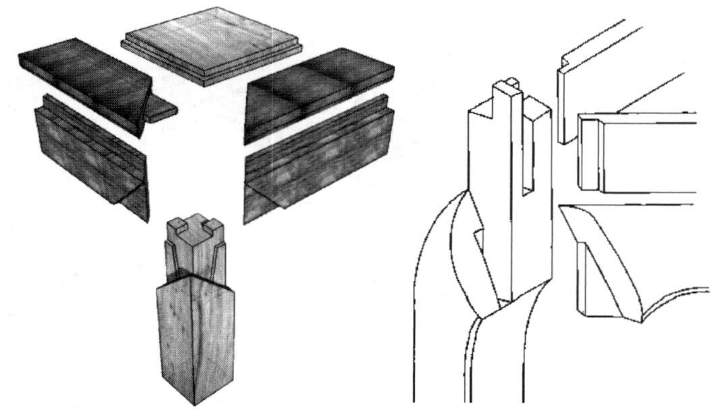

图 2-11　复杂的榫卯结构

2.1.5　使用安全与结构

单纯从结构的角度来看，家具产品要实现其基本的使用功能，必须要具有足够的强度。除了材料本身的因素外，家具的强度在一定程度上由结构决定。实际上，结构强度与结构本身的构成形式有着密切的内在关系，如榫卯结构与连接件的选择、构件的截面形状（圆形、椭圆形、三角形等）、对称与不对称等。如图 2-12 所示 3 点支撑的小圆桌不仅具有轻巧的外形，且通过 2 种材料（木材与塑料）的搭配而更具现代感。但在使用过程中要注意材料的老化以及桌面器物放置对重心的影响。同样，如图 2-12 所示吧凳，只有 3 个支撑点，座面也较高，但采用了较大的底面来增加稳定性，且在凳脚下部增加了 2 根锁紧木方，使其稳定性得到了进一步提高，进而提升安全性。

图 2-12　3 点支撑的桌子和吧凳

如图 2-12 所示产品均为固定式的结构，但在实际生活中有许多折叠结构的家具，这些产品在设计时除了考虑折叠结构的强度之外，还要考虑产品在使用过程中重心的变化。

2.2 结构设计基本原则

家具的结构设计关系到家具的实用、审美、安全、成本等多方面，只有综合考虑设计要素及其之间的关系才能获得好的设计。一般来讲，在家具结构设计过程中，需要遵守以下原则。

2.2.1 材料特性原则

材料是构成家具的物质基础，随着现代科学技术的高速发展，多种新型材料不断涌现，可用于家具制造的不在少数，这为家具的造型与结构设计提供了诸多可能性的同时，也增加了家具结构设计的复杂性。因此，将新材料应用于家具设计时，除了考虑造型新颖，还要根据材料的不同特性有针对性地进行结构设计。同时，对于天然材料尽可能物尽其用，体现其天然属性。

2.2.2 工艺性原则

工艺是改变材料形状、尺寸、表面状态和物理化学性质的加工方法与过程。在现代工业化生产的条件下，加工工艺过程是实现家具零部件连接的技术手段。因此，家具的结构设计，除了考虑材料要素之外，加工工艺与技术条件也要纳入其中。也就是说，家具结构设计是在一定的材料和加工技术条件下，为满足功能、强度和造型的要求所进行的零部件之间连接方式以及整体构造的设计。因此，在家具结构设计时必须考虑工艺技术能力，应根据所选用的材料，明确适合于该材料特性的加工工艺路线和加工方法，使所设计的产品具有良好的工艺性，这样有利于产品质量控制，从而提高生产效率，降低生产成本。

2.2.3 实用美观性原则

在一定程度上，功能制约着其基本结构形式。使用功能的实现可以带来方便、舒适的生活；美的形态、装饰可以激发人们对家具产品的兴趣，而家具产品的整体效果可给人带来使用功能及审美的愉悦感受。在满足家具产品基本功能之后，使用舒适性和视觉审美性的意义就凸显出来了。如今，在功能与审美要求的多样化作用下，家具除了造型之外，在结构的形式上也得到了多元化的发展。

在满足强度和基本使用功能要求的前提下，结构设计应该寻求一种简便、牢固而且经济的接合方式。与此同时，还可利用不同结构自身的技术特征和装饰功能，加强家具造型的艺术性，赋予家具不同的艺术表现力。

2.2.4 安全性原则

安全性是对家具品质的基本要求，缺乏足够强度与稳定性的家具后患无穷。从家具结构设计的安全性角度来说，除了对材料的力学性能、家具受力大小、方向和动态特性有足够的认识外，在进行结构设计与节点设计时要有合理的计算与评估，确保结构设计的科学性。同时，材料的环保性能也是不可忽视的要素。

当然，结构与造型是相适应的。家具结构设计在满足新造型的同时还应当对新造型的可行性进行测试，以保证其设计的合理。所以，为了更好地服务于产品本身，家具产品的结构设计不但要根据造型变化改变自身，也要对家具造型的设计进行规范，从而使得两者能够有机地结合在一起。

2.2.5 经济性原则

经济性将直接影响家具产品在市场上的竞争力。好家具不一定贵，但设计的原则也并不意味着盲目追求便宜，而是应以功能价值比（即价值工程）来衡量。

从产品结构设计来讲，除了避免功能过剩，更多的是应该注重如何以便捷、实用的结构来实现所要求的功能目标。这些结构可以通过不同材料的使用与替换、烦琐结构的优化、复杂制造工艺的简化等方式来降低成本，从而实现资源的合理分配。

2.3 传统结构设计方法

2.3.1 基于经验的结构设计

经验设计方法是指按照家具产品的功能需求，设计者依据自己或他人在设计工作中取得的成功经验，通过选择适当的原材料，确定合适的加工方法和工艺参数，进行反复比较、试验，直至从中找出性能符合要求的材料、结构、工艺的设计方法。这种方法也叫“试错法”或“筛选法”，是纯粹经验的学习方法，是应用试错法的主体通过间断地或连续地改变黑箱系统的参量，基于试验黑箱做出的应答，以寻求达到目标的途径。

2.3.1.1 优势

① 设计速度快：采用经验法设计时，设计构思往往会依赖以前的工作经验，包括正面经验和反面教训。对于经验丰富或是有过类似工作经验的设计者来说，若采用一种熟悉的材料来设计产品与结构，更是轻车熟路，很快就能完成。

② 易于提升质量：在以往的结构设计中，设计者均会有成功的经验与失败的教训，在总结这些经验与教训的时候往往能使设计者对材料、结构、工艺等有更深刻的理解与认识，这将对往后再次从事类似设计带来极大的帮助，避免类似错误再犯。

2.3.1.2 不足

① 设计创新困难：经验法设计对于以往经历过的相似的设计十分有效，在原有的基础上加以改进与提高即可获得新产品与新结构。但是若设计者面对形状与性能均不熟悉的新材料时，以前的经验就会显得不够，甚至毫无作用，在短期内难以创新。

② 错误易于嫁接：很多设计者在以往的工作中虽然积累了不少经验，但这种经验总是有限的，甚至是片面的。而有些设计者容易沉迷于这些经验之中，不考虑产品结构的变化和材料的不同，将以往的经验直接照搬或是嫁接到新的设计中，这样往往容易在结构设计方面形成致命的缺陷。

③ 难以发现不足：以往的成功经验只能说明某种材料与结构在某一种产品中使用效果好，但未必就是有效的设计，或者未必就能适用于其他的结构。

由此可见，尽管经验是宝贵的，但若想用经验法来得到最佳的家具产品结构，这种可能性是有限的。

2.3.2 基于试验的结构设计

“实验型”的设计方法是一项通用技术，是当代科技和工程技术人员必须掌握的技术方法。它从科学的角度进行定量的分析，以最少的人力和物力消耗，在最短的时间内取得更多、更好的生产和科研数据。这种设计方法可提高试验效率、优化产品设计、改进工艺技术、强化质量管理。

在家具结构设计中，接合点总是其最薄弱的部分。由于脆弱的接合点被破坏而导致整个家具的损坏，这种情况远远多于其他任何原因。

本质上，一件家具的结构设计与其他产品的结构设计一样，包含下面几个步骤：

① 确定载荷：根据家具产品的使用功能，设计之初在估测零件尺寸时必须考虑施加在零件上的力和结构性材料的机械性能，例如极限强度、抗压强度、抗疲劳强度和抗蠕变性能等。不同的家具所用材料的强度是不同的，所能承受的载荷也不一样。

② 拟定结构：拟定一种“实验性”结构，可以安全地承担已经确定将要施加在其上的载荷。同时，接合点的结构必须考虑其中。被连接零件的尺寸也许不足以使接合点尺寸足够大，而这些尺寸的强度也许难以承担施加在其上的载荷。因此，设计结构时需要进行全面的判断。

③ 受力分析：分析在外部载荷的作用下上述拟定的“实验性”结构中所产生内力的大小和分布。理论上，在拟定“试验性”的结构时，很多断面的零件都可以被使用，但直觉、经验可以增加准确的判断，有助于缩短设计周期。实际上，只能在所有零件的最后尺寸都被确定以后才能进行，只有这样才能准确获得作用在每一个接合点上的力。

④ 如有必要，重新设计“试验性”的结构，重复步骤②，直到没有零件超载荷为止。并对此进行科学的实验和测试，为家具结构设计提供科学的依据。

2.4 结构设计的技术要素

技术设计是对产品进行全面的技术规划，确定零部件结构、尺寸、配合关系以及技术条件等。它是产品设计工作中最重要的一个阶段，产品结构的合理性、工艺性、经济性、可靠性等都取决于这一设计阶段。

家具产品作为一种技术与审美兼顾的产品，具有其独特的个性，在结构的技术设计中，主要涉及材料、功能、加工与审美等方面。

2.4.1 结构设计中的材料分析

2.4.1.1 常用材料及设计属性

在家具设计中，常用的材料主要有木材、人造板、金属、塑料、竹、藤、玻璃、皮革、织物及复合材料等。如图2-13所示木材，不仅具有独一无二的天然纹理，而且在色彩上也独具特色，这是其他人造材料无法比拟的，在造型设计时就可以充分利用这一点。同时，木材在横纹方向的抗拉强度远远低于顺纹方向，当它处于家具中的重要受力部位时就可能断裂，在作为主要受力构件时就应该引起重视。

常用家具材料及其设计属性如表2-3所示。

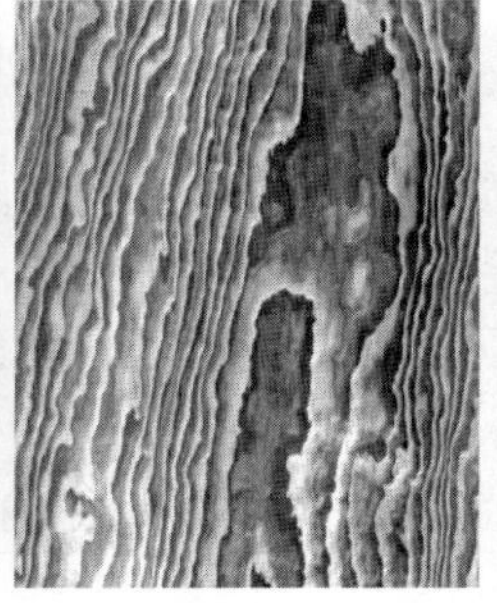
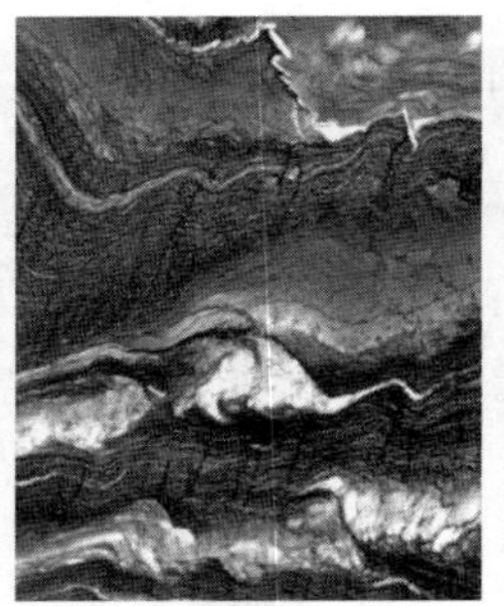

图 2-13　具有不同色彩与纹理的木材

表 2-3　　**常用家具材料及其设计属性**

名称		基本特征	在家具中的设计属性（表现力）
木材		1. 具有各向异性的天然高分子化合物，力学性能良好，质轻，比强度高； 2. 干缩湿胀特性明显； 3. 有天然的色泽和纹理； 4. 良好的吸声隔音功能和绝缘性能； 5. 可塑性良好，易加工和涂饰	1. 木材本身具有特定的色泽、纹理与质感，制成的家具可以显示其自然的材质美； 2. 木材制成的家具造型与木材纹理、质地相配合，既沉稳端庄、方正严谨，又可以体现出极高的审美格调； 3. 木材具有良好的加工性能，适合加工多种造型
人造板		1. 幅面大，质地均匀，表面平整，变形小，易于加工； 2. 物理、力学性能较好	1. 能采用染色、涂饰、覆面等方法提升板件质量与装饰性能，赋予家具更高的质量和美学价值； 2. 制成的板式家具通常采用五金件连接，生产、运输、储存、拆装方便； 3. 可大规模生产，价格适中
金属	黑色	1. 具有金属所特有的色彩、良好的反射能力、不透明性及光泽； 2. 具有较高的熔点、强度、刚度及韧性； 3. 具有良好的导电性和导热性； 4. 易于氧化生锈，产生腐蚀； 5. 表面工艺性好	1. 力学与理化及加工性能优异，金属家具产品强度高，经久耐用； 2. 金属材料的固有表面质感和良好的着色性能，在家具上能体现其自然质感，赋予家具一定的美学价值，呈现出现代风格的结构美、造型美和质地美
	有色		
塑料		1. 质轻，比强度高，化学性能稳定； 2. 优异的光学性能、电气绝缘性以及良好的消声和吸振性； 3. 良好的减磨、耐磨和自润滑性； 4. 成型加工方便，能大批量生产； 5. 耐热性能差，易变形、老化	1. 具有舒适的质感、适当的弹性，制成的家具能够给人以柔和、亲切、安全的触觉质感； 2. 色彩、肌理的可调控性及表面加工的随意性，有利于提高家具外观造型的整体感和艺术感； 3. 塑料成型方便，形状不受约束，家具产品造型丰富
竹藤	竹材	1. 生长周期短，强度高、韧性好、刚度大； 2. 直径大小不一，壁薄中空，具有尖削度； 3. 结构不均匀，具有各向异性； 4. 易虫蛀、腐蚀和霉变	1. 竹、藤经过简单的编织等工艺处理，能够呈现点、线、面等基本的构成要素形态，形成不同的装饰纹样和图案，赋予家具丰富的造型特征，体现家具独特的造型美； 2. 竹、藤制成的家具具有亲近、温暖、轻巧的视觉感受和清新、明快的心理感受； 3. 竹、藤的固有肌理特征能够赋予家具丰富的肌理表现效果
	藤材	1. 密实坚固又轻巧坚韧、牢固，易于弯曲成形； 2. 再生能力强； 3. 易干燥，耐磨、耐压，耐久性强	
玻璃		1. 硬度高，性脆，抗压强度较高，抗拉强度较低； 2. 良好的化学稳定性； 3. 优异的光学特性； 4. 较高的电阻率； 5. 导热性较差	1. 具有宝石般的材质感觉，可以与金属、木材等多种材料结合使用； 2. 玻璃家具可以通过点、线、面的组合，形成不同的造型艺术，丰富家具的造型语言； 3. 精巧玲珑的风格和别具一格的造型，易与其他家具相搭配，适应不同的审美需求

续表

名称	基本特征	在家具中的设计属性(表现力)
皮革	1. 手感舒适，质地柔软，弹性好； 2. 耐用、耐磨性好； 3. 丰富的色彩变化，可与金属、木材等多种搭配使用	1. 利用缝接、拼贴、粘接、编织等多种加工方式，可制作出色彩丰富、活泼多变的家具形态，呈现精良的视觉效果； 2. 皮革独特而丰富的肌理，通过与家具的契合，能使家具产生不同的肌理效果，呈现完整统一的设计特征
织物	1. 吸湿与透气性强，色彩丰富，染色性能良好； 2. 触感舒适，光泽柔和； 3. 材质坚固耐用； 4. 弹性较差，易产生褶皱	1. 优良的质感可体现亲肤舒适的使用功能，通过与不同质地材料的配合，能丰富家具的造型语言； 2. 丰富的色彩及变化，可与其他材料相互衬托、相互促进，在家具产品中形成丰富的视觉效果； 3. 织物材料可做拼接、印染、编织等处理，赋予家具不同的肌理变化
复合材料	1. 比强度、比模量高； 2. 具有良好的抗疲劳性能； 3. 具有良好的耐磨、减震性能； 4. 化学稳定性好； 5. 具有某些特定的功能	1. 具有多种材料的综合性能，所制成的家具具有质量轻、强度和刚度高、耐高温、耐腐蚀等多种物理、化学、生物性能； 2. 复合材料具有多种成型工艺，其易成型和易着色的特点，使之可以制成色彩绚丽、变化繁多的家具

2.4.1.2 受力分析

表2-3中所列的只是家具用材的一部分，通过查阅有关材料方面的文献可以获取更加详细的参数，包括材料的力学性能。

在家具产品结构设计中，对于同种材料的受力分析，按照文献资料上的性能参数肯定没有问题。但对于用到不同种材料的结构，则要尤其注意设计关键节点时的材料受力分析。由于材料的性能不同，节点与界面往往存在一些诸如胶合面的应力分布集中、节点处应力集中等隐患，这些隐患在正常使用下可能不会出问题，但随着使用时间的延长或者在非正常使用情况下就有可能凸显出来。

为了获得精确定量的数据，可以将设计好的结构用有关的专业试验机进行检测，并采用数理统计等方法进行数据处理与优化。上述确定载荷、拟定结构和受力分析均是为了取得最合理的结构参数，用于指导家具结构设计。以榫卯结构为例，通常将装配好的结构在万能力学试验机上进行检测，通过抗剪、抗拔等数据来判断其接合强度。这种方法简单实用，可作为榫卯结构设计的依据。

实际上，在科技发展迅速的今天，计算机模拟与仿真技术可以为家具的结构设计提供更为精准的方法，不仅可以减少实物模型的数量，还能为家具的结构设计提供新的思路。这将在第3章中进行讲解。

2.4.2 结构设计中的功能分析

家具的结构设计与家具的功能密不可分，在满足使用功能的同时如何让家具变得更加舒适、使用更加便捷、收纳更加方便等问题越来越受到关注。为了实现这些结构与功能，应该以人体工程学为基础，在结构上进行创新，如滑动、折叠、翻转等结构均可使用。

2.4.2.1 基于人体工程学的家具结构

在分析家具结构与功能关系时，首先应该以人体工程学为基础，要特别关注家具在使用过程中对人的生理及心理产生的影响。同时，把工作、学习、休息等生活行为分解成各种姿势模型，以此来研究家具造型与结构设计，并根据人的立位、坐位和卧位的基准点来进行规范。例如，沙发的弹性、座高、靠背倾角等都要充分考虑人的使用状态、体压分布以及动态特征，以其必要的舒适性来最大限度地消除人的疲劳，保证休息质量。比如椅子的靠背如果设计不当，人坐在上面背部不适，会感觉很累，长期下去易造成脊椎的损害。

如图 2-14 所示椅子就是基于人体工程学设计的典型案例：使用者坐在倾斜的座面上，将双膝放在前面的软垫上，脊椎一直保持具有生理弯曲特征的“S”形。它的造型和就座方式与传统的椅子完全不同，在结构方面也有很大差异，这为家具产品提供了一个新的设计视角。

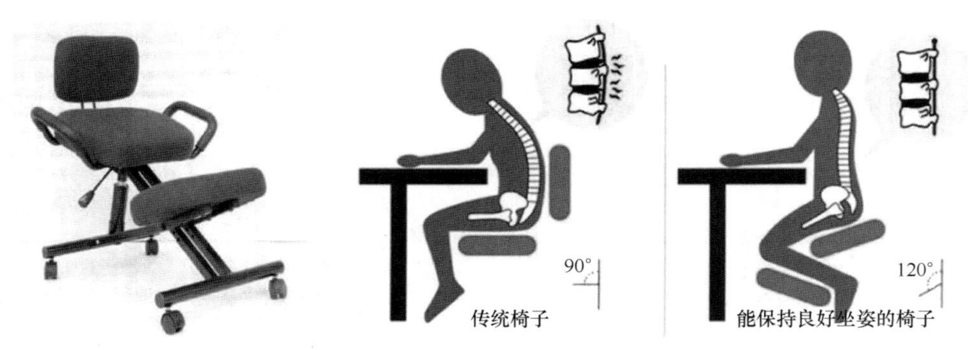

图 2-14　基于人体工程学的椅子设计

2.4.2.2　基于功能的家具结构

为了实现家具产品的一些特殊功能，以下结构常常被采用。

（1）滑动结构

家具产品中的滑动结构主要有两大部分：一部分用于家具的抽屉，另一部分用于家具的门。家具抽屉的滑轨主要可分为木质滑道、托底式滑道和伸缩抽式滑道等，如图 2-15 所示。其中，木质滑道主要用于仿古家具中，而托底式和伸缩抽式滑道则多用于现代家具之中，具有承载大、可拆装的特点。

图 2-15　不同类型的家具抽屉滑道

用于家具门的滑动装置可分为吊轨和地轨两种。如图 2-16 所示吊轨，多用于较重的柜门，如衣柜门、玻璃门等。吊轨滑动装置的安装较为复杂，且随着使用时间的延长，在重力的作用下会造成下垂而影响滑动，因此，近年来使用地轨滑动装置的居多。

（2）折叠结构

折叠结构一般可重复使用，且折叠后体积小，便于运输和储存。近年来，折叠结构在理论及形式上都得到了很大发展，大量的折叠结构已走出实验室在工程中得以应用。折叠结构在家具中使用广泛，如著名的交椅就是采用了折叠结构，成为古典折叠家具的典范。同时，

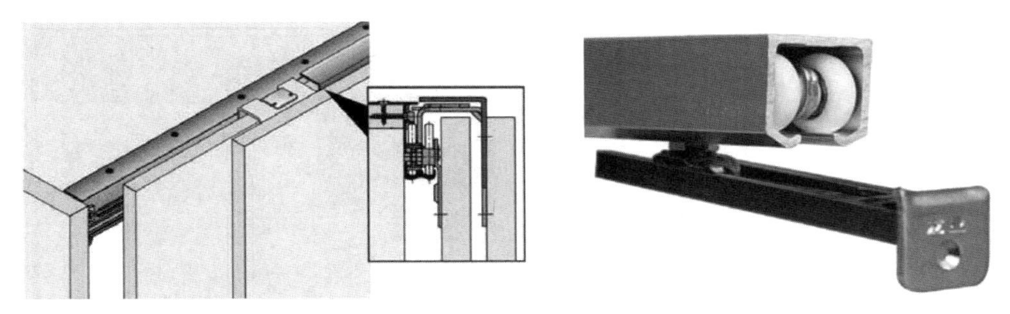

图 2-16 家具中的吊轨装置

随着技术的进步，更多的机械折叠结构被广泛应用，如图 2-17 所示折叠家具都是借助了机械结构的原理来实现折叠功能的，具有精巧、美观、实用等优点。

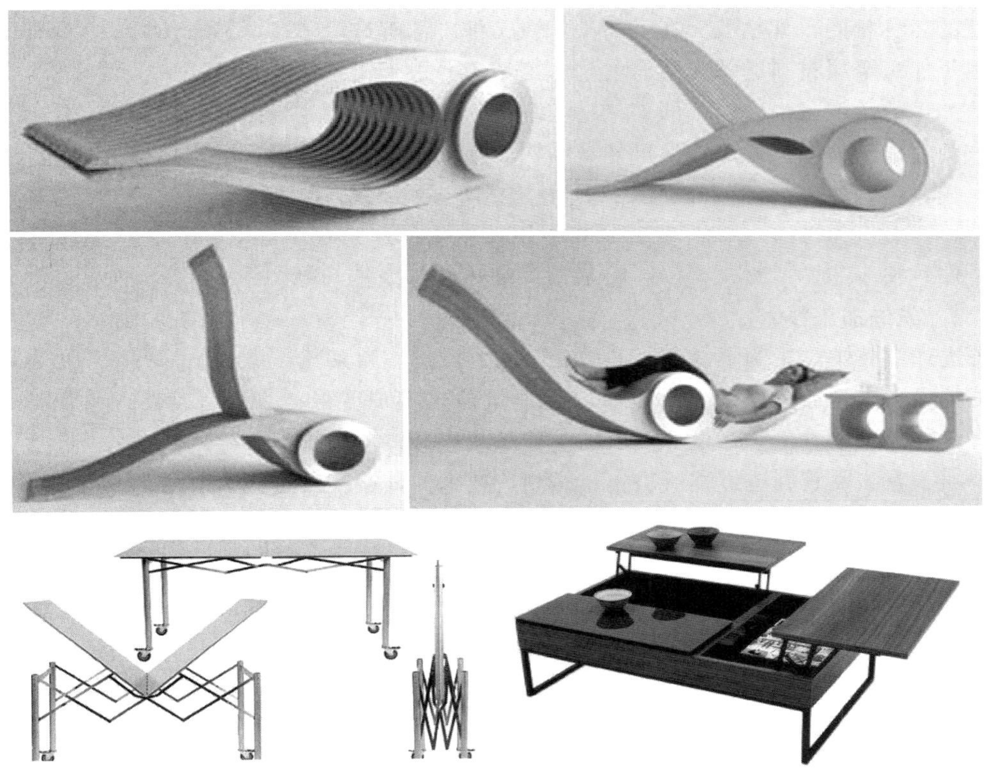

图 2-17 折叠结构与折叠家具

（3）翻转结构

在家具结构中，将旋转轴为水平方向的可移动构件称为翻转构件。与折叠结构类似，翻转结构在家具中也应用广泛，如图 2-18 所示上翻柜门开启后不会占据太多的空间，而下翻的柜门展开后则可以作为台面使用。

2.4.3 结构设计中的加工技术要素

无论多么优秀的设计都必须经过加工才能从设计图纸变成实物，实现其应有的价值。就当前的加工技术水平来说，有多种方式可以完成家具产品的制造。

图 2-18　家具中的翻转结构

2.4.3.1　通用加工技术

由于家具产品中涉及多种性能不同的材料，因此加工技术与方式也不一样。虽然有些加工工序的名称相同，如钻孔，在金属和木质构件中都有这道工序，但所使用的装备是有差异的，用于加工金属材料的钻床转速就比木工钻床低很多。

从加工的角度来说，简单的连接是实现高效加工的主要途径之一。因此，在满足结构强度与审美功能的前提下，应该尽可能将结构简单化，这样就可以采用常规设备和通用加工技术来完成，达到相应的通用技术条件所规定的要求，如《GB/T 3324—2017 木家具通用技术条件》《GB/T 32446—2015 玻璃家具通用技术条件》《GB/T 32444—2015 竹制家具通用技术条件》和《GB/T 3325—2017 金属家具通用技术条件》等。

2.4.3.2　先进加工技术

先进加工技术是指满足高速、高效、精密、微细、自动化、绿色化等特征中的一种以上的加工技术。它是通过采用某种工具或者能量流来实现变形、去除、改性或增加材料等方式，将材料加工成满足一定设计要求的半成品或成品过程的技术总称。其中的加工工艺技术由各种加工方法及其制造过程所决定，是制造技术的核心。因此，追求更高的加工精度、以高速实现高品质高效加工、精细加工以及追求加工智能化、更加注重加工的绿色化是现代加工技术发展的趋势。

就家具产品的加工而言，如 CAPP（Computer Aided Process Planning）、CAM（Computer Aided Manufacturing）、CAE（Computer Aided Engineering）、并行工程、拟实制造、智能制造、绿色制造、快速成型等先进制造技术备受关注。其中 CAM 在家具生产中已经广泛使用，其核心是计算机数字化控制（简称数控），是将计算机应用于制造生产的过程或系统系列的数控机床，包括称为“加工中心”的多功能机床，能从刀库中自动换刀和自动转换工作位置，可连续完成铣、钻、切削等多道工序，对复杂的表面与结构进行加工，实现“柔性化”生产。如图 2-19 所示数控加工中心就可以完成各种复杂的加工要求。

虽然数控与智能技术有其巨大的优势，但也存在着设备贵、生产与维护成本高等问题。因此，在家具产品的结构设计中，如果不是特别要求，应该尽可能将结构简化，使用普通机床加工，以降低生产成本，提高市场竞争力。

2.4.4　结构设计中的美学评价

家具结构设计也是一门艺术，由于形态感和尺度的参与，结构本身以及结构整体的外观一起构成了家具结构的艺术，且家具结构体现出的技术美正是技术性与艺术性的结合体。

图 2-19　家具生产中的数控加工

2.4.4.1　家具设计中的结构美

从家具结构角度而言，结构美依赖于一些精心选择的结构性元素，而不是完全依赖于装饰品的点缀和堆砌。好的家具产品结构元素能被重新组合和定义，这样才能发展其中可能的特质，并创造出美学的独特品位。

具象的家具产品可由许多抽象的元素所构成，但通过元素与结构之间的差异、组合重新界定，可以让抽象的元素重新构成而展现出有价值的美，这种巧妙的结构性元素往往是人与家具之间关系的纽带。如图 2-20 所示家具结构，通过材料、形态、质感、肌理以及结构之间的对比展示结构的艺术与技术美的特征。

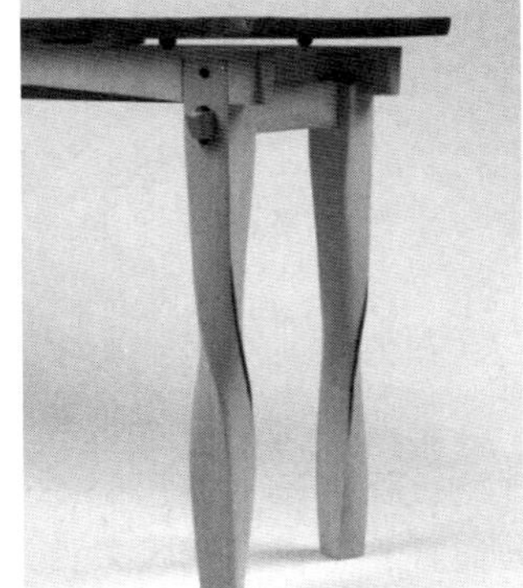

图 2-20　材料、形态、质感、肌理以及结构对比的艺术与技术美的特征

框架结构方式多种多样，木框接合有直角接合、斜角接合、中档接合；木框内的嵌板因材料本身尺寸、物理力学性能的限制，通常又有许多连接方法，如拼板有搭口拼、企口拼、穿条拼等，接长有对接、斜面接、指接等。框架结构的这种多样性为结构的简洁性、方便性提供了可选择的方案。由此可见，家具的结构美是可以从多个方面来体现的。

2.4.4.2　审美评价

家具的结构美包含多个方面的因素，有结构接合的合理性、科学性，也有结构方式的简洁性、方便性，还有结构形式的美观性、装饰性等。

现代家具审美主要包括两个方面的内容：家具作为独立的审美对象的美学要求和家具在使用环境中的美学要求。当作为独立的审美对象时，在满足功能需求的前提下要求家具的外观具有良好的视觉效果，主要表现在：

① 具有良好的艺术表现力，可营造美的氛围。

② 具有明确的美学特征，符合形式美的规律。

③ 整体做工精良，充分发挥材质与技术效果。

④ 构件尺寸合理，与整体比例协调。

⑤ 装饰适度，色彩搭配和谐，与整体风格保持一致。

家具结构的美学特征可从两个方面予以评价：一是感性评价，即从直觉的美观效果来评价，如结构的造型效果、装饰性、采用的连接形式、节点的细部处理、施工技法及对造型的影响等。二是从技术的美学和理性的感受出发加以评价，这种评价要建立在对当前科学技术的充分了解和对设计理念的充分认识上，用现代的审美观来评价结构的审美要素，使结构的美观性具有浓厚的时代特征。在评价过程中，这两方面应是互相交织、综合起作用的，不能孤立开来。

基于以上特点，家具结构的审美评价因素主要包括结构的技术性能、简洁便利性以及美观性等几个方面。

（1）结构的技术性能

如果家具结构技术质量达不到要求，那就很难产生美感，因此技术质量是家具结构审美评价的基础。家具结构技术性能评价的内容主要是考察结构的安全可靠性，即结构的牢固稳定性、承重负荷安全性和持久耐用性等。

在木质家具结构的技术性能评价中，首先要求部件与部件之间的接口严丝合缝、接合紧密，无松动、脱落、开裂等现象，这样才能使结构的牢固稳定性得到一定保障。对于采用五金连接件接合的结构，其技术要求应满足两方面的条件：一是制作结构的材质要符合接合要求，尺寸精确；二是节点处的材质要具有一定的强度和硬度，确保有较好的力学性能。可以通过眼睛观察及轻度摇晃来检测，看是否存在结构松动、移位，甚至脱落等现象，也可以遵照国家标准或行业标准中对结构的技术要求来进行评价。实践证明，符合技术要求的榫卯接合结构具有较高的牢固稳定性。

其次，要评价结构是否具有与其功能相匹配的最大承重能力。任何家具都要承受一定的重量，或盛放物品，或供人坐卧，这就要求家具结构具有相适宜的荷载能力，使家具功能在产生效能时不至于发生断裂崩塌现象，保证家具使用的安全性。同时，持久耐用性是对结构在使用时间上的要求。家具作为人们日常生活的用具，使用时间都较长，短的三五年，长的几十年甚至几百年，因此，要求家具的结构一定要坚固结实、经久耐用，经得起时间的考验。

（2）结构的简洁便利性

家具结构在具有优良的技术性能前提下，还应具有简洁便利性，包括：结构简单、轻巧，加工经济简便，易装易拆，操作方便快捷。简洁的结构形式可与现代生产中的批量化、标准化生产相适应，而有些传统的榫卯结构形式（如粽角榫、抱肩榫等）加工工序复杂，费工费料，难以满足批量化、标准化生产方式的需要，这就使得简化结构形式成为必要。

家具结构的简化没有绝对的标准，但需要借助新的科学原理和技术、材料、工艺，并创造性地运用相关学科的研究成果来改进旧的结构形式，达到简化结构的目的。随着科技的不断发展，简洁轻巧、更易于拆装、美观实用的结构不断得到应用。

（3）结构的美观实用性

家具结构除了起连接作用外，还对家具外观造型的艺术效果有直接影响，并从某种形式上决定了家具的造型效果。因此，家具结构本身应具有美观性，是技术与艺术的统一，是力学和美学的完美结合，并保持与家具整体形态的一致性。

家具结构包括结构件、连接件以及所采用的连接方式，变换其中任何一个因素都会对家具的外观造型产生不同程度的影响。其中，结构件作为构成家具的零部件，其形状、尺寸、比例是形成家具造型的基础，如果结构件本身的造型存在不足就会直接影响家具的整体造型效果。因此，要求结构件具有美观的造型、合适的比例尺度。同时，家具是由许多不同的结构件接合而成的，每一结构件在具有独立的美观性前提下，还要保持整体的和谐性，在尺寸、比例和造型上具有相互呼应的连贯性，使每个结构件通过有机的组合方式组合成一件造型完美的家具。此外，家具的连接方式很多，如可藏可露或半隐半现等，需根据造型和结构需要而定。隐藏的连接方式可使家具外观简洁明快，而外露的连接方式则可体现出一种理性的技术美感，但暴露的方式、程度、位置、结构形式以及节点细部处理、施工技法等都很有讲究，需要与家具的整体风格统筹安排，才能达到美观的效果。如图2-21所示家具结构细节就充分展现了家具结构的美学特征。

总的来说，家具结构设计的技术要素包括材料、结构、工艺、审美等多个方面，只有这些要素相互统一才能构成实用与审美相协调的产品。

图2-21　展现结构美的家具细节

第3章
基于结构的受力分析

家具要构成稳定的形态和实现既定的使用与审美功能，必须要有一定强度、刚度和稳定的结构来支撑。结构在家具产品中的地位如同人体的骨架对人的重要性一样，而关键接合处的连接方式及力学性能决定了家具产品的整体性能。一方面，若强度和刚度满足不了设计要求，将导致结构变形，甚至容易被破坏；另一方面，若安全系数过大，没有最大限度地节省原材料，在造成资源浪费的同时，也会因制品的粗大笨重而降低产品的艺术魅力。因此，研究家具结构中的力学性能，可为科学的结构设计提供技术指导。

3.1 家具结构中的力学

家具的力学性能是指家具在一定环境下承受外加载荷（如压缩、持续加载、弯曲、扭转、冲击等）时所表现出的力学特征。在家具设计中，家具结构的力学性能是重要的技术指标，关系到家具产品的安全性与使用寿命。家具的力学性能除了包含所使用材料本身的性能之外，还涉及接合部位的强度、框架的刚度以及在后续使用过程中的耐久性等。

家具在使用过程中有两种受力来源：自重和在使用过程中承受的载荷。家具自重一般都很小，主要是承受的载荷，这两类力综合作用于家具上，主要产生压应力、拉应力、弯曲应力、剪切应力等。

3.1.1 强度、刚度与耐久性

3.1.1.1 家具的强度

强度是指材料或产品在载荷作用下抵抗破坏的能力。家具在使用过程中所受到的载荷可分为静载荷和动载荷两种，静载荷强度表示家具所具有的最大承载能力（如书柜隔板的承载能力），在一定程度上用于确定家具的安全使用范围，包括正常使用条件和偶然遇到的可允许的误用情况。而动载荷是指随时间明显变化的载荷，即具有一定加载速率的载荷，包括短时间快速施加的冲击载荷（如椅面、桌面当人猛坐下或被重物撞击等）、随时间作周期性变化的周期载荷（如摇椅、儿童摇篮等）和非周期性变化的随机载荷（如椅子随着使用者坐姿变化而受到的不同载荷），这些均要求家具必须具有足够的承受动载荷能力来承受一次或重复性的载荷。如家具使用中反复抽拉的抽屉、反复开关柜门时所受到的周期载荷比静载荷更容易引起家具构件和连接节点的破坏。

3.1.1.2 家具的刚度

刚度是指材料或结构在受力时抵抗弹性变形的能力，是材料或结构弹性变形难易程度的表征，通常用弹性模量 E 来衡量。

家具在载荷作用下抵抗变形的能力就是家具的刚度。家具在受到载荷后往往要发生变形，家具的刚度高则出现变形小，否则会出现较大的变形。在众多的家具中，椅子的刚度最受关注。因为在使用过程中，不仅受到垂直方向的作用力，还会因使用者的习惯与场所不同而受到来自多方向的作用力，这时其接合部位就会出现角位移，使框架错位变形。这也是椅子较其他家具更容易遭到破坏的原因。

3.1.1.3 家具的耐久性

家具力学性能中的耐久性是指家具在重复载荷作用下抵御破坏和变形的能力。如椅背经常坐靠可能会出现松动，沙发因反复起坐而出现凹陷，弹簧软床垫经过长期躺卧可能会产生永久性的变形等，这些都与家具的耐久性有关。

为了保证家具产品的质量，国家制定了相应的测试标准，如《GB/T 10357.1—2013 家具力学性能试验　第1部分：桌类强度和耐久性》《GB/T 10357.2—2013 家具力学性能试验　第2部分：椅凳类稳定性》《GB/T 10357.3—2013 家具力学性能试验　第3部分：椅凳类强度和耐久性》《GB/T 10357.4—2013 家具力学性能试验　第4部分：柜类稳定性》《GB/T 10357.5—2011 家具力学性能试验　第5部分：柜类强度和耐久性》《GB/T 10357.6—2013 家具力学性能试验　第6部分：单层床强度和耐久性》《GB/T 10357.7—2013 家具力学性能试验　第7部分：桌类稳定性》和《GB/T 10357.8—2015 家具力学性能试验　第8部分：充分向后靠时具有倾斜和斜倚机械性能的椅子和摇椅稳定性》。

上述标准对家具产品的质量控制具有指导意义，但从家具结构的角度来说，破坏往往首先发生在接合部位。因此，有必要对接合部位的强度进行详细研究，在很多研究资料中都将家具的接合部位简称为节点。

3.1.2 家具中的节点

在家具结构中，使用各种榫卯、胶黏剂和连接件等把两个或更多个零部件连接到一起就构成了节点。家具的结构形式多样，繁简不一，为了便于分析，可将复杂的结构分解为如图3-1所示的“L”型和“T”型两种，根据对家具结构中各种结构强度的研究，即可设计出符合要求的节点。

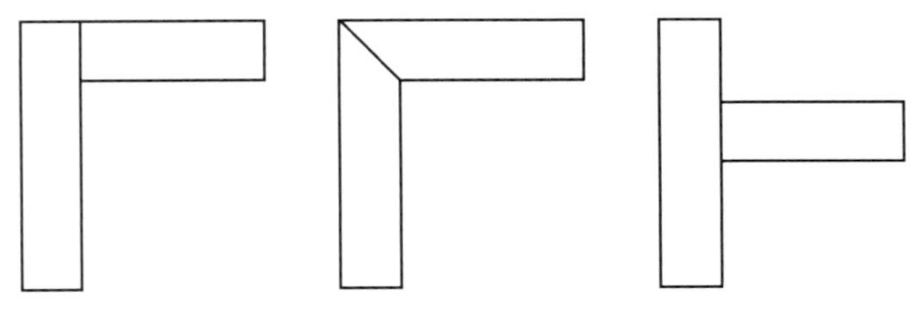

图3-1　L型和T型结构

以实木家具为例，常用的结构方式主要有：榫卯固定结构、圆棒榫固定结构和五金件可拆装结构三类，常见类型如图3-2所示。

节点有刚性和半刚性之分：刚性节点就是组成节点的构件弹性曲线切线之间的角度在载荷作用下不改变；半刚性节点的特征是当受到一定载荷时，节点内会产生转角，如图3-3所示。由于木材属于黏弹性材料，因此木质家具框架中的节点几乎都是半刚性节点。

3.1.3 性能分析方法

3.1.3.1 分析步骤

一般来说，产品的结构设计要建立在材料力学的基础上，这样才能更科学地对结构、构件以及连接件进行设计与研发。在家具结构性能分析时，可从节点的力学性能和框架的力学性能两方面着手。家具结构强度设计有以下步骤：

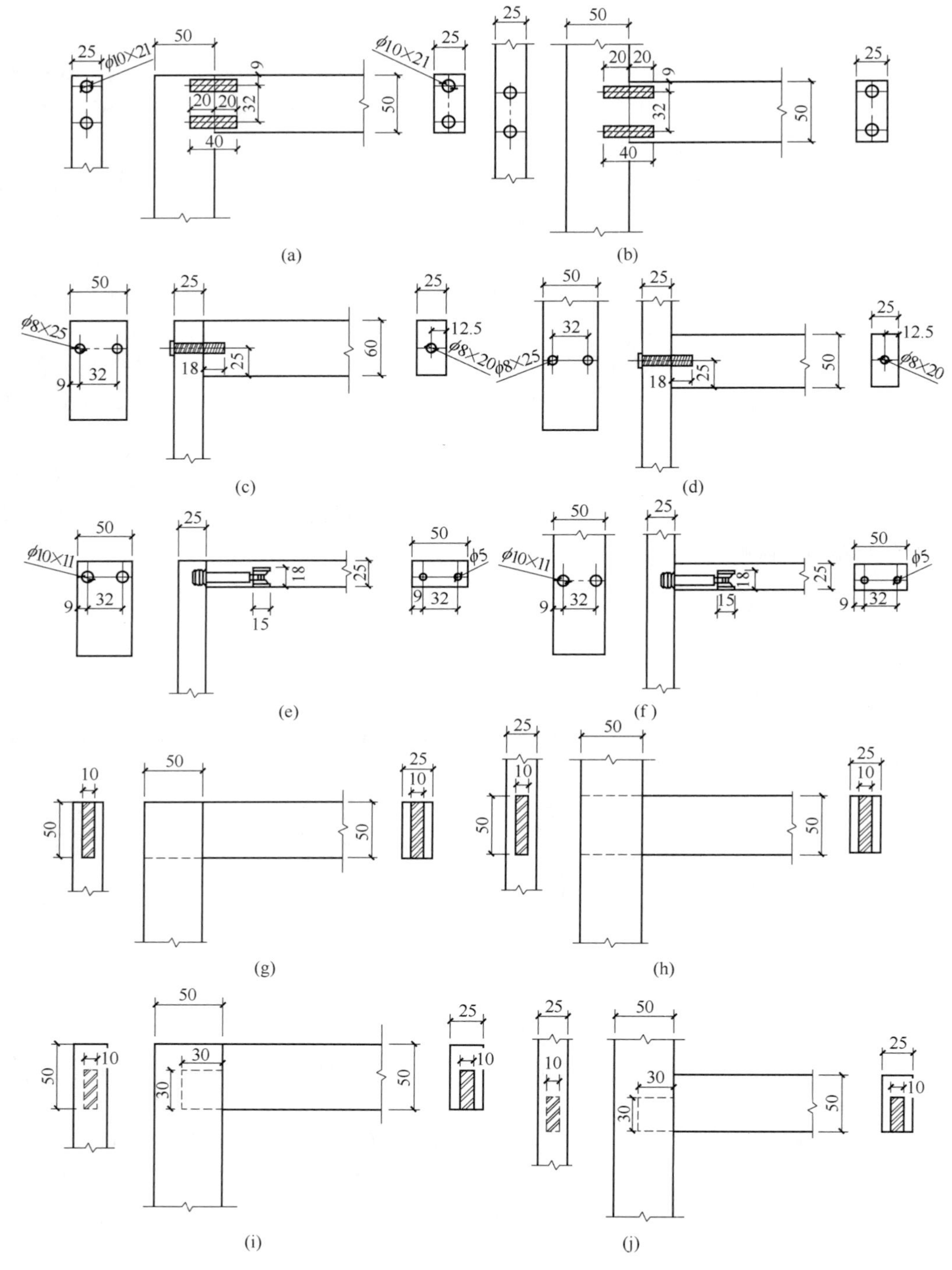

图 3-2 常见家具节点连接方式

（a）双圆榫接合“L”型直角构件 （b）双圆榫接合“T”型直角构件

（c）普通倒刺螺母连接件接合“L”型直角构件 （d）普通倒刺螺母连接件接合“T”型直角构件

（e）“L”型直角构件偏心连接件接合 （f）“T”型直角构件偏心连接件接合

（g）直角贯通单榫接合的“L”型直角构件 （h）直角贯通单榫接合的“T”型直角构件

（i）不贯通直角单榫接合的“L”型直角构件 （j）不贯通直角单榫接合的“T”型直角构件

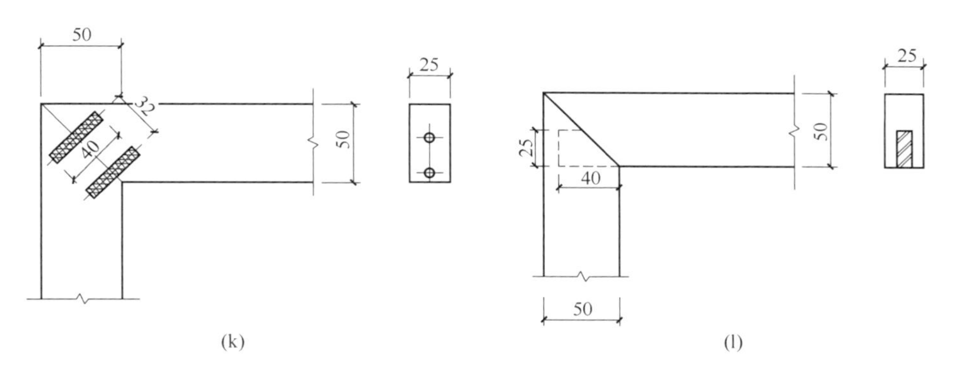

图 3-2 常见家具节点连接方式（续）
(k)“L”型45°双圆榫斜角接合构件 (l)“L”型45°直榫斜角接合构件

① 确定家具产品的功能以及在使用过程中将所承受的载荷；

② 根据承载要求，初步确定零部件尺寸及重要结构的尺寸，并绘制图纸；

③ 根据外部载荷和所使用材料的特性，求出产品将产生的应力大小和分布情况；

④ 根据受力情况，调整与修改关键结构，直到所有零部件均不超过负荷。

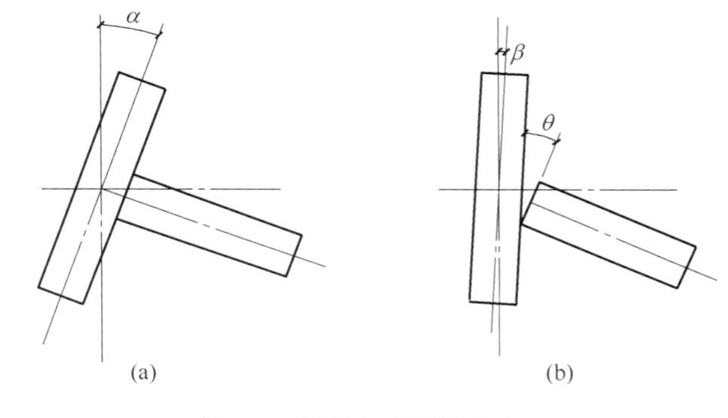

图 3-3 刚性与半刚性节点
(a) 刚性节点 (b) 半刚性节点

3.1.3.2 实验表征

家具节点的力学性能可以通过抗剪、抗拔等性能来表征。

(1) 抗剪

采用不同节点接合方式的T型和L型构件，在外力垂直载荷匀速加载的作用下使构件节点发生破坏或变形，从而测得构件节点破坏的强度值及其破坏或变形形式，测试方法如图3-4所示。

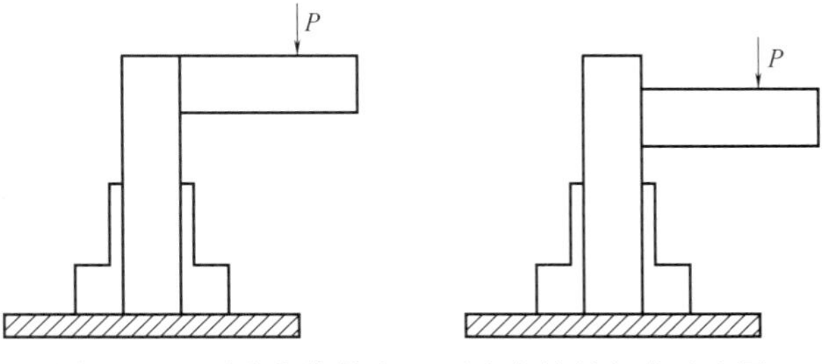

图 3-4 L型直角构件和T型直角构件加载示意图

(2) 抗拔

在《GB/T 32444—2015 竹制家具通用技术条件》中规定了测试预埋螺母极限抗拔力的测试方法，除了竹材之外，其他使用相类似的连接件的抗拔力均可参照这种方法进行。只是在测试中要注意引导孔与螺母的配合尺寸以及螺母的类型。如常用的螺母就有如图3-5所示

图 3-5 不同形式的倒刺螺母

尼龙预埋螺母、梯形铁螺母、内外牙螺母、倒刺螺母、膨胀螺母等多种，其用在不同基材上所具有的抗拔力是不一样的。

3.2 节点受力分析与计算

3.2.1 榫卯结构节点性能分析

在家具结构与节点设计过程中，通过对节点的受力进行探讨，可科学地分析结构的受力形式，合理地设计其结构尺寸，有效地评价结构强度。下面就以常见的几种结构进行讨论。

3.2.1.1 直角T型闭口单榫

直角T型闭口单榫结构形式和承载过程中的受力分析如图3-6所示。就榫头而言，主要受以下几个方面的应力：榫头上表面外端所受的压应力 q_1，榫头下表面靠榫肩部位所受的压应力 q_2、胶层的剪切应力（τ），榫头承载荷力矩见公式3-1：

$$M=M_1+M_2+M_3 \quad \text{（公式 3-1）}$$

其中：

$$M_1=P_1 \cdot \frac{2l}{3} \quad \text{（公式 3-2）}$$

$$M_2=P_2 \cdot \frac{b}{3}=q_2 \cdot \frac{a}{4} \cdot \frac{a(b-c)}{3}=q_2 \cdot \frac{a^2(b-c)}{12} \quad \text{（公式 3-3）}$$

$$M_3=2k_1 a l^2 \tau \quad \text{（公式 3-4）}$$

公式3-2至公式3-4中

P_1、P_2——接合时所需的涨紧压力

q_2——接合时涨紧的最大应力

k_1——榫头宽度与长度之比，即 a/l

τ——胶层的最大许用应力

a、b、l、c——构件尺寸

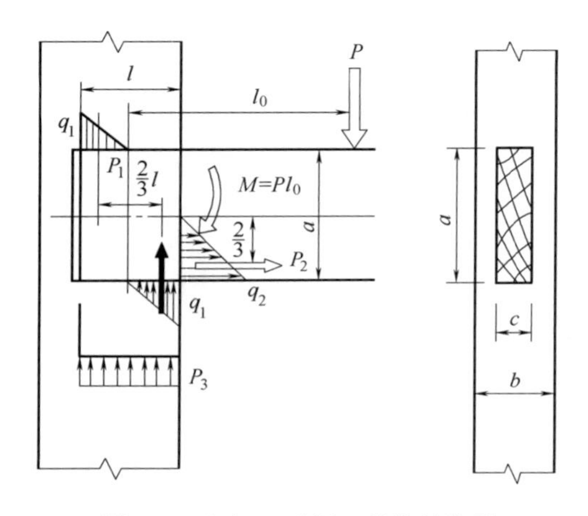

图3-6　直角T型闭口单榫结构形式与承载过程中的受力分析

在载荷重 P 的作用下，产生的压应力 $P_3=P/(cl)$，最大弯曲应力 $\sigma_{\max}=6M/(cl^2)$，总应力可用公式3-5表示：

$$\sigma_{总}=P_3+\sigma_{\max}=\frac{P}{cl}+\frac{6M}{cl^2}\leqslant[\sigma] \quad \text{（公式 3-5）}$$

上述基于常见的实木家具榫卯结构的受力情况所建立的数学模型，在结构设计中可作为参考。

3.2.1.2 双圆棒榫直角结构

圆棒榫在实木家具构件中具有节约材料、强度可靠的优点。双圆棒榫直角结构（加胶黏剂）不仅接合强度高，还可以防止扭动，是常见的插入榫接合形式之一。其结构形式与受力情况如图3-7所示。

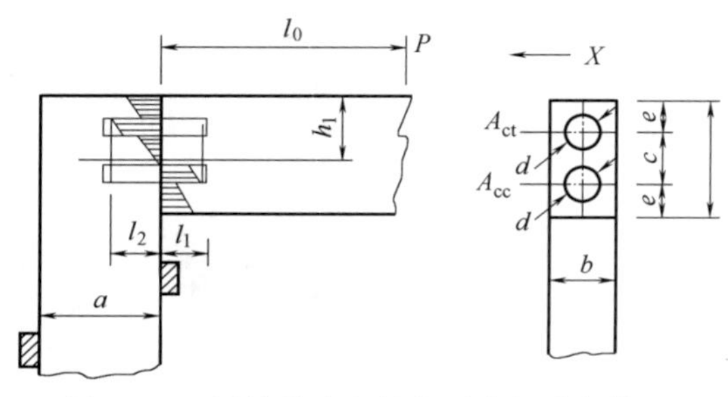

图3-7　双圆棒榫直角结构形式与受力情况

根据材料力学的原理，中性层应力为零（$\sigma=0$），设应力中性层距构件上表面的距离

为 h_1，则其受力情况可用公式 3-6 计算：

$$h_1=\frac{E_p(ba-A_{cc}-A_{ct})\cdot\frac{1}{2}a+E_{cc}A_{cc}(a-c)+E_{ct}A_{ct}}{E_p(ab-A_{cc}-A_{ct})+E_{cc}A_{cc}(a-c)+E_{ct}A_{ct}} \quad \text{（公式 3-6）}$$

其中，最大应力表达式见公式 3-7 和公式 3-8：

$$\sigma_{上}=\frac{M_iE_p}{J_i}h_1\leqslant[\sigma] \quad \text{（公式 3-7）}$$

$$\sigma_{下}=\frac{M_iE_p}{J_i}(a-h_1)\leqslant[\sigma] \quad \text{（公式 3-8）}$$

其中：

$$J_i=E_p\cdot\left[\frac{ba^3}{12}-2\left(\frac{\pi d^4}{64}+\frac{c^2}{4}-\frac{d^2}{4}\right)+\left(h_1-e-\frac{c}{2}\right)^2\left(ba-2\cdot\frac{\pi d^2}{4}\right)\right]+ E_{cc}\cdot\left(\frac{\pi d^4}{64}+(h_1-e-c)^2\frac{\pi d^2}{4}\right)+E_{ct}\cdot\left(\frac{\pi d^4}{64}+(h_1-e)^2\frac{\pi d^2}{4}\right) \quad \text{（公式 3-9）}$$

当构件承载时，圆棒周围胶层所受到的剪切应力 τ 可用公式 3-10 计算：

$$\tau=\frac{N_{ct}}{\pi dl}=\frac{\sigma A_{ct}}{\pi dl}=\frac{M_iE_{ct}}{4J_j}\cdot\frac{h_1-e}{l}\text{或}\tau=\frac{N_{cc}}{\pi dl}=\frac{\sigma A_{cc}}{\pi dl}=\frac{M_iE_{cc}}{4J_j}\cdot\frac{e+c-h_1}{l} \quad \text{（公式 3-10）}$$

式中 E_p——方材弹性模量

M_i——圆棒承载时的弯曲力矩

E_{ct}，E_{cc}——圆棒受压时的弹性模量

A_{ct}，A_{cc}——圆棒的截面尺寸（设 $A_{ct}=A_{cc}$）

$[\sigma_{下}]$、$[\sigma_{上}]$——方材上表面或下表面的最大许用应力

a——材料宽度

b——材料厚度

c——两圆棒间距离

d——圆棒榫直径

e——圆棒榫中心距材料边沿距离

l——圆棒榫长度

J_i——方材横截面相对中性层的惯性矩

同时，构件结构的接合强度取决于圆棒榫的抗弯曲和抗剪切强度。正常情况下，圆棒榫所受的压应力和剪切应力可分别用公式 3-11 和公式 3-12 计算：

$$\sigma=\frac{M_iE_{cc}}{J_i}(a-h_1-e+0.5d)\leqslant[\sigma] \quad \text{（公式 3-11）}$$

$$\tau=\frac{\text{剪切力}}{\text{受力面积}}=\frac{P}{2}/2A_{cc}=\frac{P}{4A_{cc}}=\frac{P}{\pi d^2}\leqslant[\tau] \quad \text{（公式 3-12）}$$

式中 $[\tau]$——圆棒榫的最大许用剪切应力

P——圆棒榫所承受的外力

由此可见，根据上述数学模型可计算出方材直角双插入圆棒榫所受的各类应力，并可评价其接合强度。

3.2.2 连接件可拆装节点

3.2.2.1 螺栓-圆柱螺母接合

由于螺栓-圆柱螺母接合具有较大的承载能力，常用于实木家具的可拆装结构之中，如椅子后腿与座下侧横撑的框架结构，如图 3-8 所示。螺栓-圆柱螺母接合时，多采用双圆棒

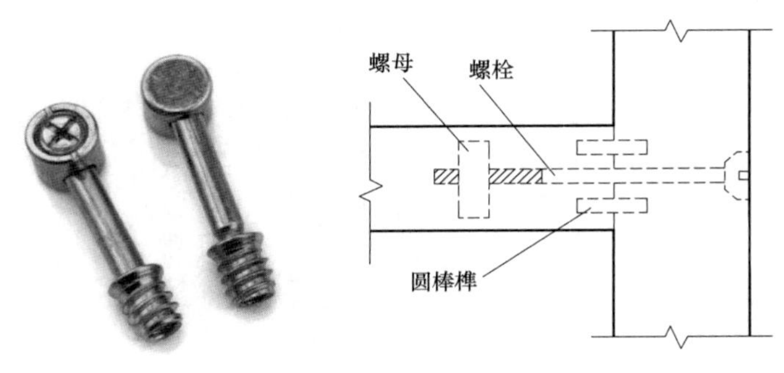

图 3-8　实木家具中的螺栓-圆柱螺母及其接合方式

榫来定位，由于定位圆棒榫是紧配合，因此装配紧固后圆棒榫和螺栓-圆柱螺母同时受力。

在上述接合中，以 $\phi=9$mm 的螺栓-圆柱螺母为例，其拔出力可通过公式 3-13 计算：

$$F=2.7\times10^{-3}\times p_x^{1.06}(ED)^{0.36}(SD)^{0.05} \quad \text{（公式 3-13）}$$

式中　F——在受拉时螺栓-圆柱螺母的拔出强度

p_x——一定含水率时，木材纵向纹理的抗压强度

ED——螺栓-圆柱螺母端部埋入的深度

SD——埋入螺栓-圆柱螺母到边部的距离

从公式（3-13）中可知，拔出强度和螺栓-圆柱螺母的位置相关性不大，但与木材在平行纹理方向的抗压强度基本成线性关系，同时也表明拔出强度与端部埋入深度（ED）的关系不大，与埋入螺栓-圆柱螺母到边部距离（SD）基本无关。

同时，研究发现，当连接件放置在离横撑边缘 12.7mm 时，拔出强度基本没有降低。而当其离横撑边缘 5.0mm 左右时，连接件仍保持很高的拔出强度。从公式 3-13 中还可知：当端部埋入深度由 38.1mm 减少到 25.4mm 时，其拔出强度仅下降 13.6%。

同样，以 MDF 为基材的构件中，螺栓-圆柱螺母到边部的距离也没有表现出主要的影响。试件出现损坏是由于螺母下面的纤维被压碎，而不是因为钻孔旁边材料的破裂。因此，螺栓-圆柱螺母的拔出强度主要由基材的抗压强度决定。

螺栓-圆柱螺母的直径与数量对抗弯强度的影响不同。如图 3-9 所示，由一个或两个直径为 10mm 的螺栓-圆柱螺母构成的 T 型连接结构，其抗弯强度可通过公式 3-14 计算：

$$F=0.169\times s_x J(ED)^{0.5} \quad \text{（公式 3-14）}$$

式中　F——连接处的抗弯强度

s_x——木材一定含水率时顺纹抗压强度

J——受拉时螺栓的纵向轴线到受压横撑边缘的距离

ED——横撑端部到螺母的距离

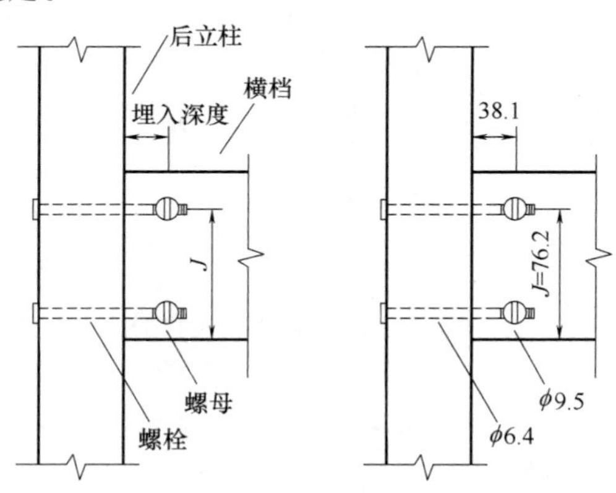

图 3-9　螺栓螺母构成的 T-型连接

在艾克曼（1989 年）的测试中，公式 3-14 的预测值和实际测试结果相差不超过 14%。在实验中发现，即使将螺栓-圆柱螺母安装在离横撑端部 25.4mm 的位置，其强度也基本上没有变化。

3.2.2.2　螺钉-圆棒榫接合

在某些情况下，会用较长的木螺钉来代替贯穿螺栓，以增加接合的强度，如图 3-10 所

示。但这些螺钉的接合强度比贯穿螺栓要差。

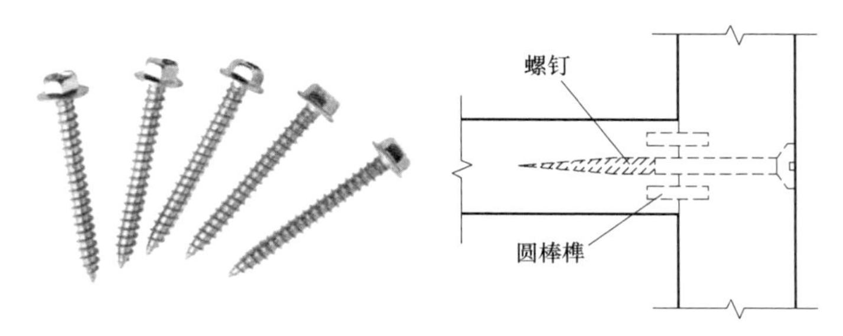

图 3-10 木螺钉及其代替螺栓-圆柱螺母的接合方式

研究中密度纤维板和刨花板为基材的板式家具时，通过大量的实验总结出木螺钉在中密度纤维板和刨花板板面方向和侧边方向的抗拉强度计算公式，板面方向抗拉强度计算见公式 3-15：

$$F=39(p)^{0.85}\times D^{0.5}\times(L-D)^{1.25} \quad \text{（公式 3-15）}$$

侧边方向抗拉强度计算见公式 3-16：

$$\sigma=91.556\times(p)^{0.815}D^{0.5}\times(L-D/3)^{1.25} \quad \text{（公式 3-16）}$$

式中 σ——木螺钉的抗拉强度

D——木螺钉直径

L——木螺钉的嵌入深度

p——板材的内接合强度

从以上公式可以看出木螺钉的抗拉强度与木螺钉直径、嵌入深度和板材的内接合强度等有关。因此，在家具的结构设计中也应根据家具要求的力学性能来确定部件连接方式和基材。

3.2.2.3 偏心件接合

在如图 3-11 的偏心连接件连接的结构中，抗拉强度主要取决于预埋螺母的性能。有研究表明，中密度纤维板（MDF）和刨花板（PB）中有螺纹的金属插入件的拔出力可由公式 3-17 来计算：

$$F=1441.038(P)^{0.5}D^{0.5}\times L \quad \text{（公式 3-17）}$$

式中 F——拔出力

D——预埋螺母直径

L——预埋螺母的嵌入深度

P——板材的内接合强度

从公式 3-17 中可知，抗拔强度主要与预埋螺母直径、嵌入深度和基材本身的性能相关。因此，使用性能较好的材料能够有效地改善接合强度。

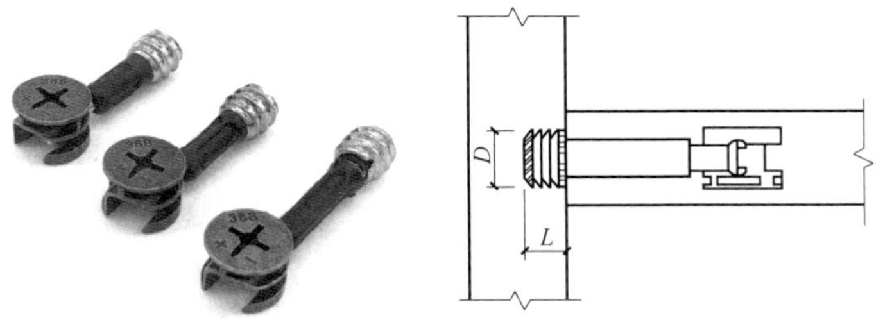

图 3-11 可拆装连接件的接合方式

3.3 现代分析方法的应用

在早期研究中，大部分是定性研究而非定量研究。这些研究都是为了创造“更好”或“强度更大”的接合或者考虑接合点特定参数的影响，而不是为了制作出具有某一特定强度的接合。目前，家具外载荷大小及加载方式主要依据国标 GB/T 10357.1～8 相关规定进行，其有关试验项目主要有耐久性试验、冲击试验和跌落试验。

随着计算机技术和数据处理技术的发展，多种分析方法在家具结构设计中得以应用。利用优化设计技术，借助计算机采用精确度较高的数字计算方法，可以从众多可行的设计方案中寻找出最佳的结构设计方案。其中，优化设计技术和有限元理论的广泛应用，使研究者有了更多的家具结构设计的思路和方法。

3.3.1 有限元分析方法

有限元分析（FEA，Finite Element Analysis）利用数学近似的方法对真实物理系统（几何和载荷工况）进行模拟，是众多求解微分方程中的一种非常高效的数值分析方法，是一种利用简单而又相互作用的元素（即单元）就可以用有限数量的未知量去逼近无限未知量的系统方法。

3.3.1.1 有限元理论

有限元分析是用较简单的问题代替复杂问题后再求解。它将求解域看成是由许多称为有限元的小的互连子域组成，对每一单元假定一个合适的（较简单的）近似解，然后推导求解这个域总的满足条件（如结构的平衡条件），从而得到问题的解。有限元不仅计算精度高，而且能适应各种复杂形状，因而成为行之有效的工程分析手段。

当今有限元分析软件的一个发展趋势是与通用 CAD 软件的集成使用，即在用 CAD 平台完成部件和零件的造型设计后，能直接将模型传送到 CAE 软件中进行有限元网格划分并进行分析计算，如果分析的结果不满足设计要求则重新进行设计和分析，直到满意为止，从而极大地提高了设计水平和效率。为了满足工程师快捷地解决复杂工程问题的要求，许多商业化有限元分析软件都开发了与 Pro/Engineer、Unigraphics、Solid Edge、Solid Works、IDEAS、Bentley 和 AutoCAD 等软件的接口。有些 CAE 软件为了实现和 CAD 软件的无缝集成而采用了 CAD 的建模技术，如 ADINA 软件由于采用了基于 Parasolid 内核的实体建模技术，能和以 Parasolid 为核心的 CAD 软件（如 Unigraphics、SolidEdge、SolidWorks）实现真正无缝的双向数据交换。

随着各种有限元软件的出现和其功能的不断完善，有限元理论逐渐被应用到家具力学结构设计中。其中 ANSYS 已初步用于板式家具和实木框架类家具的力学结构分析研究。与传统的计算分析方法相比，有限元分析法能从三维整体上分析家具的力学结构，因此可大大简化手工运算，为实现三维框架的整体设计与检验提供有效途径。

3.3.1.2 有限元法的分析过程

ANSYS 有限元典型分析大致分为 3 个步骤：建立有限元模型（也称“前处理”）、加载求解、查看与分析结果（也称“后处理”）。

（1）建立有限元模型（前处理）

① 指定工作文件名和标题名：给文件命名。

② 定义单元类型：如在ANSYS中几何模型要通过划分成单元后，才能够进行有限元分析。用户根据需要选择单元的形状、类型等。ANSYS单元库提供了多达200多种不同的单元供用户选择。

③ 定义材料属性：ANSYS中的所有分析都需要定义材料属性。例如进行结构分析时，要输入材料的泊松比、弹性模量、密度等。

④ 创建有限元模型：ANSYS提供了两种方法来构建有限元模型，一种是首先创建或导入实体模型，然后对实体模型进行网格划分，以生成有限元模型。另一种是直接用单元和节点生成有限元模型。

（2）加载求解

① 定义分析类型：指定分析的类型。ANSYS总共可以求解7种不同类型的分析，即静态分析、谐振态分析、瞬态分析、模态分析、屈曲分析、频谱分析以及子结构分析，根据所求问题的需要来设置对应ANSYS求解类型。

② 施加载荷：施加载荷有两种方法：一是施加在实体模型上，例如施加在关键点、线、面等；二是直接施加在有限元模型上，比如说节点、单元等。ANSYS最终进行计算的载荷必须是施加在有限元模型上的载荷，所以ANSYS会把施加在实体模型上的载荷自动转换为有限元模型上后再进行求解。

③ 选择求解方法：ANSYS提供了多种求解的方法，比较常用的方法有波前求解器、雅可比共轭梯度求解器、稀疏矩阵求解器等，可根据具体问题以及电脑配置选择最合适的方法。

④ 求解：在建立有限元模型并完成定义分析类型和载荷施加后，选择好求解器，ANSYS就可以对有限元模型进行求解，求解就是ANSYS通过有限元方法建立联系方程并计算联系方程的结果。

（3）查看与分析结果（后处理）

① 查看计算结果：在完成上述步骤之后，需要查看有限元计算结果，此时要用后处理器来完成这项工作。通过ANSYS的后处理模块，用户可以用多种形式来查看计算结果，如图形化显示、文本文件显示、列表显示、动画显示等。ANSYS后处理器包括两个模块：通用后处理模块（POST1）和时间后处理模块（POST26）。

② 判断分析结果：尽管ANSYS提供了强大的后处理器以方便用户查看计算结果，但后处理器只是查看计算结果的工具，计算结果的合理性则需要用户自己根据ANSYS提供的信息和实际情况进行更加准确的分析。

3.3.2 框式结构的ANSYS模拟分析

以图3-12所示可拆装实木椅子为例，参考相关国家标准，采用ANSYS软件分析椅子在静力载荷和冲击载荷下的受力情况，求出最易损坏的节点。

3.3.2.1 整体静载荷分析

（1）座面静载荷模拟计算

参照国家标准《GB/T 10357.3—2013 家具力学性能试验 第3部分：椅凳类强度

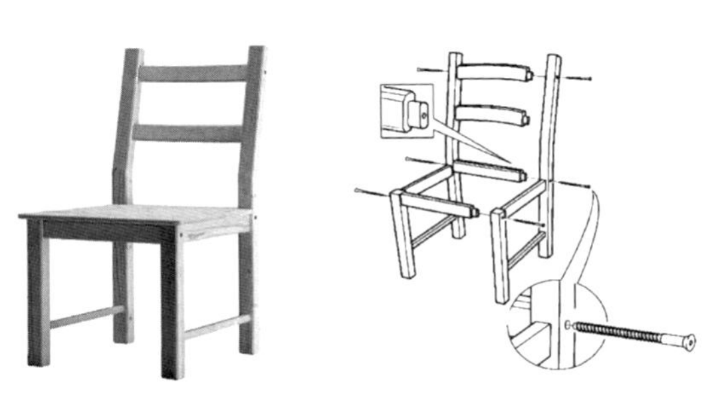

图3-12 可拆装实木椅子

和耐久性》中对椅子座面静载荷的规定，再结合家具力学和相关研究，椅子座面加载时，因受到地面的支撑力，椅子沿 Y 轴正方向（竖直方向）上的运动被限制，因此在 ANSYS 中约束椅腿底端 Y 轴向上的平动自由度，座面加载点为椅面中心线上离椅面前沿 100mm 处的一点，大小为 1300 N，如图 3-13（a）所示。

（2）椅背静载荷模拟计算

参照国家标准《GB 10357.3—2013 家具力学性能试验　第 3 部分：椅凳类强度和耐久性》中对椅背静载荷的规定，首先约束 Y 轴向上的平动自由度，在椅面加载大小为 1300N 的平衡载荷，然后在后腿端约束 Z 轴正方向的平动自由度和绕 X 轴的转动自由度外，在受到水平载荷时还需约束与作用力方向平行，即 Z 轴向上的平动自由度。椅背加载点为椅背纵向轴线上距离靠背上沿 100mm 处的一点，大小为 560N，如图 3-13（b）所示。

（3）椅腿向前静载荷模拟计算

参照国家标准《GB 10357.3—2013 家具力学性能试验　椅凳类强度和耐久性》中对椅腿向前静载荷的规定，首先约束 Y 轴向上的平动自由度，在椅面加载大小为 1000N 的平衡载荷，然后约束前腿的全部自由度（防止椅子倾翻），在座面后沿中间位置水平向前施加大小为 500N 的载荷，如图 3-13（c）所示。

（4）椅腿侧向静载荷模拟计算

参照国家标准《GB 10357.3—2013 家具力学性能试验　第 3 部分：椅凳类强度和耐久性》中对椅腿侧向静载荷的规定，首先约束 Y 轴向上的平动自由度，在椅面加载大小为 1000N 的平衡载荷，然后约束侧腿的全部自由度（防止椅子倾翻），在座面一侧的中间位置水平向前施加大小为 390N 的载荷，如图 3-13（d）所示。

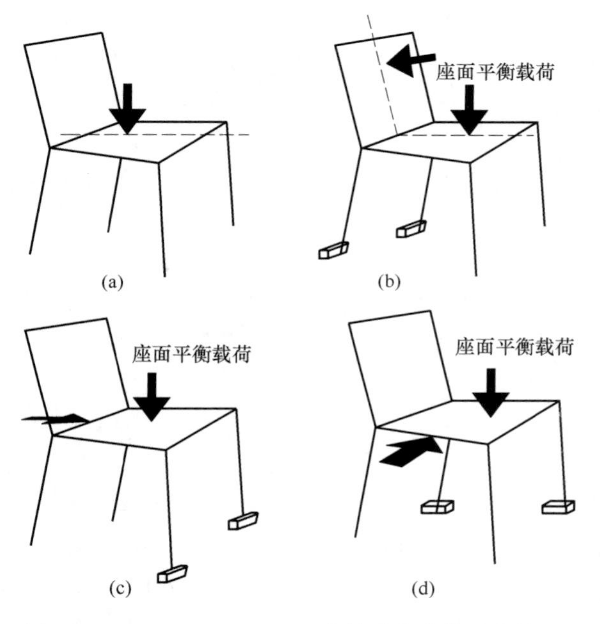

图 3-13　GB 10357.3—2013 中椅子静载荷约束情况
（a）座面　（b）椅背　（c）椅腿向前　（d）椅腿侧向

3.3.2.2　整体静载荷有限元分析

（1）定义单元类型

在有限元分析过程中，对于不同的问题需要运用不同的单元类型。椅子材料选用实木（樟子松），单元类型选用 ANSYS 单元库中的三维体单元——SOLID45 单元，其为模拟正交各向异性材料的三维实体，且具有 8 个节点，每个节点有 3 个自由度，结构特征如图 3-14 所示。

（2）定义材料属性

樟子松作为天然木材具有明显的各向异性，因此需要根据木材的物理性质，定义材料三个方向的弹性模量、剪切模量和泊松比来体现木材的各向异性。为了更清晰地记录，将纵向、径向和弦向分别标记为 L、R 和 T。

查阅相关资料可知樟子松的密度 $\rho=0.443\mathrm{g/cm^3}$；弹性模量 $E_L=9816.1\mathrm{MPa}$，$E_R=798.3\mathrm{MPa}$，$E_T=471.7\mathrm{MPa}$；剪切模量 $G_{LR}=802.8\mathrm{MPa}$，$G_{LT}=600.4\mathrm{MPa}$，$G_{RT}=$

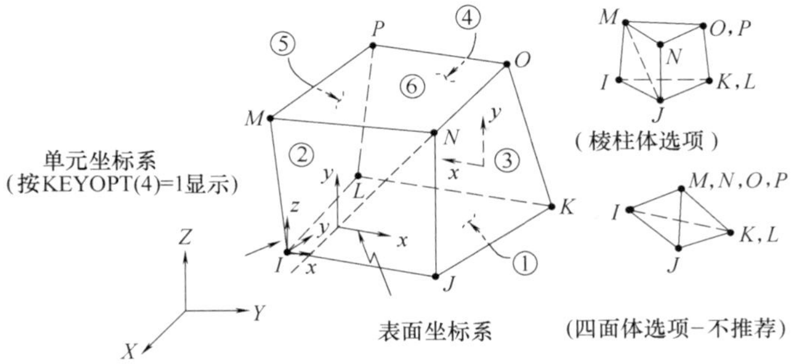

图 3-14 SOLID45 单元

40.0MPa；泊松比 $\mu_{RL}=0.287$，$\mu_{TL}=0.31$，$\mu_{TR}=0.333$。使用的空套螺钉为钢材：钢的密度 $\rho=7.85\mathrm{g/cm^3}$，弹性模量 $E=2.0\times10^5\mathrm{MPa}$，泊松比 $\mu=0.3$。

根据椅子的材料特征，在 ANSYS 中需定义四种材料，其材料所代表的椅子零部件如表 3-1 所示。

表 3-1　四种材料代表的椅子零部件

材料名称	零部件名称	材料名称	零部件名称
1	靠背板、前望板、后望板、座面	3	侧撑、侧望板
2	椅腿	4	金属五金件

在 ANSYS 中，四种材料的材料属性及代码如表 3-2 所示。

表 3-2　四种材料的材料属性

材料名称	ρ/(g/cm³)	E_L/MPa	E_R/MPa	E_T/MPa	μ_{RL}	μ_{TR}	μ_{TL}	G_{LR}/MPa	G_{RT}/MPa	G_{LT}/MPa
1	0.443	9816.1	798.3	471.7	0.287	0.333	0.313	802.8	40	600.4
2	0.443	471.7	9816.1	798.3	0.313	0.287	0.333	600.4	802.8	40
3	0.443	471.7	798.3	9816.1	0.333	0.287	0.313	40	802.8	600.4
4	ρ/(g/cm³)	E/GPa			μ			—	—	—
	7.850	200			0.3			—	—	—

注：E_L——顺纹弹性模量，E_R——水平径向弹性模量，E_T——水平弦向弹性模量，G_{LR}——顺纹-径面剪切弹性模量，G_{LT}——顺纹-弦面剪切弹性模量，G_{RT}——水平面剪切弹性模量，μ_{TR}——T 向压力应变/R 向延展应变，μ_{RL}——R 向压力应变/L 向延展应变，μ_{TL}——T 向压力应变/L 向延展应变。

定义材料属性：在 ANSYS 软件中执行：

Main Menu→PreProcessor→Element

Type→Material Props→Material

Models→Structural→Linear→Elastic→Isotropic

然后按照表 3-2 输入四种材料的属性即可。

(3) 划分网格

椅子模型定义了材料属性后还需对其进行网格划分。ANSYS 软件提供了自由网格划分和映射网格划分两种网格划分方法。其中的自由网格划分对单元形状没有限制，较适用于复杂模型的网格划分。基于椅子的形态选用自由网格划分。

根据椅子模型的实际情况（图 3-15），用 Mesh Tool 控制网格参数进行网格划分。网格划分后的椅子有限元模型如图 3-16 所示。

图 3-15　网格划分图

图 3-16　网格划分后的有限元模型

（4）定义约束和施加载荷

按“整体静载荷分析”所述分别对椅子定义约束和施加载荷。

在 ANSYS 软件中执行：

Main Menu→PreProcessor→Loads→Define

Loads→Apply→Structural→Displacement

椅子被定义约束和施加载荷后如图 3-17 所示。

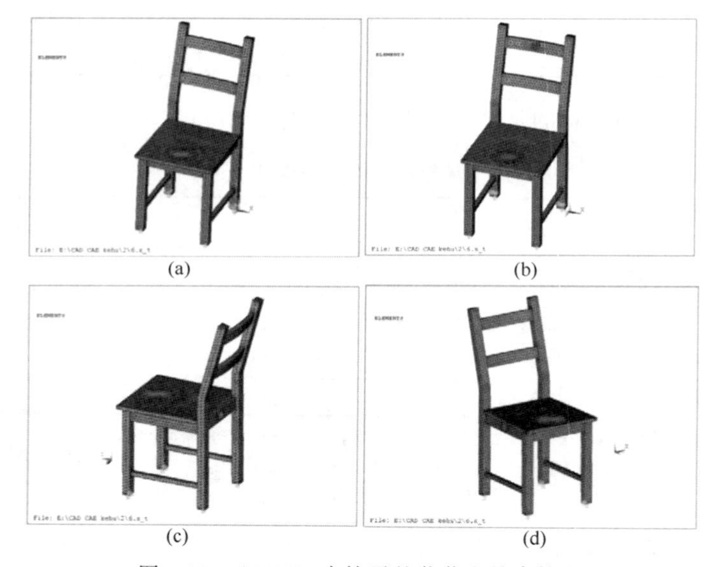

图 3-17　ANSYS 中椅子的载荷和约束情况

（a）座面　（b）椅背　（c）椅腿向前　（d）椅腿侧向

（5）求解与后处理

检查设置正确后，开始求解。

在 ANSYS 中执行 Main Menu→Solution→Solve→Current LS，点击 OK 开始求解，完成后，进入后处理。

① 显示位移情况，查看位移云图：执行 Main Menu→General Postproc→Plot Results→Deformed Shape

② 显示应力、应变情况，查看应力、应变云图，执行：

Main Menu→General Postproc→Plot

Results→Contour

Plot→Nodal Solu

3.3.2.3 查看结果与分析

通过上述处理后，可以在 ANSYS 中查看各种数据。

(1) 座面静载荷模拟计算

① 查看座面静载荷下位移云图，如图 3-18 (a) 所示，从位移云图可以看出最大位移为 0.578mm，位于座面。

② 查看座面静载荷下应力云图，如图 3-18 (b) 所示，从应力云图可以看出最大应力为 5.5 MPa，位于前腿与望板的连接处。

③ 查看座面静载荷应变云图，如图 3-18 (c) 所示，从应变云图可以看出最大应变为 4.48mm，位于座面上。

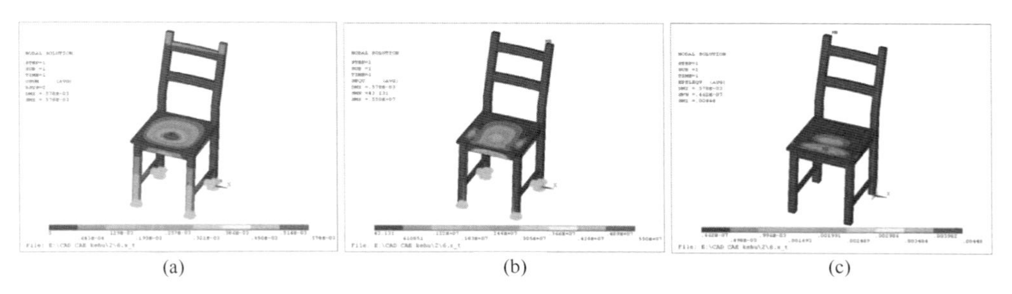

(a) (b) (c)

图 3-18 椅子座面静载荷模拟计算云图

(a) 位移云图 (b) 应力云图 (c) 应变云图

(2) 椅背静载荷模拟计算

① 查看椅背静载荷下位移云图，如图 3-19 (a) 所示。从位移云图可以看出最大位移为 8.59mm，位于后腿最上端。

② 查看椅背静载荷下应力云图，如图 3-19 (b) 所示。从应力云图可以看出最大应力为 38.20MPa，位于后腿与望板的连接处。

③ 查看椅背静载荷下应变云图，如图 3-19 (c) 所示。从应变云图可以看出最大应变为 5.77mm，位于后腿与望板的连接处。

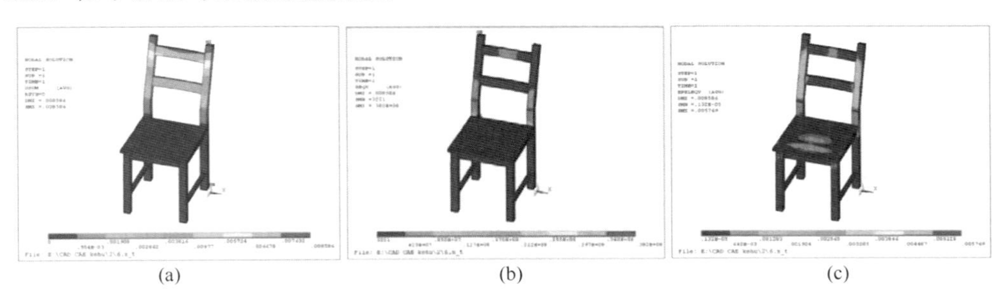

(a) (b) (c)

图 3-19 椅背静载荷模拟计算云图

(a) 位移云图 (b) 应力云图 (c) 应变云图

(3) 椅腿向前静载荷模拟计算

① 查看椅腿向前静载荷下位移云图，如图 3-20 (a) 所示。从位移云图可以看出最大位移为 1.31mm，位于后望板上。

② 查看椅腿向前静载荷下应力云图，如图 3-20（b）所示。从应力云图可以看出最大应力为 19.00MPa，位于后腿与后望板的连接处。

③ 查看椅腿向前静载荷下应变云图，如图 3-20（c）所示。从应变云图可以看出最大应变为 3.67mm，位于后腿与后望板的连接处。

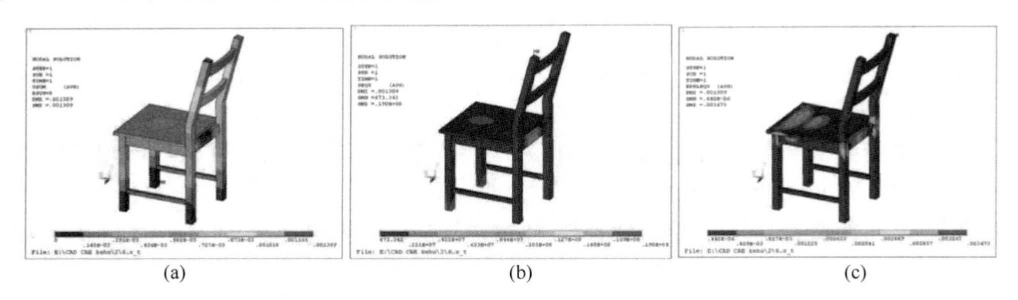

图 3-20 椅腿向前静载荷模拟计算云图
（a）位移云图 （b）应力云图 （c）应变云图

（4）椅腿侧向静载荷模拟计算

① 查看椅腿侧向静载荷下位移云图，如图 3-21（a）所示。从位移云图可以看出最大位移为 1.10mm，位于后腿最上端。

② 查看椅腿侧向静载荷下应力云图，如图 3-21（b）所示。从应力云图可以看出最大应力为 17.00MPa，位于前腿与望板的连接处。

③ 查看椅腿侧向静载荷下应变云图，如图 3-21（c）所示。从应变云图可以看出最大应变为 5.58mm，位于前腿与望板的连接处。

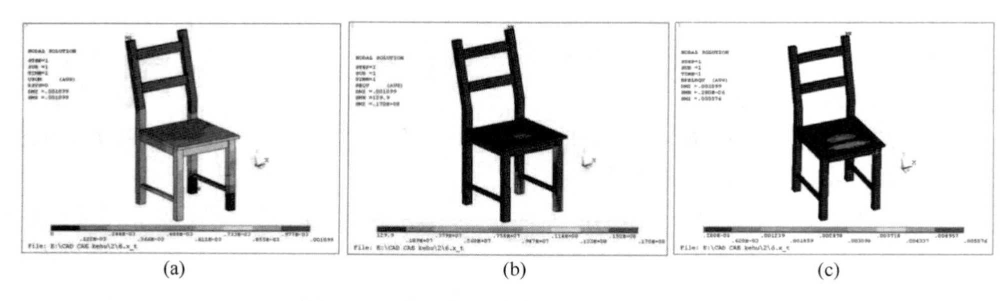

图 3-21 椅腿侧向静载荷模拟计算云图
（a）位移云图 （b）应力云图 （c）应变云图

3.3.2.4 小结

从上述有限元分析结果可知，实木椅子在整体静载荷下所产生的最大应力、应变如表 3-3 所示。

表 3-3 各静载荷下最大应力、应变

载荷名称	最大应力/MPa	最大应力位置	最大应变/mm	最大应变位置
座面静载荷	5.50	前腿与望板的连接处	4.48	座面
椅背静载荷	38.20	后腿与望板的连接处	5.77	后腿与望板的连接处
椅腿向前静载荷	19.00	后腿与后望板的连接处	3.67	后腿与后望板的连接处
椅腿侧向静载荷	17.00	前腿与望板的连接处	5.58	前腿与望板的连接处

从表3-3可以看出，椅子所受的最大应力38.20 MPa、最大应变5.77mm发生在椅子后腿与望板的连接处，由此可见该实木椅子最易损坏的节点就是椅子后腿与望板的连接处。同时，椅子所用木材樟子松的抗弯强度73.70 MPa，大于椅子所受的最大应力，因此不会产生破损。此外，所产生的最大应变都比较小，在家具结构设计的参照值许可范围内，故结构强度能够满足使用要求。

3.3.3 板式“T”型结构节点ANSYS分析

以板式家具结构强度研究为切入点，从板式家具材料、制品结构形式、零部件连接方法和连接位置等方面进行强度分析，对板式家具结构进行优化设计研究。通过深入分析和精确计算，以科学手段改变传统板式家具结构设计方法，避免类比或简化计算带来的设计误差，从而提高板式家具结构设计的科学性。

3.3.3.1 模型的建立

以常见的连接形式“T”型连接为例，用一个偏心连接件和一个定位圆棒榫将两块刨花板垂直连接。其中连接用三合一偏心连接件：偏心件直径为15mm，安装孔距S为34mm，高度为13.5mm，螺杆长度为42.5mm，具体形状与尺寸如图3-22所示。圆棒榫直径为8mm，长度为30mm。刨花板基材尺寸分别为130mm×100mm和150mm×100mm，厚度为18mm。

上述板件连接后的结构形式及有限元加载模型如图3-23所示。

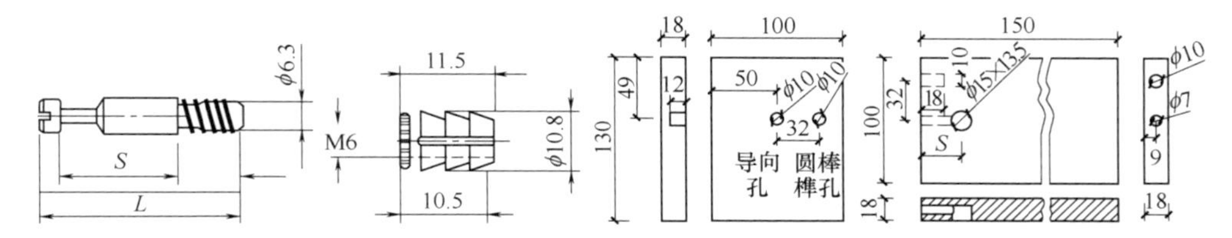

图3-22 “T”型结构偏心连接件安装孔的位置与尺寸

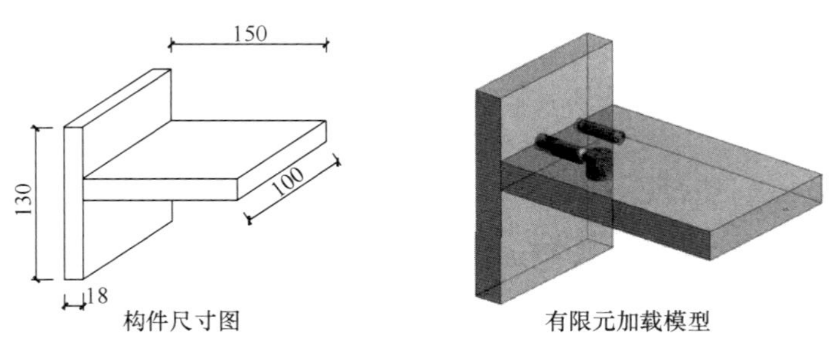

图3-23 “T”型结构偏心件连接模型图

3.3.3.2 网格划分

模型建立以后，将其导入有限元分析软件进行接触设置。网格划分是有限元分析的重要前提，要遵循一定的基本原则，如网格数量、网格密度、良好的单元形状等。

在本分析中，为了提高模拟精度，在网格划分时忽略连接件与圆棒榫的网格划分，刨花板选取六面体网格划分，划分尺寸为3mm，网格划分图形如图3-24（a）和（b）所示。从构件的网格质量图中可见，板件划分后90%以上网格的质量为1，少许的质量在0.7～0.9。图3-24（c）中深色代表网格质量为1，其他色代表网格质量在0.7以上。

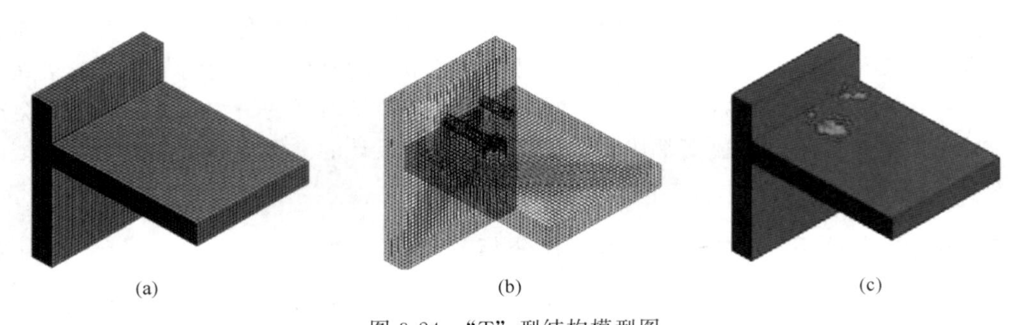

图 3-24 “T”型结构模型图
（a）构件网格划分图 （b）构件网格线框图 （c）构件网格质量图

3.3.3.3 加载求解

网格划分后，需要对模型进行参数设置，由于主要分析刨花板在外力作用下的变形情况，考虑到刚体与柔体之间的接触，主要设置刨花板参数为：弹性模量$E=2.2\times10^{3}$MPa，泊松比$\mu=0.27$，密度$\rho=0.72$g/mm³。为了更好地模拟求解板件真实的受力状态，在接触设置中将2块刨花板的接触设置为绑定类型（连接件的作用是将两块刨花板连接在一起），目标面为竖直板件（当作刚体）、接触面为横板（当作柔体），如图3-25（a）图中蓝色面为目标面、红色面为接触面。将板件固定设置好，在模型的横板施加向下的载荷400N，如图3-25（b）所示。

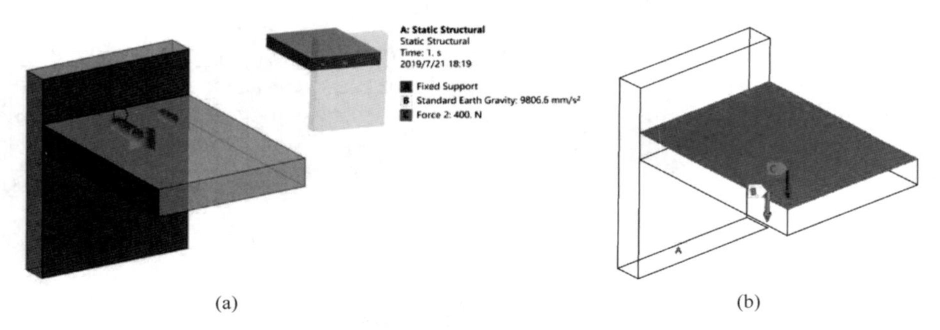

图 3-25 “T”型结构加载求解设置图
（a）接触设置 （b）加载示意图

3.3.3.4 加载计算分析

按照上述理论对刨花板进行求解，查看板件的总变形云图与等效应力图，如图3-26所示。

从图3-26中可以看出“T”型构件在静载荷400N作用下，横板向下弯曲了4.79mm，整个构件受到的等效应力为12.28MPa，最大等效应力主要分布在竖板与横板的连接处、竖板中间部分以下，且在二者连接处存在应力集中，构件在应力集中的部位容易发生变形与位移，从而易导致构件破坏。为了更好地分析构件在受力状况下发生的变化，对构件在Z轴的变形、连接件与圆棒榫、横板与竖板的连接处发生的变形与受到的等效力进行求解，如图3-27所示。

从图3-27（a）中可以看出构件在Y轴方向的总变形的最大值为2.06mm，图3-27（b）连接件位置沿Y轴负方向发生的变形最大值为1.35mm，图3-27（c）圆棒榫位置沿Y轴负方向发生变形的最大值为0.58mm，图3-27（d）横板总变形最大值为2.07mm，图3-27

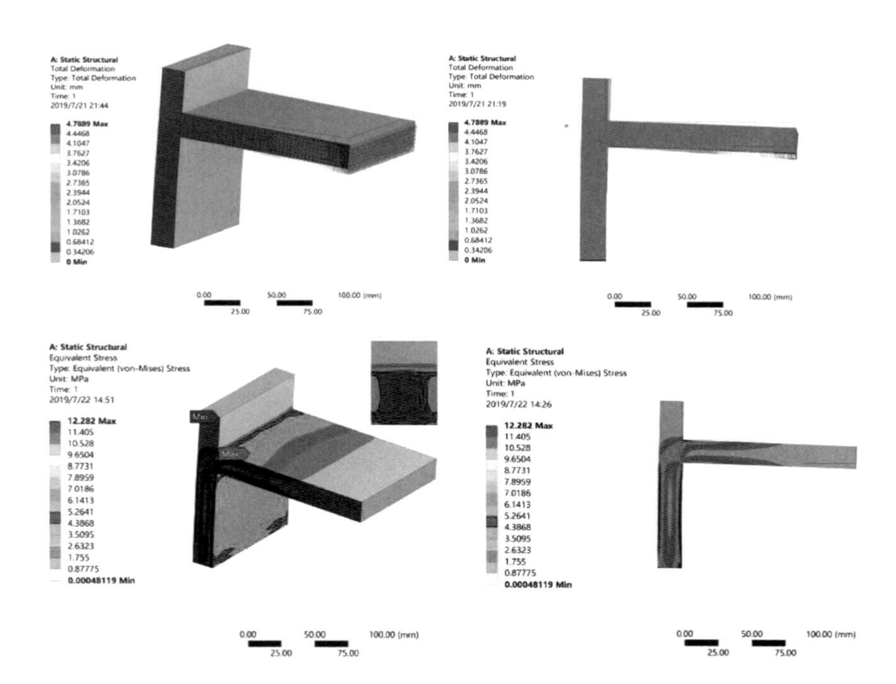

图 3-26 “T”型结构总变形与等效应力云图

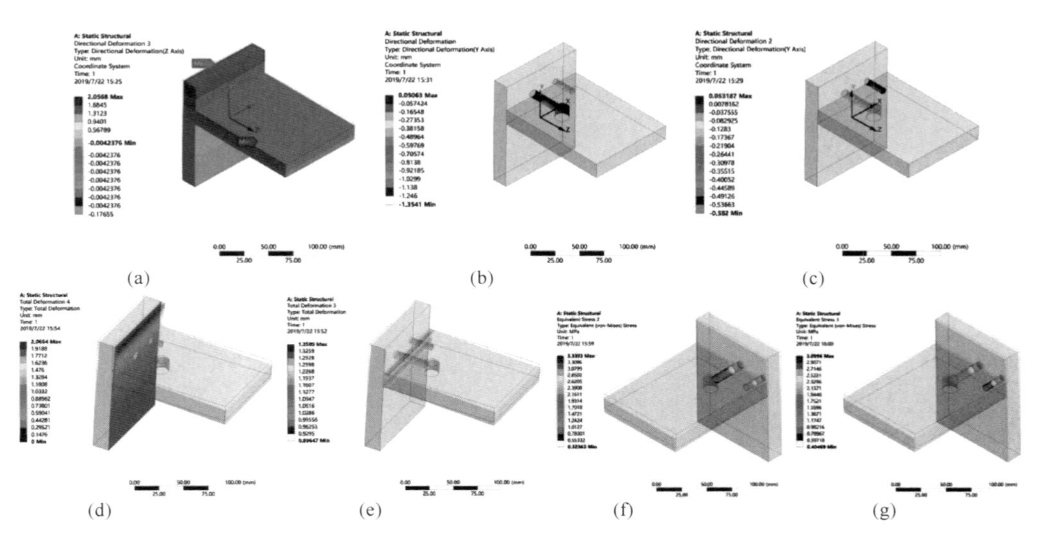

图 3-27 “T”型结构各位置云图

(a) 构件整体在 Y 轴变形云图 (b) 构件在连接件位置变形云图 (c) 构件在圆棒榫位置变形云图
(d) 横板总变形云图 (e) 竖板在横板位置云图 (f) 连接件位置等效应力云图 (g) 圆棒榫位置云图

(e) 竖板与横板连接处发生变形的最大值为 1.36mm，图 3-27 (f) 连接件位置受到的等效应力最大值为 3.68MPa，图 3-27 (g) 圆棒榫位置受到的等效应力最大值为 3.70MPa。从图 3-27 (b) (c) (f) (g) 中可知，“T”型构件在连接件的位置发生的总变形与等效应力值比在圆棒榫位置发生的总变形与等效应力值大。从上述有限元静力分析中可知：在外力作用下，构件在连接件的位置、圆棒榫的位置与竖板中下部的位置出现应力集中，说明这些位置容易发生破坏。

总之，将有限元分析法引入家具结构设计中，可使家具结构设计更具科学性。同时，能使家具的造型设计、节点尺寸设计与结构设计同步进行。在有限元法模型的指导下，可避免因经验不足而引起失误，使结构设计更加合理，既满足家具结构的力学要求，又能最大限度地节省材料，大幅度缩短家具产品的研发周期，从而降低产品研发成本。

第4章 实木家具结构

4.1 实木家具概念与典型结构

4.1.1 概念

实木家具是以实木锯材或实木板材为基材，采用榫卯或连接件接合，经表面涂饰处理而制成的家具，或在此类基材上采用实木单板或薄木（木皮）贴面后再进行涂饰处理的家具。其中，实木板材是指集成材等通过二次加工形成的实木类材料。

4.1.2 典型结构

实木家具框架主要有榫卯结构和连接件两种结构形式。其中榫卯结构是实木家具框架的主要结构方式。榫卯结构历史悠久、接合紧密、美观实用，常见的整体式和分体式榫卯结构如图4-1所示。经过几千年的发展，榫卯结构虽然出现了多种结构形式，做法也不尽相同，应用范围也是各异，但它们在家具上无不起着形体构造的“关节”作用。

实木家具框架的连接件接合是工业化的产物，它使用连接件将框架构件连接在一起，尤其是在需要拆装的部位，如图4-2所示。其特点是接合强度高、拆装方便、可拆装次数多、能再次锁紧使用中产生的松动。同时具有包装和运输方便、生产机械化和工业化程度高、周期短等优点。实木家具的连接件可拆装结构使实木家具向产业化、标准化、工业化、多样化和个性化迈进了一大步。

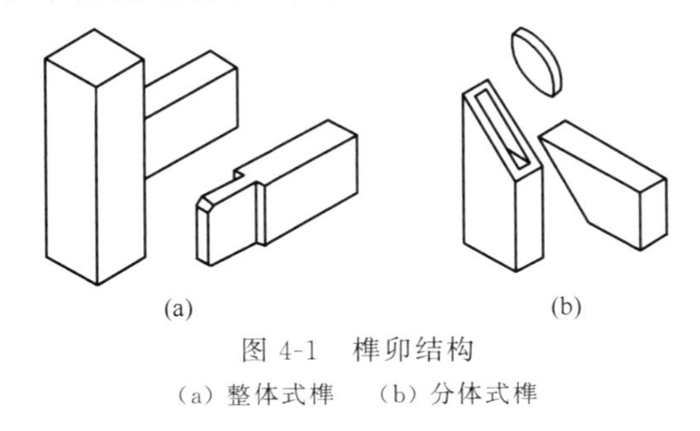

图4-1　榫卯结构

（a）整体式榫　（b）分体式榫

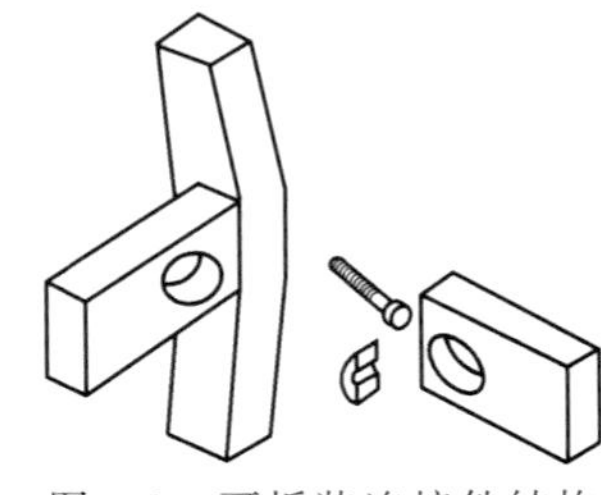

图4-2　可拆装连接件结构

4.2 榫卯固定结构

榫卯结构是家具最古老的结构形式，从建筑到家具，经过数千年的演化，其已经成为实木家具结构的典范。

4.2.1 榫卯结构的概念与分类

4.2.1.1 基本概念

榫卯是在两个构件上所采用的一种凹凸接合的连接方式，凸出部分叫榫（或榫头），凹进部分叫卯（或卯眼、榫槽），榫和卯咬合，起到连接作用。这是中国古代建筑、家具及其他木制器械的主要结构方式。基本的榫卯结构由两个构件组成，其中一个的榫头插入另一个的卯眼中，使两个构件连接并固定，可有效地限制木质构件向各个方向的扭动。

根据每个榫卯的特点，运用对应的技巧，精巧准确地将家具的各个部件紧密组合连接在一起，使之成为接合牢固的一个整体。榫卯结构有多种形式，各部位的名称也多种多样，通常可称为榫头、榫孔、榫槽、榫肩、榫端、榫颊等，如图 4-3 所示。

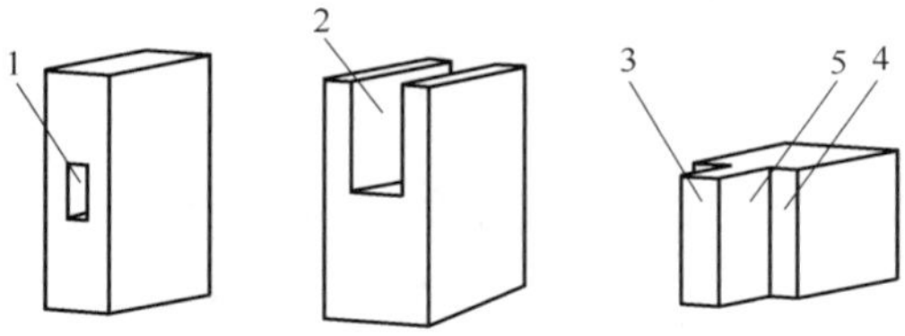

图 4-3　榫卯结构

1—榫孔　2—榫槽　3—榫端　4—榫肩　5—榫颊

4.2.1.2　榫卯结构的分类

在长期使用过程中，榫卯结构不断被发展与创新，形成了多种类型与形态。而这些类型与形态的形成不仅与榫卯结构的功能相关，而且与其在家具中所处的位置、作用、构件之间的组合角度、接合方式及构件的安装顺序和安装方法等直接相关。因此，榫卯结构有多种分类方法。

（1）按榫头的基本形状分

可以分为直角榫、燕尾榫、指接榫、椭圆榫、圆棒榫和片榫等。

① 直角榫：实木家具中常用的榫头之一，指榫肩与榫颊之间的夹角为 90°，具有平直、便于加工的特点，常见形态如图 4-4 所示。

② 燕尾榫：两块构件连接时，为防止受拉力时脱开而将榫头做成梯台形，形状类似燕子的尾巴，故名“燕尾榫”。燕尾榫根部窄，端部宽，呈大头状，可以增加节点的稳定性，基本形态如图 4-5 所示。

③ 椭圆榫：椭圆榫是一种特殊的直角榫，与普通的直角榫的区别在于榫头截面为椭圆形，榫孔的形状与之相配合，如图 4-6 所示。

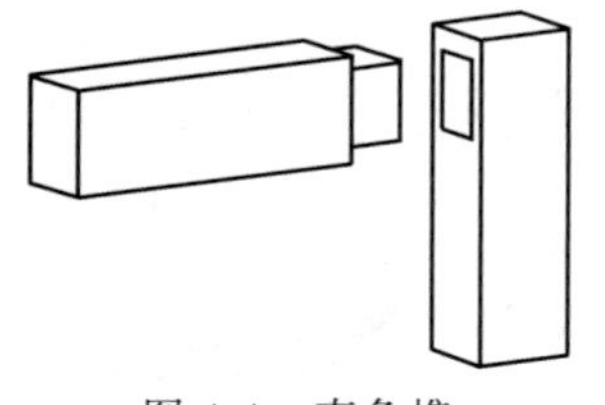

图 4-4　直角榫

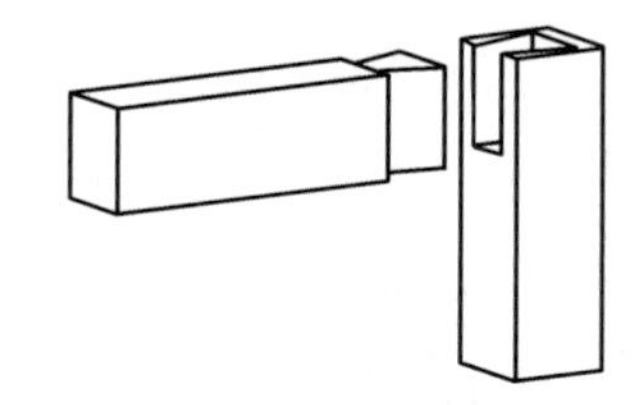

图 4-5　燕尾榫

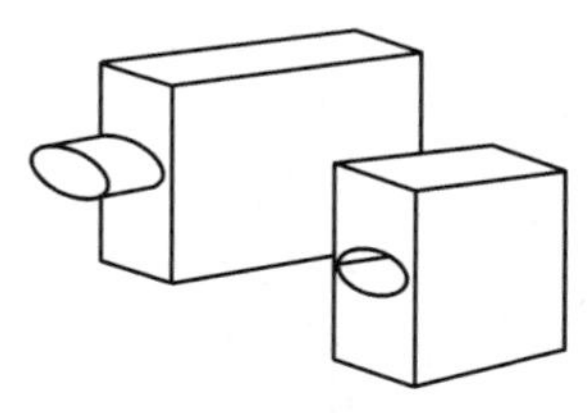

图 4-6　椭圆榫

④ 圆棒榫：圆棒榫属于插入榫，其形状为圆柱形，按照表面构造可以分为：光圆棒榫、直槽圆棒榫、螺槽圆棒榫和网纹圆棒榫，主要用于构件的连接和定位，作为连接件时可涂布胶黏剂形成固定结构，如图 4-7 所示。

⑤ 指接榫：将需要接合的部位加工成锯齿状的指形接口，接合时类似左右两手手指交叉对接。指接榫主要用于短料接长和部件之间的接合，如图 4-8 所示。

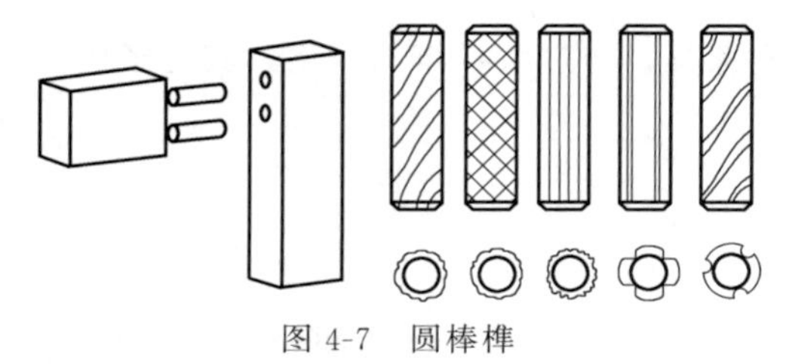

图 4-7　圆棒榫

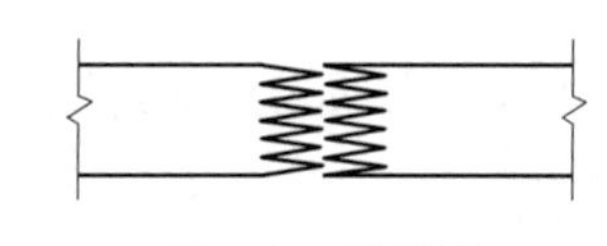

图 4-8　指接榫

⑥ 片榫：片榫又称“嵌榫”，属于插入榫的一种，将其嵌入两个木构件之间的榫槽中而起到连接与固定作用，如图 4-9 所示，如要连接稳定则需涂布胶黏剂。

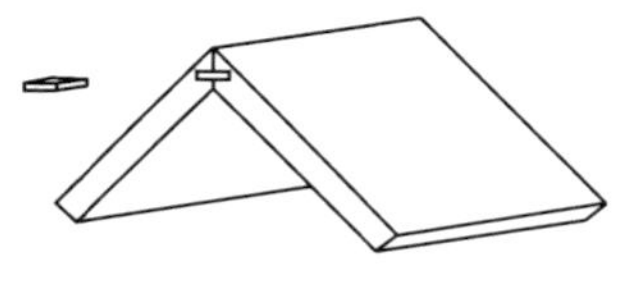
图 4-9 片榫

（2）按照榫头的数目

可以分为单榫、双榫和多榫，如图 4-10 所示。增加榫头的数目可增加胶层面积，提高榫接合的强度，但榫头总厚度尽量不超过方材厚度的一半。一般框架结构中的方材接合多采用单榫和双榫，如桌、椅的框架接合；而箱框结构的木箱、抽屉等则多采用多榫连接。

（3）按榫头和榫孔的接合方式

可分为开口榫、闭口榫、半开口榫，如图 4-11 所示。其中，直角开口榫加工简单，但结构暴露且对接合强度有一定的影响；闭口榫接合强度较高，结构隐蔽；半开口榫介于开口榫与闭口榫之间，既可防榫头侧向滑动，又能增加胶合面积，部分结构暴露，兼有前两者的特点。

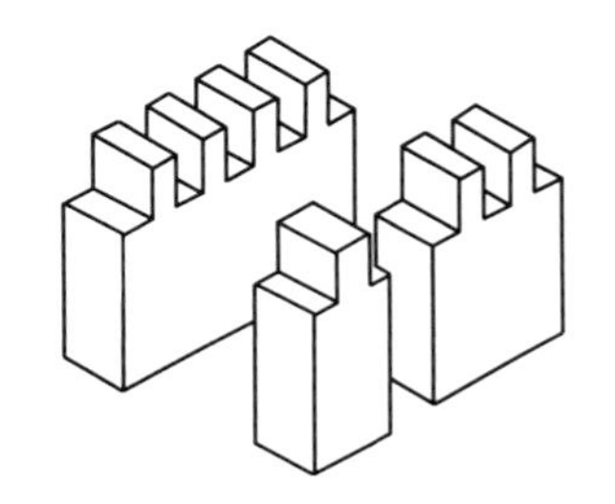
图 4-10 单榫、双榫、多榫

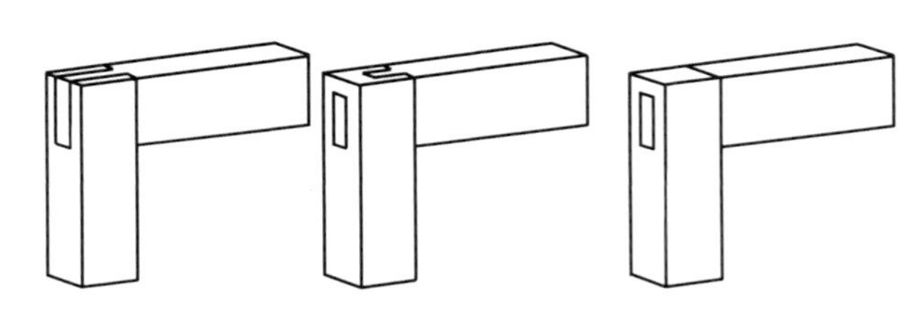
图 4-11 开口榫、半开口榫、闭口榫

（4）根据榫端是否外露

可分为贯通榫（明榫）与不贯通榫（暗榫），如图 4-12 所示。贯通榫榫端外露，接合强度大；不贯通榫榫端不外露，接合强度弱于贯通榫。在家具设计中，可从强度与装饰两方面来考虑明榫与暗榫的选择。

（5）按榫肩的数目

对于单榫而言，根据榫头切肩的方式不同，可分为单面切肩榫、双面切肩榫、三面切肩榫、四面切肩榫，如图 4-13 所示。

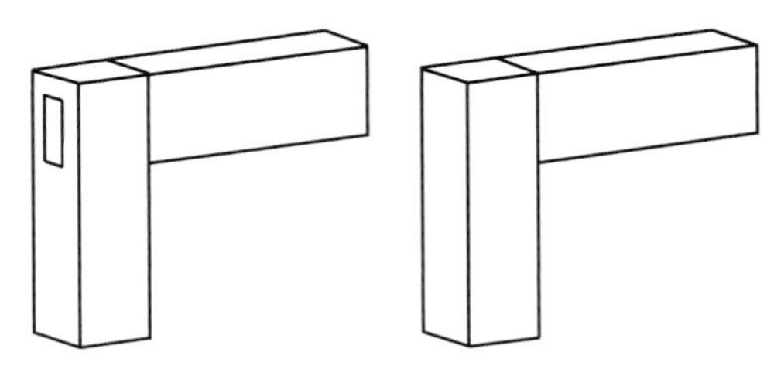
图 4-12 明榫和暗榫

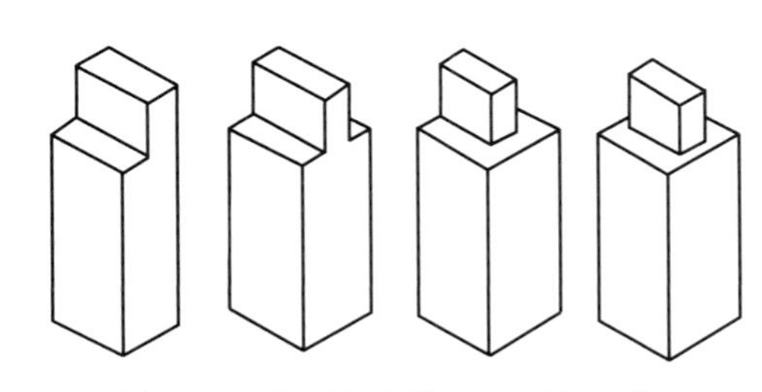
图 4-13 单面切肩榫、双面切肩榫、三面切肩榫、四面切肩榫

（6）按榫头和方材的关系

可以分为整体榫和插入榫。整体榫是在方材零件上直接加工而成，如直角榫、燕尾榫等；而插入榫与零件不是一个整体，单独加工后再装入零件预制的孔或槽中，如圆棒榫、片榫等。

（7）按接合形式

可分为 T 型结构、L 型结构、三方交汇、四方交汇等结构。

4.2.1.3 典型的榫卯结构

中国古典家具中的榫卯技艺一直令人惊叹，匠人在最原始的结构基础之上，运用巧妙的构思创造将榫卯结构发展出了多种形式，尤其是在明式家具中达到了极致。古典家具中典型的榫卯结构形式如表 4-1 所示。

表 4-1 古典家具中典型的榫卯结构

名称	简图	用途与说明
粽角榫	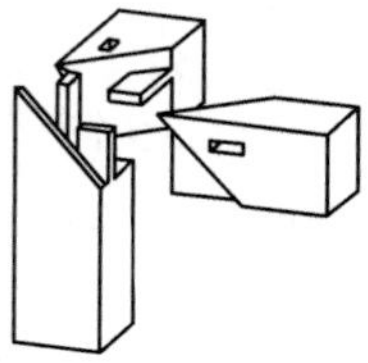	常用于柜、桌等无束腰结构的家具，是面板与腿连接常用的榫卯结构
格肩榫	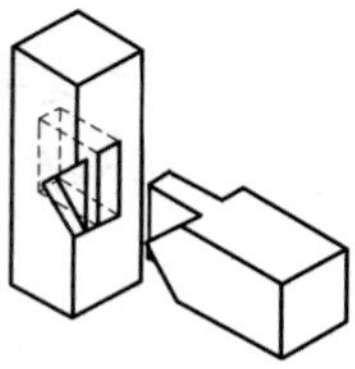	榫头在中间，两边均有榫肩，形成 45°格角，不易扭动，坚固耐用。同时，格肩榫有大格肩榫和小格肩榫之分
夹头榫	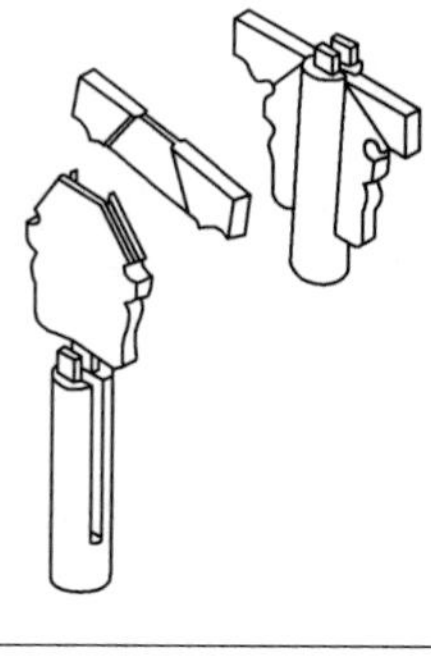	多用于牙板与腿的连接，牙板与牙头攒成一体，里面开有凹槽，装配时牙板沿腿中间的凹槽自上而下推入；用于圆腿桌案时，牙板中心线与腿的中心线重叠
全格肩穿鼻榫	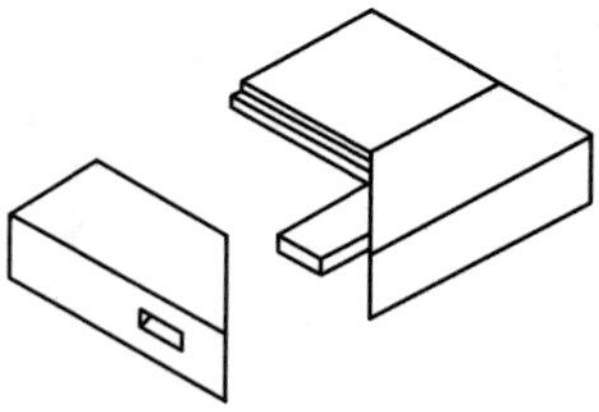	多用于面板攒板结构；接口处呈 45°格角，实用又美观
单插皮透榫减榫	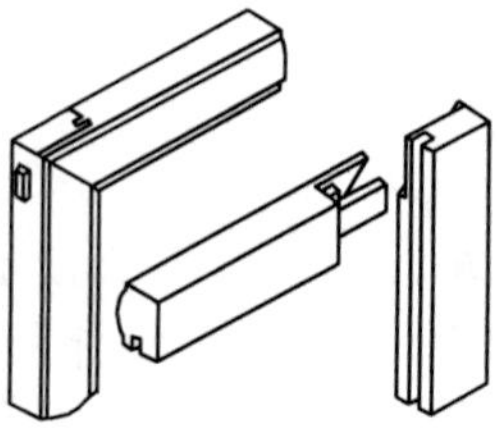	用于门边与冒头连接，既可以防止扭动，又具有较好的装饰作用

续表

名称	简　　图	用途与说明
楔钉双头扣手榫	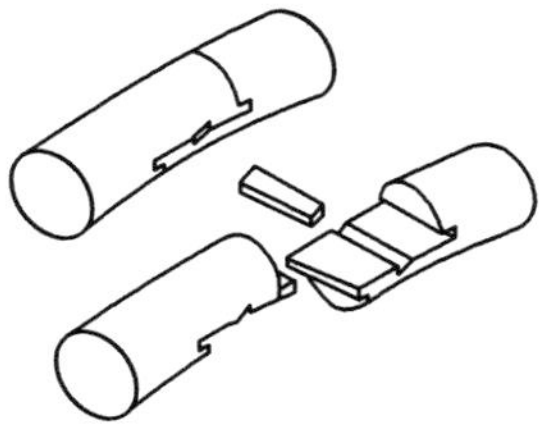	常用于弯料相接，如圈椅、交椅的椅圈等，装配时通过楔钉锁紧
走马销	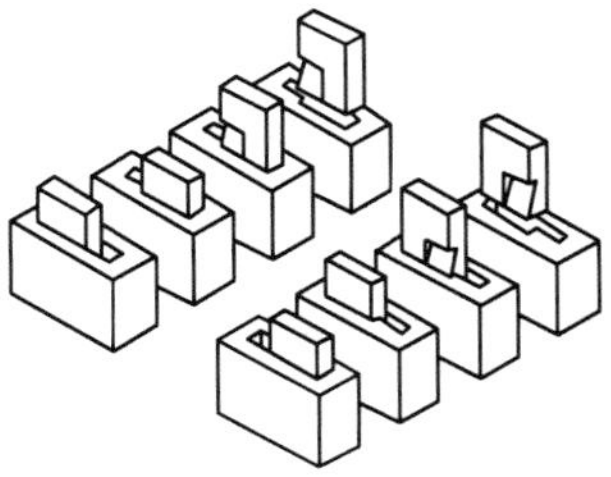	在榫头1/2处做成头大根小的阶梯状，榫孔也做成阶梯状，将榫头插入榫孔大端后向小端移动来将构件锁住
钩挂榫	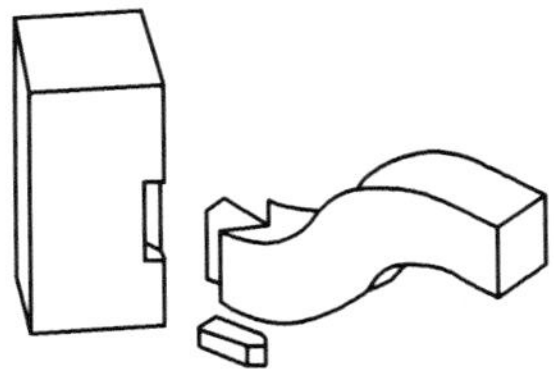	常用于霸王枨与桌腿连接。霸王枨与桌腿呈45°，一端有挂钩榫，插入榫孔后向上推，用下面的楔钉将榫推向上部，形成挂钩；另一端则与面带底面用销钉连接
单面人字肩——大进小出透榫	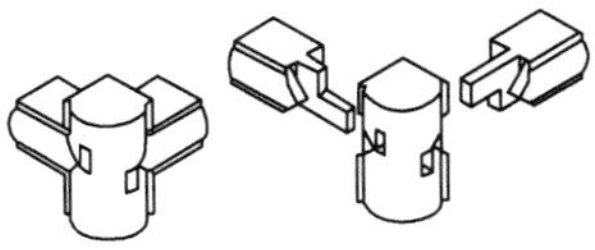	具有结构严密、装饰美观的优点，用于两个横枨与腿的连接部位；制作时外面人字肩，里面平肩
圆腿双面飘肩榫	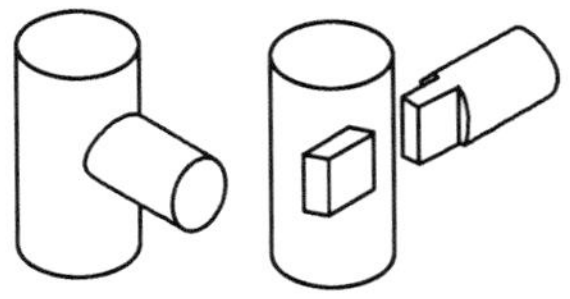	多用于圆形腿枨连接部位，其特点是腿粗枨细，如腿枨直径相同，则应将飘肩适度抹头。此结构有透榫和半榫之分
圆包圆插皮单肩半榫	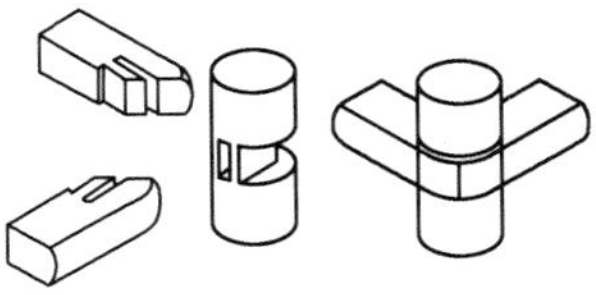	常用于裹腿枨结构家具，插皮圆角弧度与圆腿为同心圆。插皮对接后，与圆腿紧密接合
圆腿长短榫	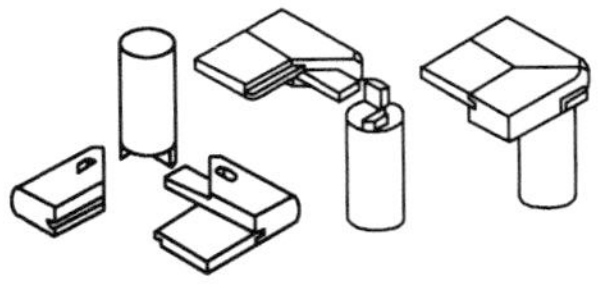	用于圆腿与面板直接连接的结构，如桌案和凳类

续表

名称	简　　图	用途与说明
小格肩榫		木方端部开榫头，两侧为榫肩，靠里面为直角平肩，外面格肩呈梯形。另一根木方上开出相应的榫孔，靠外面榫孔上面挖出一块和梯形格角相配套的接口
大割角插皮透榫		多用于实木家具门的结构，胶合面积较大，牢固度高，对门边外角损伤少，但有榫头外露
夹皮榫		属单肩结构，常用于券口、牙头、牙板的连接：券口里面裁口，外面留榫舌装入槽内
抄手榫或插手榫		常用于箱柜类家具内部边框连接；多为透榫，胶合面积大，牢固程度高，易于加工
双抄手燕尾形暗榫		加工工艺复杂，但结构强度高，常用于扶手或上脑与立腿连接处
穿销挂榫（鼓腿彭牙）		常用于牙板与腿的连接，与普通穿销挂榫区别于牙板与腿有夹角，有时缩腰也挂销，但多数不挂，只是两端贴于腿部平面

4.2.2 榫卯结构的技术要求

榫卯结构的实木家具遭到破坏时，破损往往出现在接合部位，因此，在实木家具结构设计时一定要考虑榫卯接合的技术要求，以保证其应有的接合强度。

4.2.2.1 直角方榫的技术要求

直角方榫是指榫肩与榫颊之间呈 90°夹角的榫头（通常也称为直角榫），具有平直、便于加工的特点，在实木家具结构中使用最多。正常情况下，直角榫榫头位置应处于零件断面的中间，使两肩同宽。如使用单肩榫或两肩不同宽，则应保证榫孔边有足够厚度，一般硬材≥6mm、软材≥8mm。

（1）榫头的厚度

榫头的厚度视零件的断面尺寸和结构的要求而定。单榫的厚度接近于方材厚度或宽度的40%～50%，双榫和多榫的总厚度也接近此数值。为使榫头易于插入榫孔，常将榫端倒角，两边或四边削成30°的斜棱。当零件的断面超过40mm×40mm时，应采用双榫。当榫头厚度等于或小于榫孔宽0.1～0.2mm时，其抗拉强度最大。如果榫头厚度大于榫孔宽度，在装配时易产生端裂而破坏榫接合，强度反而下降。

在传统的设计与加工中，由于方形套钻的尺寸是固定的，因此榫卯接合采用基孔制，即在确定榫头的厚度时应与方形套钻的尺寸相适应。其常用的厚度有：6，8，9.5，12，13，15mm等规格。当榫头的厚度等于榫孔的宽度或比榫孔宽度小0.1～0.2mm时，榫接合的抗拉强度较好。而当榫头的厚度大于榫孔的宽度时，装配时胶黏剂易被挤出而不能在接合处形成胶缝，反而影响接合强度，且在装配时还容易产生劈裂。

（2）榫头的宽度

榫头的宽度视工件的大小和接合部位而定。一般来说，榫头的宽度比榫孔深度多0.5～1.0mm时接合强度较佳，根据经验，硬材取0.5mm，软材取1.0mm。当榫头的宽度超过25mm时，宽度的增大对抗拉强度的提高并不明显，故当榫头的宽度超过60mm时，应将其分成两个榫头，以提高接合强度。

（3）榫头的长度

榫头长度根据榫接合的形式而定。采用明榫接合时，榫头的长度等于榫孔零件的宽度（或厚度）；采用暗榫接合时，榫头的长度应不小于榫孔零件宽度（或厚度）的1/2，一般榫头长度控制在15～30mm时可获得理想的接合强度。暗榫接合时，榫头长度应比榫孔的深度小2mm左右，这样既可避免由于榫头端部加工不精确或涂胶过多而顶住榫孔底部，而在榫肩与方材之间留下缝隙影响美观，同时又能储存少量胶液，增加胶合强度。

（4）对木纹方向的要求

榫头的长度方向应顺纤维方向，横向易折断。榫孔开在纵向木纹上，即弦切面或径切面上，开在端头易裂且接合强度小。

4.2.2.2 圆棒榫的技术要求

在实木家具构件接合时，除了常见的榫卯结构之外，圆棒榫也常常作为最方便的插入榫而被大量使用。圆棒榫的接合如图4-14所示。

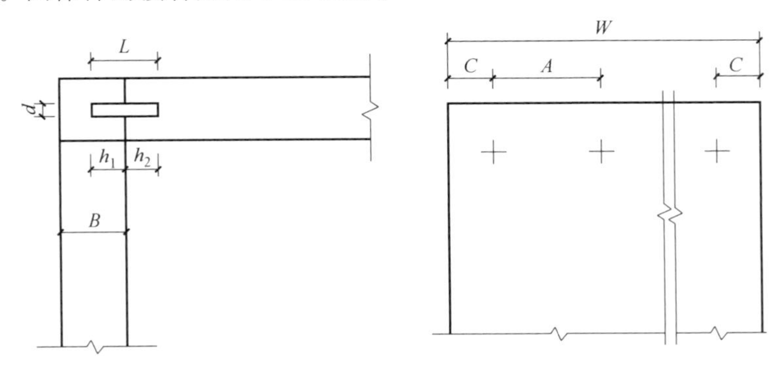

图4-14 圆棒榫接合示意图

（1） 圆棒榫的直径

圆棒榫直径应根据板件的厚度而定，对于厚板，圆棒榫直径 d 与板厚 B 的关系是：$d=0.4B$，对于较薄或特殊需要的板，$d=0.5B$。目前常用的直径规格有 6，8，10mm 三种。

（2） 圆棒榫的长度

一般为其直径的 5～6 倍，即 $L=(5\sim6)d$，常用的为 30～60mm。

（3） 圆棒榫配合孔深

垂直于板面的孔，其深度 $h_1=0.75$ 板厚或≤15mm；垂直于板端的孔深 $h_2=L-h_1+(0.5\sim1.5)$mm，即孔深之和应比圆棒榫长 0.5～1.5mm。

（4） 榫头与榫孔的径向配合

有过盈配合与间隙配合两种，公差一般为±（0.1～0.2） mm。定位圆棒榫需用间隙配合，定位的一端不要涂胶。对于固定结构且采用过盈配合时，应选用表面有槽的圆棒榫，以利于胶黏剂发挥作用。

（5） 圆棒榫数量的确定

一般来说，在尺寸允许的情况下，方材的接合尽量使用双榫，以防止扭动。

实木板材构件则沿板件接合方向某一单列圆棒榫数量为：$x=(W-2C)/A+1$，其中，x 为圆棒榫数量，W 为接合板件宽度，C 为第一个圆棒榫距板边距离，一般≥$2d$，A 为两个圆棒榫的间距，一般为 100～110mm，但必须符合 32mm 系统的要求，可取 64，96，128mm 等尺寸。

（6） 圆棒榫数量与孔距的关系

圆棒榫的数量通常需要 2 个及以上。连接板式部件时，圆棒榫孔距优先采用 32mm 及 32mm 的倍数；连接方材零件时，圆棒榫孔距优先采用的值参照表 4-2。

表 4-2　　圆棒榫孔距

圆棒榫数	圆棒榫孔距系列/mm
2	15，17，20，21，25，28，29，30，32，34，37，40，40.5，50，53，60，80
3	15-20，20-20，25-25，20-40，20-60，40-40
4	20-20-20，20-20-40，20-40-20
5	20-20-20-20

圆棒榫可用在不同的接合部位，其技术要求也有所差异。常用圆棒榫接合方式及其技术要求见表 4-3 所示。

表 4-3　　常用圆棒榫接合方式及其技术要求

序号	名　称	结构图例	技术尺寸与要求
1	端接合不贯通圆棒榫	L_1 L d B_1 L_0 B b_2 b_1 S_0	$d=0.4S_0$　$L=(5.5\sim6)d$ $L_1=L+(2\sim3)$mm $b_1>2d$　$b_2>2d$ $L_0=0.55L$

续表

序号	名　　称	结构图例	技术尺寸与要求
2	箱框角贯通圆棒榫接合	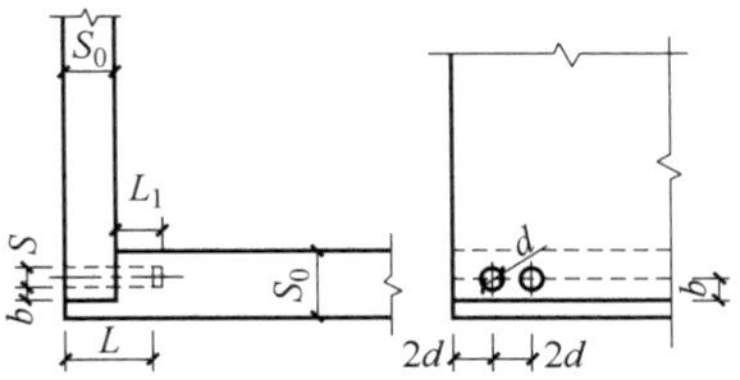	$d=0.4S_0$ $L=(2.5\sim6)d$ $b>2$mm 圆棒榫数≥2 d 值应圆整到 4,6,8,10,12,16,20
3	箱框中板不贯通圆棒榫接合	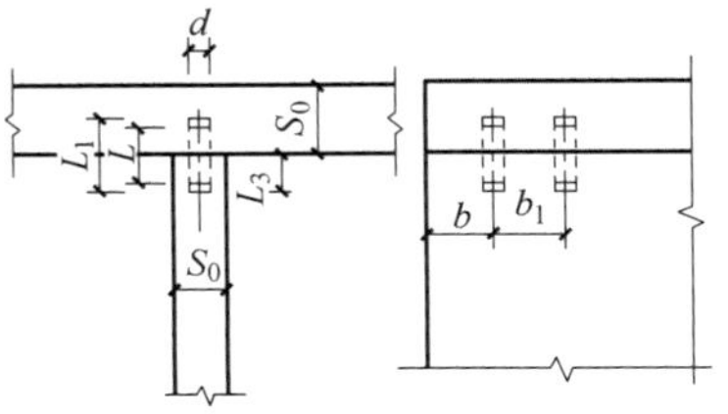	$d=0.4S_0$ 圆棒榫长 $L=(0.5\sim0.6)d$ 孔深 $L_1=L+(2\sim3)$mm 插入端部深 $L_3=0.45L$ $b\geqslant2d$　$b_1\geqslant2d$

4.2.2.3 常见榫卯接合的技术要求

榫卯结构种类繁多，技术要求有所不同，表 4-4 列出了常见榫卯结构的技术要求与规范。

表 4-4　　常见榫接合的技术要求与规范

序号	名　　称	结构图例	技术尺寸与要求
1	开口贯通单榫	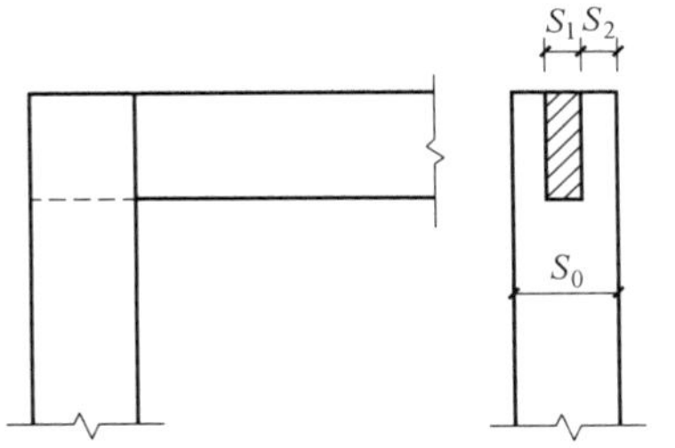	当榫头位置对称时： $S_1=0.4S_0$ $S_2=0.5(S_0-S_1)$ 式中　S_0——方材厚 S_1——榫厚 S_2——肩厚
2	开口贯通双榫	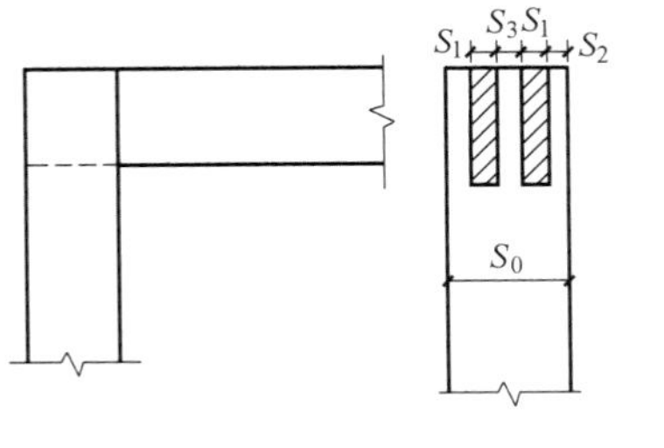	当榫头位置对称时： $S_1=S_3=0.2S_0$ $S_2=0.5[S_0-(2S_1+S_2)]$ 式中　S_1——榫厚 S_2——肩厚 S_3——榫间距离
3	开口贯通三榫	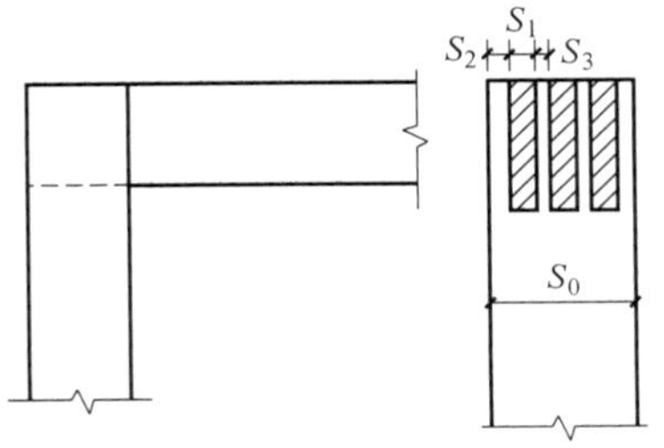	当榫头位置对称时： $S_1=S_3=0.14S_0$ $S_2=0.5[S_0-(3S_1+2S_3)]$

续表

序号	名　称	结构图例	技术尺寸与要求
4	开口不贯通单榫	b L L_1 B_1 B S_2 S_1 h S_0	当榫头位置对称时： $S_1=0.4S_0$　$L=(0.5\sim0.8)B$ $h=0.7B$　$S_2=0.5(S_0-S_1)$ $L_1=(0.3\sim0.6)L$　$b\geqslant2\text{mm}$ 式中　B、B_1——方材宽 L——榫头长 h——榫头宽 b——间隙
5	半开口贯通榫	L B_1 B S_2 S_1 h S_0	$S_1=0.4S_0$ $L=0.5B$ $h=0.6B_1$ $S_2=0.5(S_0-S_1)$
6	闭口不贯通单榫	b L B_1 B S_2 S_1 h S_0	$S_1=0.4S_0$　$L=(0.5\sim0.8)B$ $h=0.7B_1$　$S_2=0.5(S_0-S_1)$ $b\geqslant2\text{mm}$
7	闭口贯通单榫	h B_1 B S_2 S_1 h S_0	$S_1=0.4S_0$ $h=0.6B_1$ $S_2=0.5(S_0-S_1)$
8	方框斜角插入不贯通平榫接合	B_1 L b B S_1 S_0	$S_1=0.4S_0$ 当 $S_0\leqslant10\text{mm}$ 时 $S_1=2\sim3\text{mm}$　$L=(1\sim1.2)B$ $b=0.75B$ 允许采用双榫接合 此时 $S_1=0.2S_0$

续表

序号	名　　称	结构图例	技术尺寸与要求
9	方框斜角插入贯通平榫接合	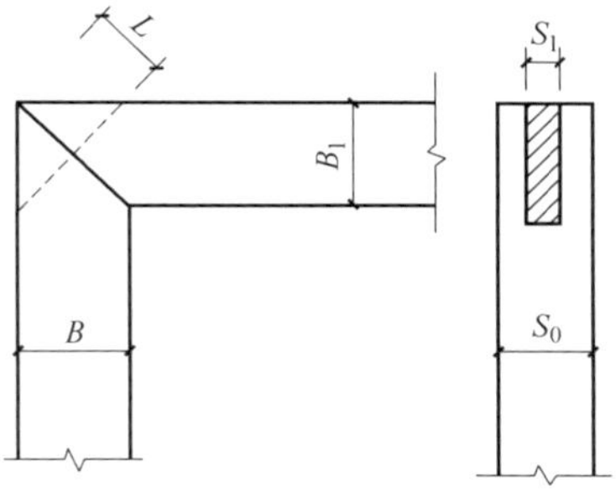	$S_1=0.4S_0$ 当 $S_0\leqslant10$mm 时 $S_1=2\sim3$mm　$L=(1\sim1.2)B$ 允许采用双榫接合 此时 $S_1=0.2S_0$
10	方框中撑不贯通单榫接合	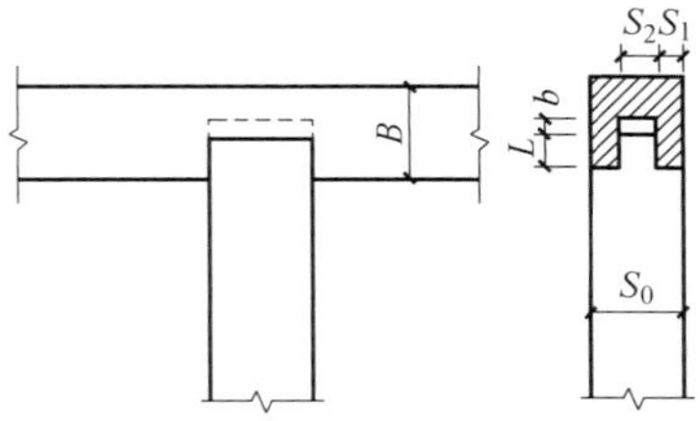	$S_1=0.4S_0$　$S_2=0.5(S_0-S_1)$ $b\geqslant2$mm　$L=(0.3\sim0.8)B$ 允许采用双榫接合 此时 $S_1=0.2S_0$
11	方框中撑贯通单榫接合	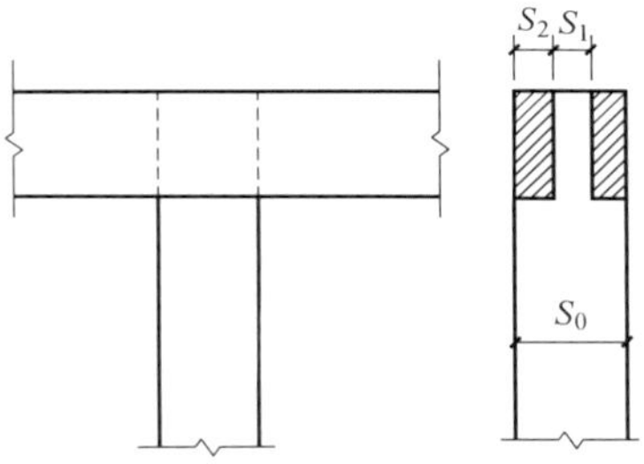	$S_1=0.4S_0$ $S_2=0.5(S_0-S_1)$
12	方框中直角贯通双榫接合	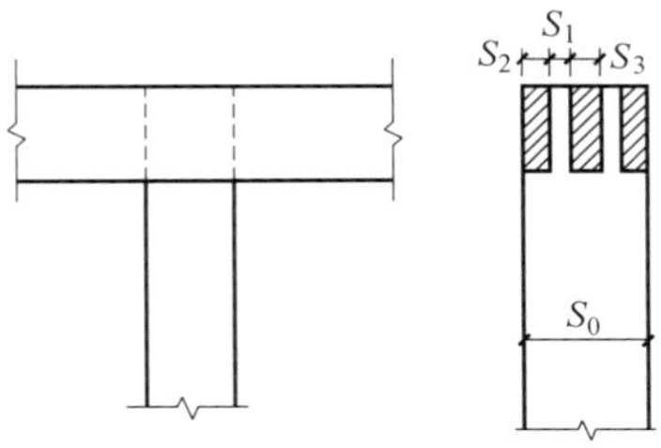	$S_1=S_3=0.2S_0$ $S_2=0.5[S_0-(2S_1+S_2)]$
13	箱框中板双肩直角槽接合	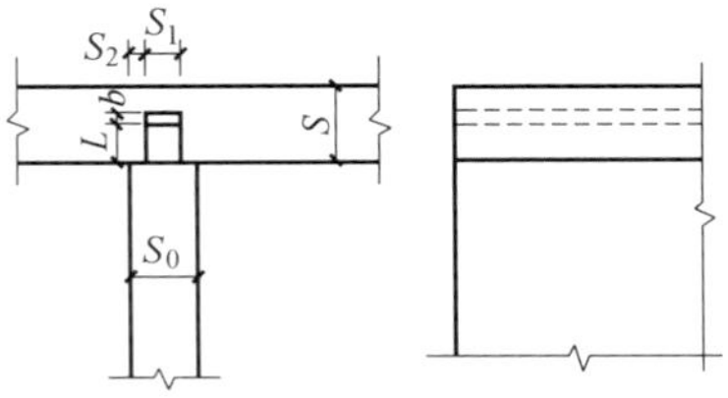	$S_1=(0.4\sim0.5)S_0$ $S_2=0.5(S_0-S_1)$
14	箱框中板无肩槽榫接合	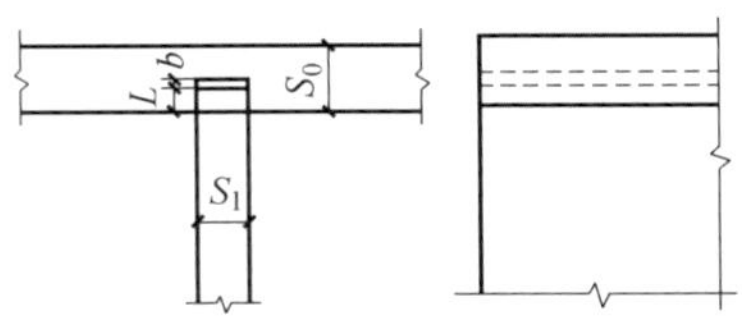	$L=(0.3\sim0.5)S_0$ $b>1$mm

续表

序号	名　　称	结构图例	技术尺寸与要求
15	方框中撑开口燕尾榫接合	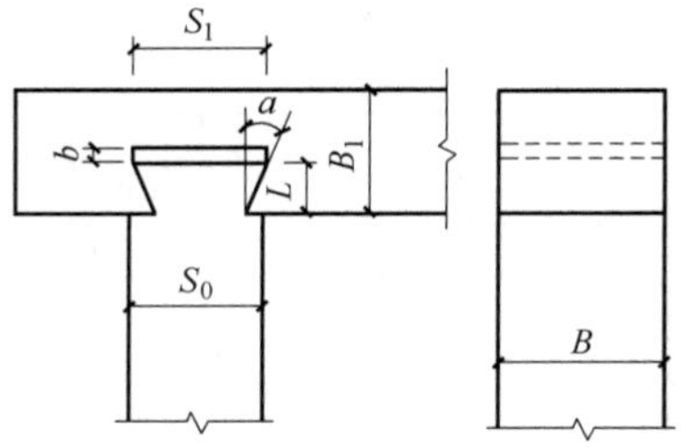	$L=(0.3\sim0.5)B_1$ $S_1=0.85S_0$ $a=10°$ $b>2$mm 所得尺寸应圆整到接近铣刀直径
16	箱框直角多榫角接合	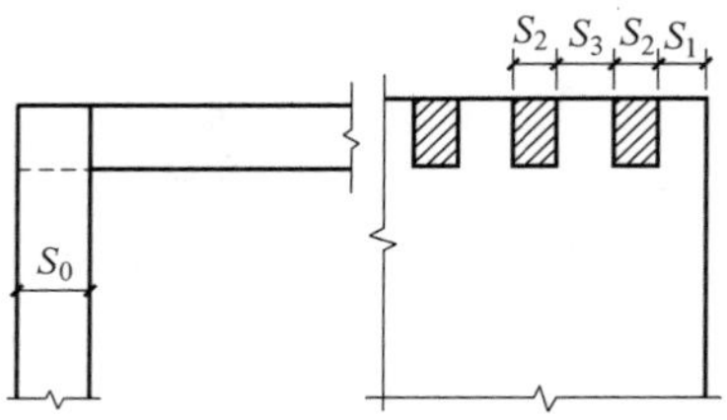	$S_1=S_3=6,8,10,12,16$mm $S_2=0.3S_0$ 榫长 $L=S_0$
17	箱框明燕尾榫接合	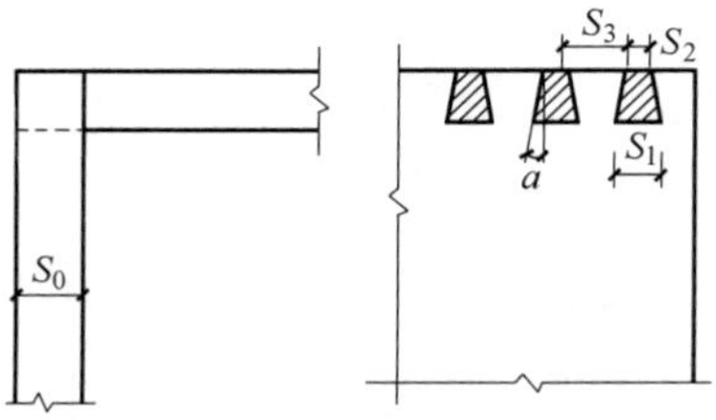	$S_1=0.85S_0$ $S_2<0.75S_0$ $S_3=(0.85\sim3)S_0$ $a=10°$ 允许采用半隐燕尾榫，所得尺寸应圆整到铣刀直径

4.2.3　榫卯结构的应用

在实木家具制造中，榫卯结构不仅在框架结构方面起重要作用，在构件的接长、拼宽等方面也发挥了重要作用。

4.2.3.1　弧形拼接

在制作家具过程中，常需要使用弯曲和弧形部件，而榫卯结构配合胶黏剂不仅可将短料接长，还能将弯曲部件连接。常用的榫卯结构弧形拼接形式有指形榫拼接、直角榫拼接、圆棒榫拼接、格角榫拼接等。

（1）指形榫拼接

将需接长材料的端部加工出锯齿状的指形接口，涂胶后经过胶压而成，如图 4-15 所示。其工艺简单、接合强度高，并能有效节约木材，提高材料的利用率。

（2）直角榫拼接

在弯曲零件两端分别加工出直角榫头及榫孔，接合时在榫头及榫孔涂布胶黏剂后胶压而成，如图 4-16 所示。其接合强度较高，但加工工艺复杂，多应用于圆桌面镶边、圆形望板制造等。

（3）圆棒榫拼接

在弯曲零件两端分别加工出两个圆孔，拼接时在圆孔中涂上胶液，并在弯曲零件端部圆孔中插入圆棒榫进行接合，如图 4-17 所示。其接合强度比直角榫低，但加工方便，应用较广，如镜框、椅子扶手圆角等的接合。

（4）格角榫拼接

将桌子的脚与弯曲形望板借助于桌脚的格角榫接合，既牢固又美观。并可借助木螺钉将覆盖在脚与望板上表面的圆弧弯曲件跟望板上表面紧密接合，提高桌子整体造型的美观性，如图 4-18 所示。此种接合方式牢固而美观，常用于中、高级的圆形、椭圆形桌及茶几等脚架的接合。

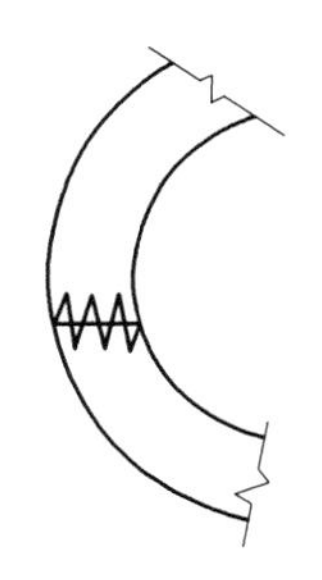

图 4-15　指形榫拼接

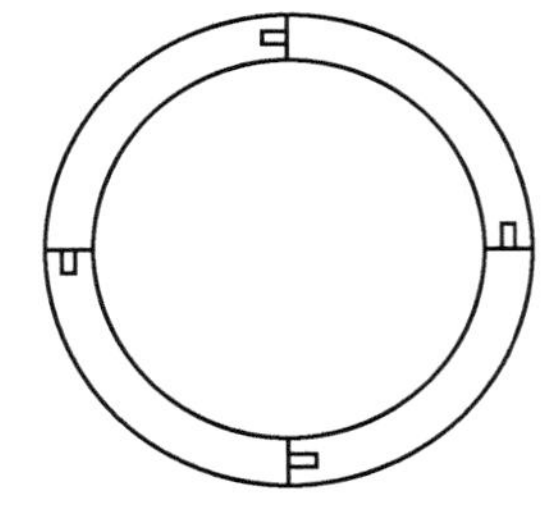

图 4-16　直角榫拼接

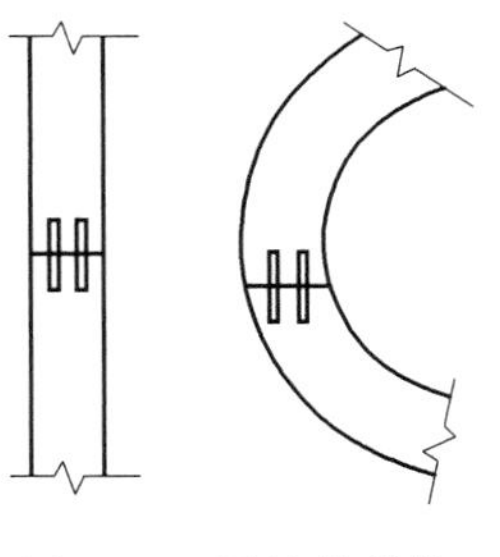

图 4-17　圆棒榫拼接

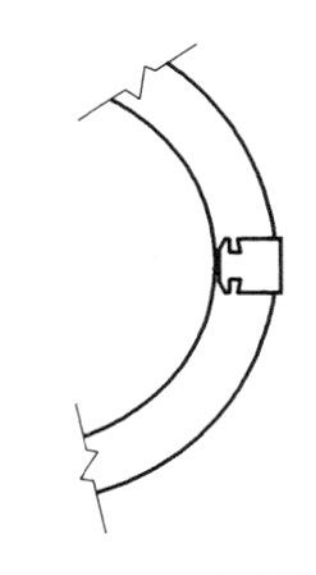

图 4-18　格角榫拼接

4.2.3.2　拼板

拼板即将较窄的实木板拼接成所需的宽度。实木拼板构件变形较小、经久耐用，但对工艺技术与材质要求较高，木材消耗也大。主要用于幅面较大和要求较高的家具构件，如实木桌面板、台面板、柜面板、椅座板、嵌板等部件都可用窄板拼接而成。实木拼板有多种形式，如平拼、裁口拼、企口拼、槽榫（簧）拼等。

（1）平拼

平拼是实木家具制造中常用的拼板方法之一，如图 4-19 所示。将被接合表面刨平，然后涂胶、加压胶合即可。具有工艺简单、用材经济、不开槽不打眼的特点。但对拼合面的加工精度有较高的要求，同时，在胶接过程中窄板的板面不易对齐，使拼板表面易产生凹凸不平现象，需适量增加拼板的加工余量。

（2）裁口拼

裁口拼又称阶梯面拼接，是将被拼接面刨削成阶梯形的平直光滑的表面，仅使用胶黏剂进行拼接，如图 4-20 所示。由于增加了胶合面积，其接合强度比平拼的要高，拼板表面的平整度也较好。但材料消耗比平拼要增加 6%～8%。

图 4-19　平拼

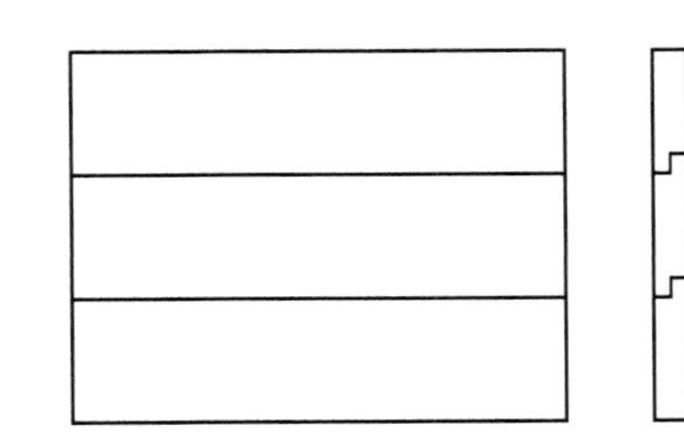

图 4-20　裁口拼

（3）企口拼

企口拼又称槽榫（簧）拼接，将拼接面刨削成直角形的槽榫（簧）或榫槽，借助胶接合，如图 4-21 所示。此法拼板接合强度更高，表面平整度高，材料消耗与裁口拼接基本相同。当胶缝开裂时，仍可掩盖住缝隙，拼缝封闭性好，常用于拼接高级柜的面板、门板、旁板以及桌、台、几的面板等。

（4）指形槽榫接

指形槽榫接又称齿形槽榫拼，即将拼接面加工成齿形榫，然后进行胶合拼接，如图4-22所示。这种接合由于胶接面上有两个以上的小齿形，所以其接合强度比槽榫更高，拼板表面平整度与拼缝密封性都好，是一种理想的拼板法，多用于拼接高级面板、门板、搁板、望板、屉面板等。

图 4-21　槽榫（簧）拼接

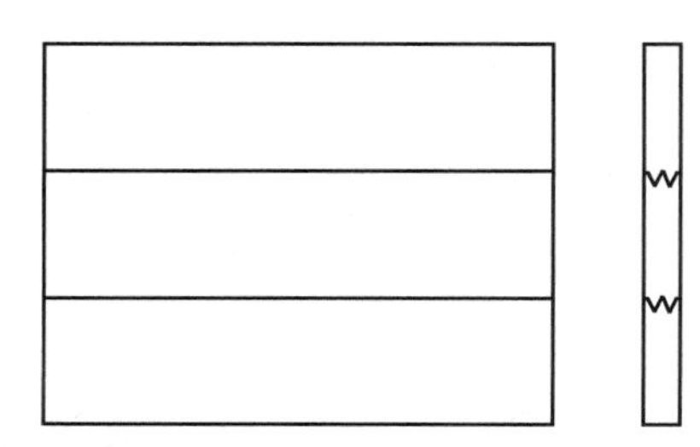

图 4-22　齿形槽榫拼接

（5）穿条拼接

将被接合面加工出平直光滑的直角槽，借助木条或人造板边条、胶进行接合，如图4-23 所示。加工简单、节约木材，可提高接合强度。

图 4-23　穿条拼接

（6）插入榫拼接

将被接合面刨平后，在其中心线上加工出若干个榫孔，然后在被拼合面上及榫孔内涂上胶，借助插入榫（如圆棒榫、椭圆榫等）进行接合，如图 4-24 所示。该结构能提高接合强度、节约木材，材料消耗与平拼的方法类似。若拼接的是软质木材，可用竹钉作为插入榫。

（7）蝴蝶榫

蝴蝶榫，又叫木销拼接榫或者银锭榫，是两头大、中腰小的榫，因其形状似银锭而得名，如图 4-25 所示。将其镶入两板缝之间，起到将板件锁紧的作用。镶银锭扣是一种键接合，多用于板件的平面拼接，并且具有一定的装饰功能。

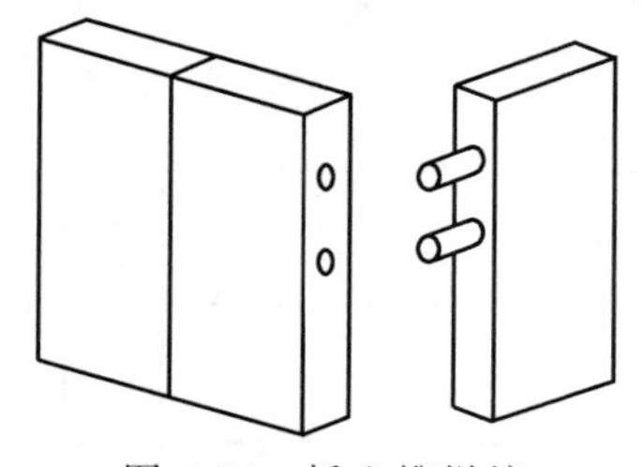

图 4-24　插入榫拼接

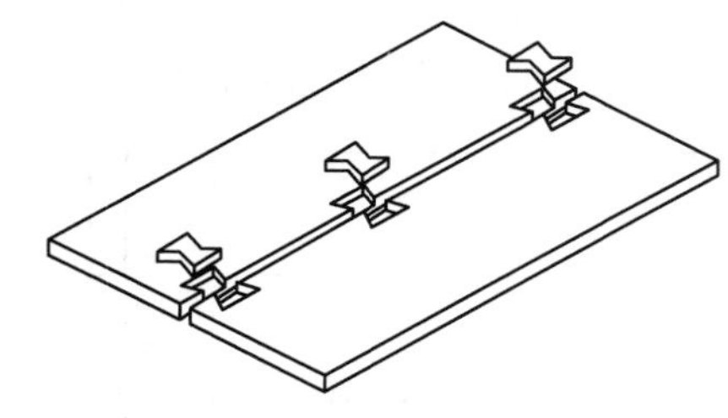

图 4-25　银锭榫

4.2.3.3　镶端

实木拼板部件，当其木材含水率发生变化时易产生变形，尤其是两端面最易开裂、翘曲。同时，端部横切面纹理有时也影响美观。为此，需对拼板部件进行镶端处理，既可防止或减少拼板发生翘曲，又能增加美观效果。常用的镶端有以下几种。

（1）榫槽镶端

将拼板两端加工成直角槽榫（或燕尾形槽榫），将封端木条的一侧加工成直角榫槽（或燕尾形榫槽），分别在直角槽榫（或燕尾形槽榫）上与直角榫槽（或燕尾形榫槽）中涂上胶液，再进行加压胶合即可，如图4-26所示。这种方法多用于工作台面板的封端。

（2）透榫镶端

将拼板两端加工成直角槽榫与较长的直角榫，将封端木条的一侧加工成直角榫槽与直角榫孔，分别涂上胶黏剂，再进行加压胶合即可，如图4-27所示。其效果比槽榫镶端法有较大的提升，且具有一定的装饰作用，但对加工精度要求较高。

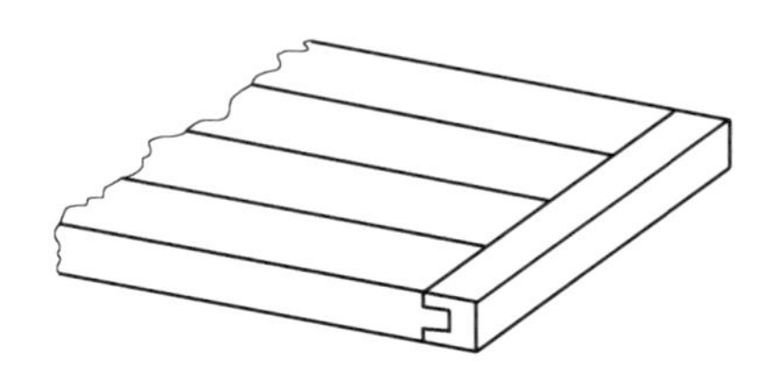

图4-26　榫槽镶端法

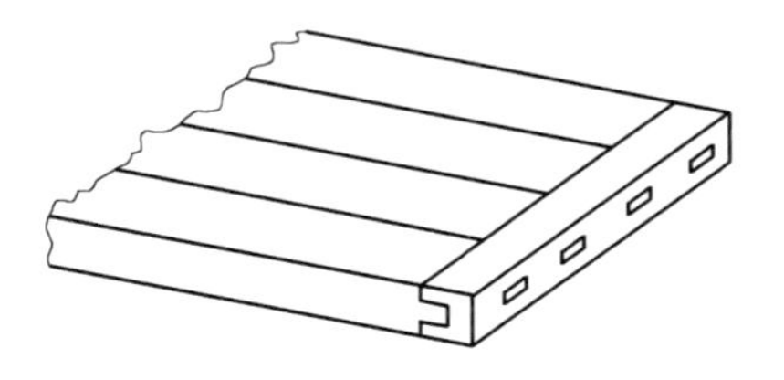

图4-27　透榫镶端法

（3）斜角透榫镶端

在透榫镶端的基础上，将拼板件与镶端木条的两端加工成45°的斜角，同样涂布胶黏剂加压胶合即可，如图4-28所示。其优点是封端木条的端面不暴露，较为美观，是我国古代家具中常见的镶端结构，多用于各种桌、几、椅、凳等面板的镶端。但加工工艺更复杂，加工精度要求更高。

（4）矩形木条镶端

在拼板件的两端加工出直角槽，并在槽中涂上胶黏剂，然后将加工好的木条嵌入槽中即可，如图4-29所示。方法简便，能减少拼板件翘曲变形，但板端不美观，实际应用较少。

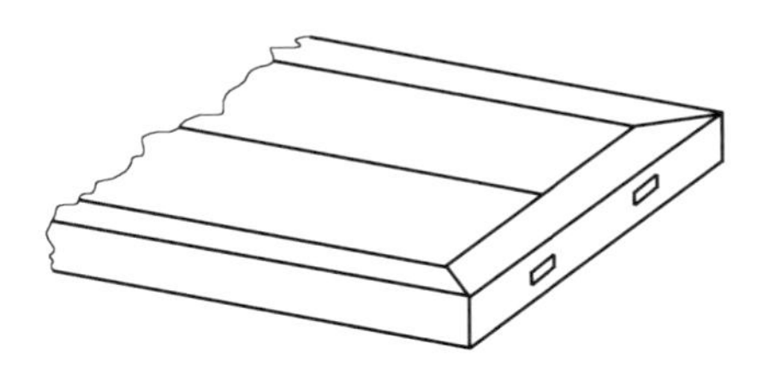

图4-28　斜角透榫镶端法

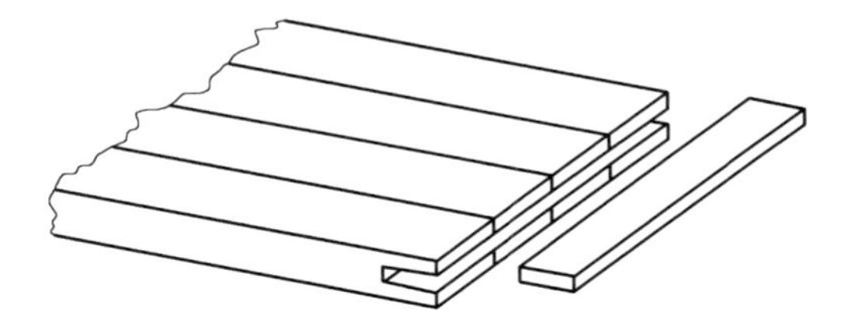

图4-29　矩形木条镶端法

4.2.3.4 框架

框式实木家具由一系列的实木框架构成，框架既是基本结构件，也是受力构件。框架中间可镶嵌板件、玻璃或石材等。最简单的框架就是仅由两根立边与两根冒头用榫接合而成。常见的实木桌、椅、凳等的脚架则是较复杂的立体框架结构。根据框架接合后其立边或冒头的端面是否外露可分为直角接合和斜角接合两种。

（1）直角接合的基本形式

直角接合是指框架接合后立边和冒头呈90°，且接缝平行或垂直立边。常用的直角榫卯接合方法有直角开口贯通（单或双）榫接合、直角开口不贯通（单或双）榫接合、直角半开口不贯通单榫接合、直角半开口贯通单榫接合、直角闭口不贯通（单或双）榫接合、直角闭口贯通（单或双）榫接合、插入圆棒榫接合、燕尾榫接合等。基本接合情况如表4-5所示。

表 4-5 常见直角榫接合方式

序号	名　称	结构图例	性能说明
1	直角开口贯通双榫	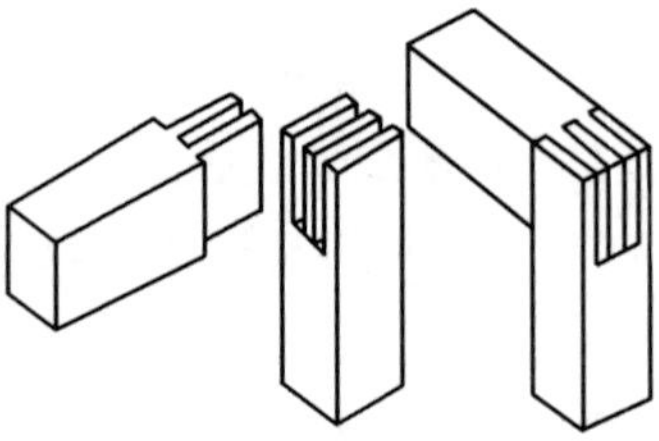	结构牢固,但两个榫端均外露
2	直角开口不贯通双榫	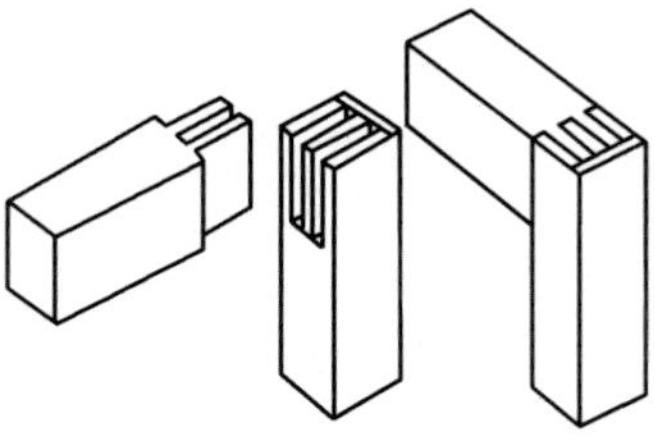	结构牢固,但 1 个榫端外露
3	直角闭口不贯通双榫	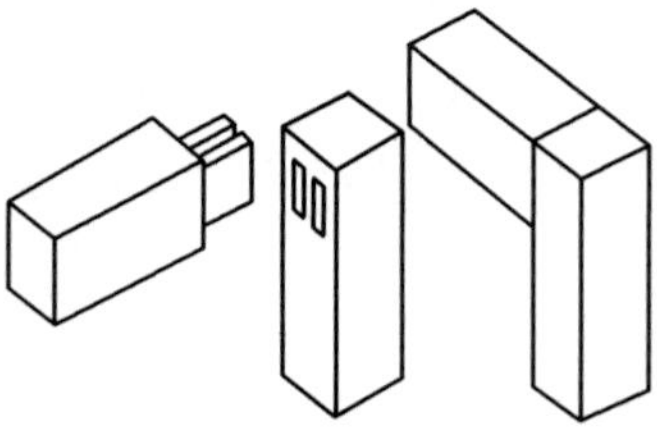	结构牢固,榫端隐藏
4	直角半开口贯通单榫	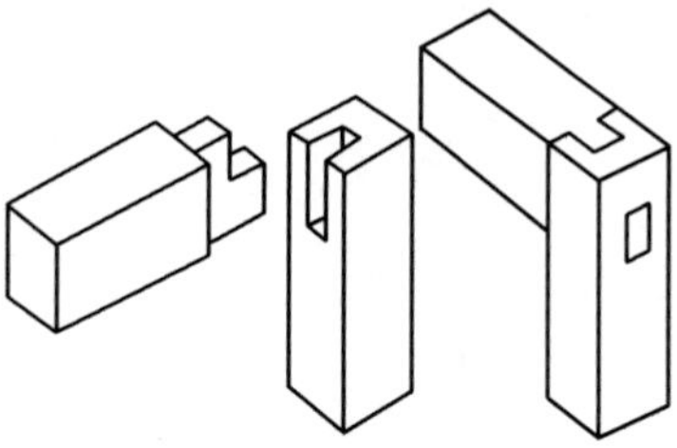	可防止扭动,部分榫端外露,能起到一定的装饰作用
5	半开口不贯通单榫	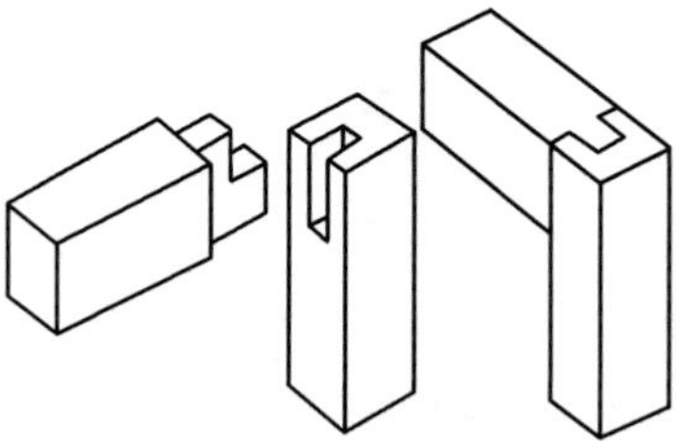	部分榫结构外露,具有一定的装饰性
6	插入圆棒榫	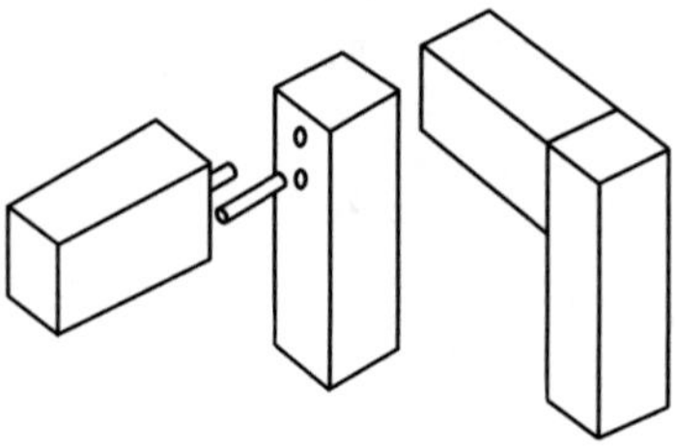	最简单的直角榫接合方式,但强度较方榫低

续表

序号	名　称	结构图例	性能说明
7	直角闭口不贯通单榫	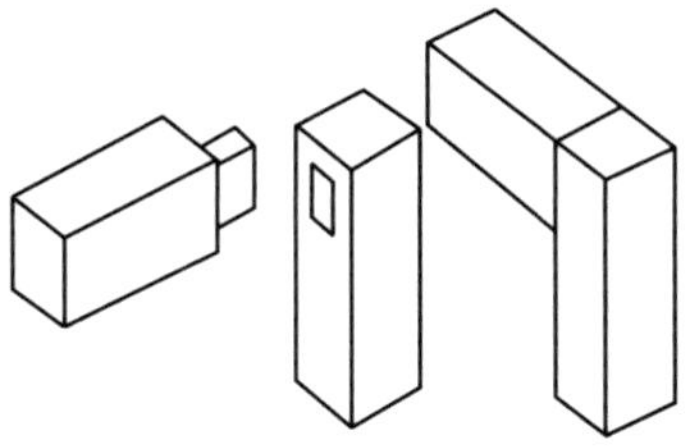	最通用的榫接合方式，易于加工，经济实用
8	开口燕尾榫	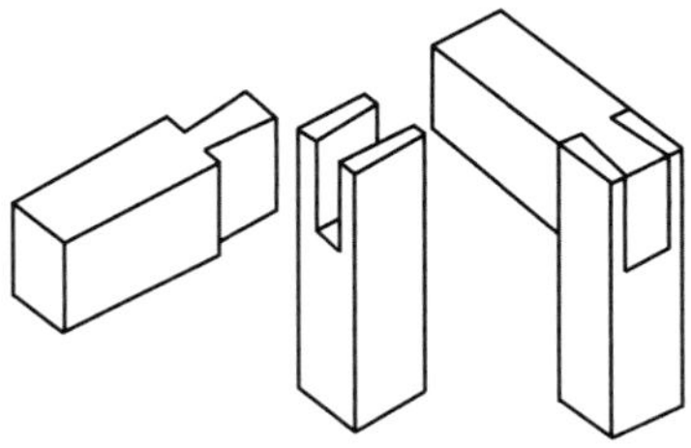	结构牢固，装饰性强

（2）斜角接合的基本形式

斜角接合是指框架接合后立边与冒头的接缝呈一定的夹角，一般为45°。其特点是外形美观，但接合强度较直角的低。常用的有单面斜角切肩榫、双肩斜角暗榫、双肩斜角开口榫、斜角开口双榫、插入三角榫、插入圆棒榫等多种，如表4-6所示。

表4-6　常见斜角榫接合方式

序号	名　称	结构图例	性能说明
1	单面斜角切肩榫	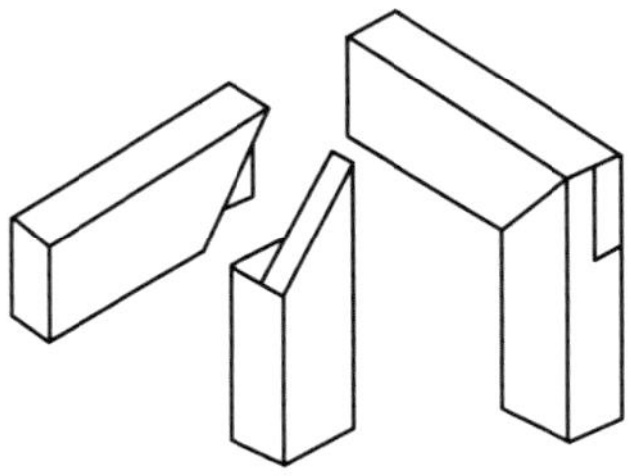	由于仅依靠胶接合，结构的牢固程度相对较低，且抗扭动性能较差
2	双肩斜角暗榫	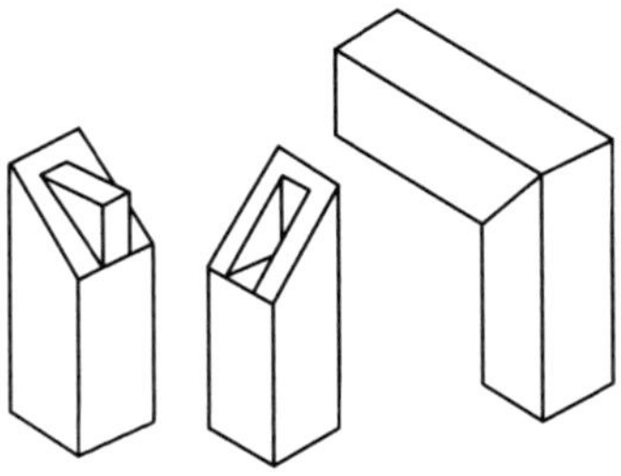	结构牢固，抗扭动性能良好

续表

序号	名　称	结构图例	性能说明
3	双肩斜角开口贯通榫	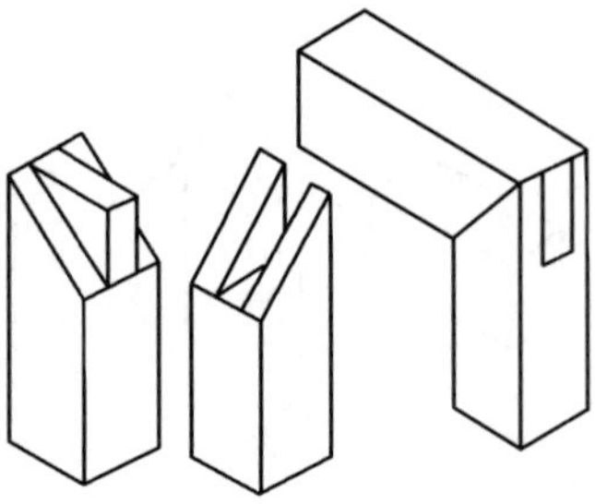	部分榫端外露，具有一定的装饰效果
4	斜角开口双榫	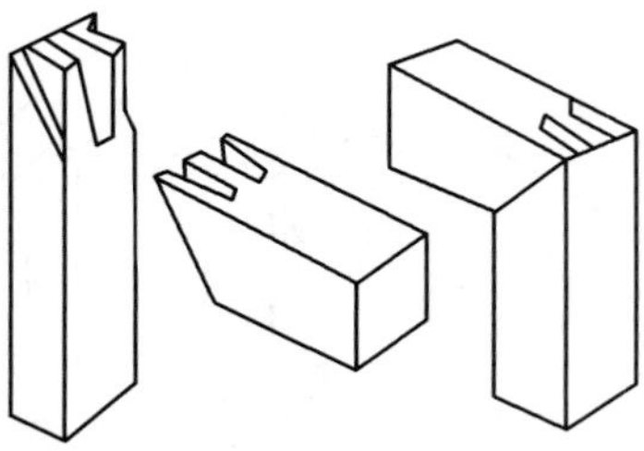	结构牢固，可防止扭动，部分外露的榫端可起到一定的装饰作用
5	插入三角榫	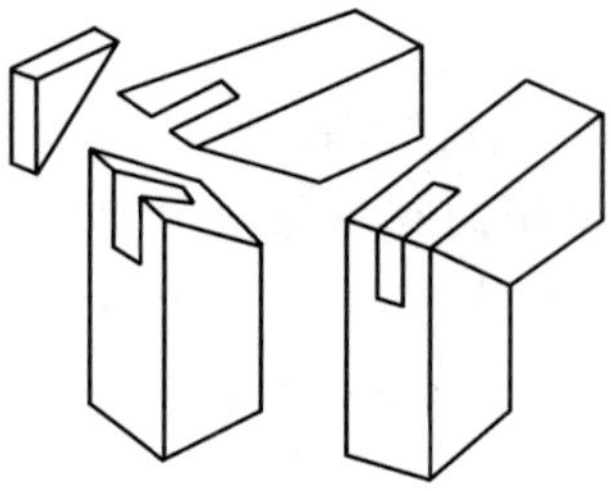	结构强度一般，抗扭动性能不佳，但装饰性较好
6	插入圆棒榫	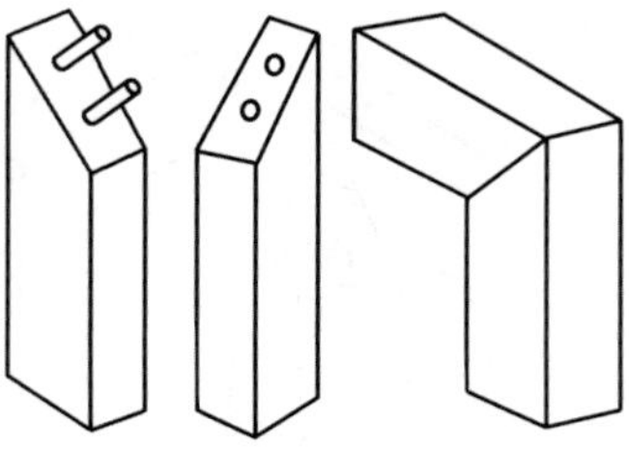	最简单的斜角接合方式，但强度较低

（3）框架中撑接合的基本形式

有直角不贯通单榫接合、闭口燕尾榫接合、斜口燕尾榫接合、带企口直角明榫接合、对开十字槽接合、直角暗榫十字对接合、插入圆棒榫接合、格肩榫接合、开口燕尾榫接合等多种方法。结构图例与基本性能如表 4-7 所示。

4.2.3.5　箱框结构的基本形式

箱框结构指用板材构成的框体或箱体结构，至少由三块板件围合而成，构成柜体箱框的中部可设隔板或搁板。箱框的结构主要在于确定角部与中板的接合，按照角部接合方式可分为直角接合与斜角接合两种。

表 4-7　　常见框架中撑接合形式

序号	名　称	结构图例	性能说明
1	闭口燕尾榫	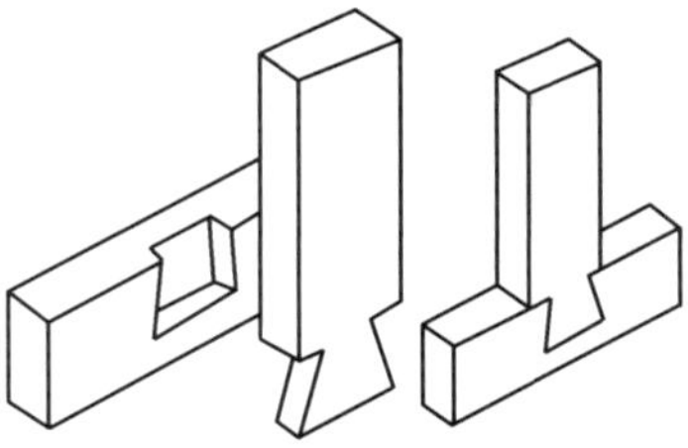	接合强度高，结构外露，具有较好的装饰性
2	斜口燕尾榫	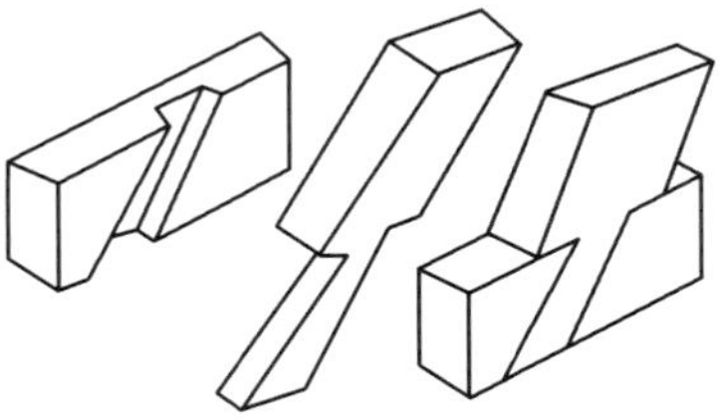	结构牢固，装饰性好
3	直角不贯通单榫	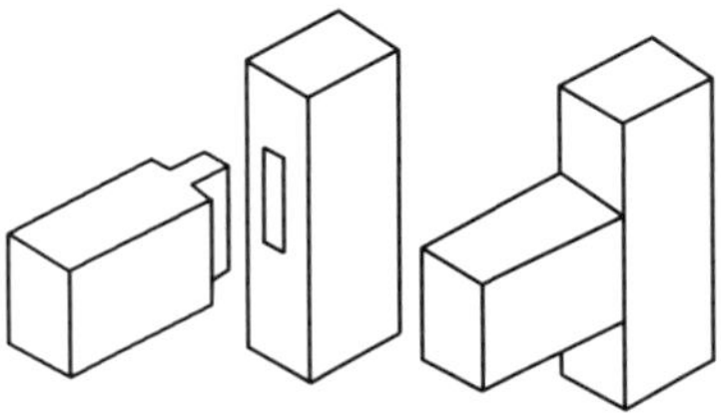	结构牢固，榫端隐藏
4	带企口直角明榫接合	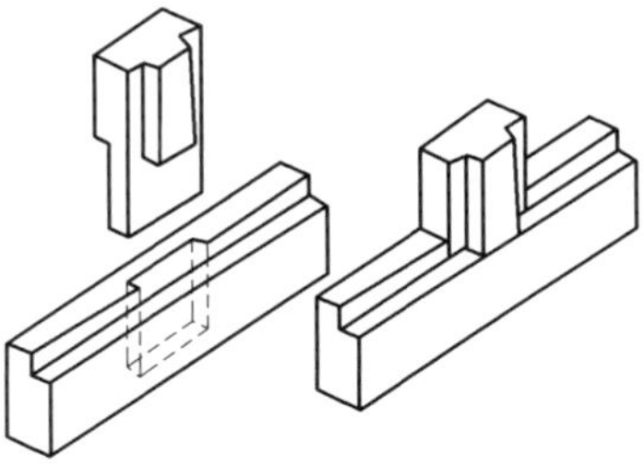	结构牢固，可防止扭动，装饰性较好
5	对开十字槽接合	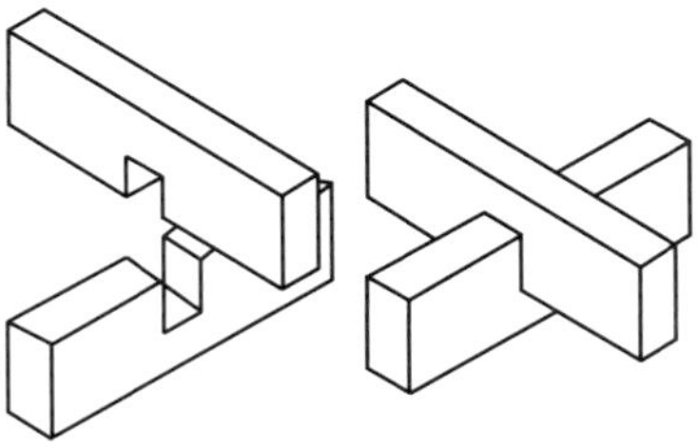	抗扭动性能欠佳
6	直角暗榫十字对接合	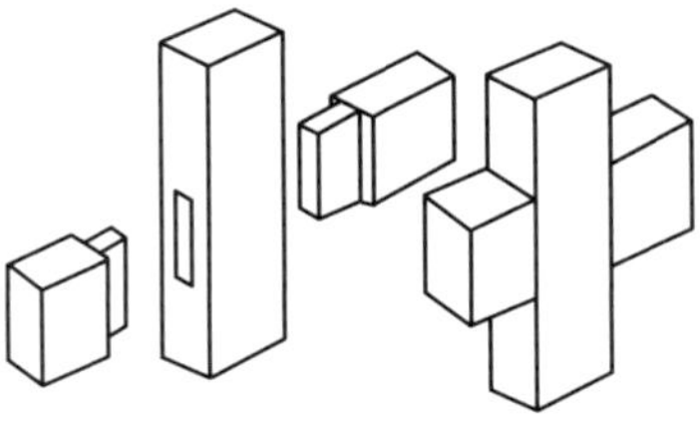	最简单的直角对接方式，具有较好的强度

续表

序号	名　称	结构图例	性能说明
7	格肩榫接合	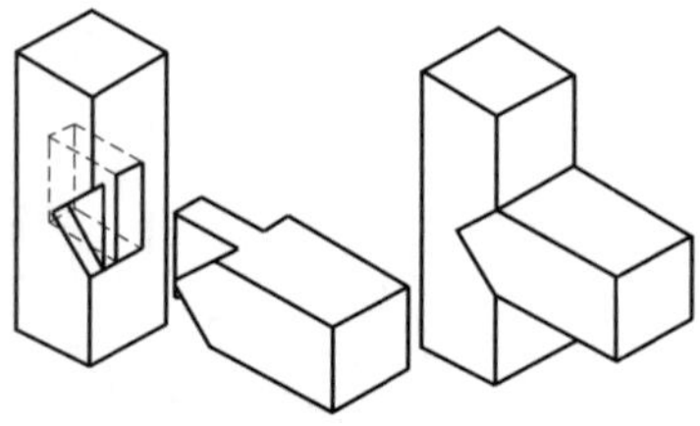	结构牢固，装饰性强，稳定性好
8	开口燕尾榫接合	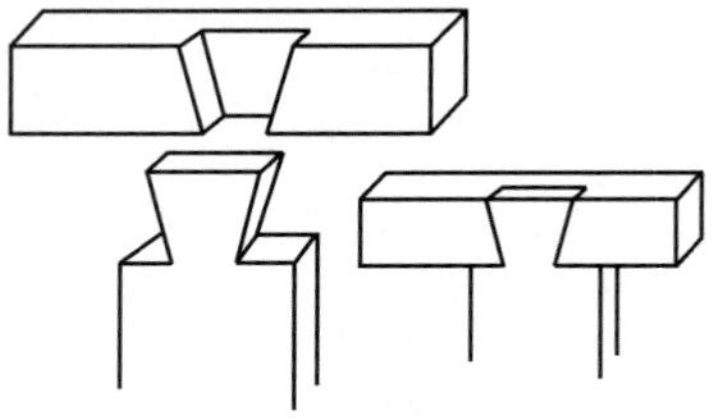	结构牢固，端面与正面均具有良好的装饰性

（1）箱框的角结构

① 箱框的直角结构：加工简便，接合强度大，是箱框常用的接合方法，但通常情况下端面外露。多采用直角开口多榫接合、斜形开口多榫接合、明燕尾榫接合、半隐燕尾榫接合、插入圆棒榫接合等榫卯结构接合方式，如表 4-8 所示。

② 箱框的斜角结构：采用斜角接合的箱框，角部接合处端面均不外露，因此较美观，但强度略低，多用于外观要求较高的箱框。在箱框的斜角接合中，常用全隐燕尾榫、槽榫、穿条等多种接合方法，具体如表 4-8 所示。

表 4-8　　常见箱框的角结构形式

种类	名　称	结构图例	性能说明
箱框的直角结构	直角开口多榫	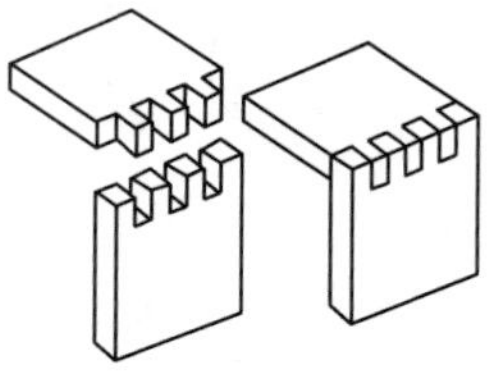	结构牢固，角接合部可见榫端
	斜形开口多榫	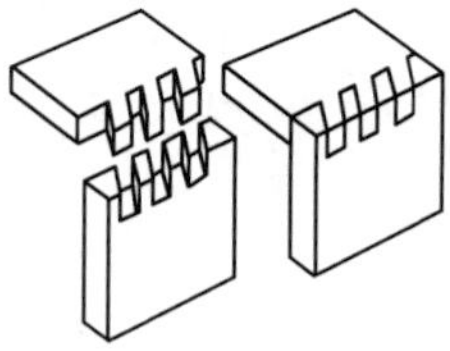	结构牢固，角接合部结构清晰，斜形榫装饰性强
	明燕尾榫	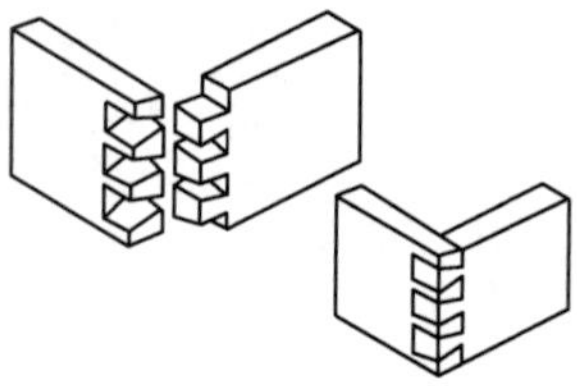	结构牢固，角接合部燕尾榫结构清晰，装饰性强

续表

种类	名　称	结构图例	性能说明
箱框的直角结构	半隐燕尾榫	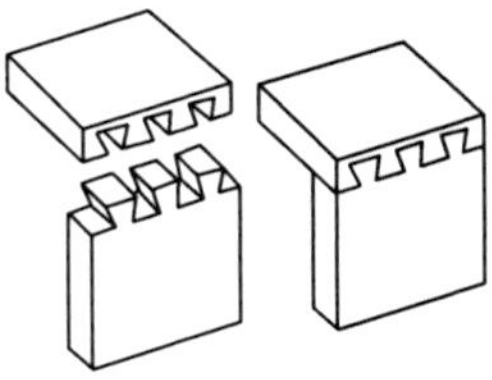	结构牢固，角接合部可见部分燕尾榫结构
	圆棒榫	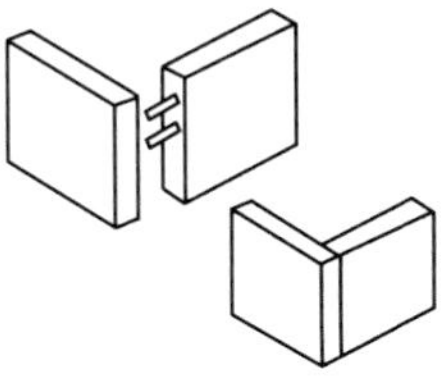	结构简单，加工便捷
	插入木条	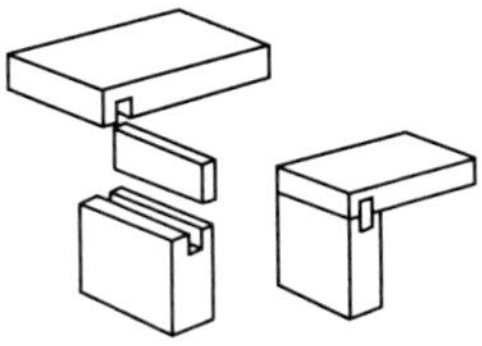	结构牢固，工艺相对简单
箱框的斜角结构	全隐燕尾榫	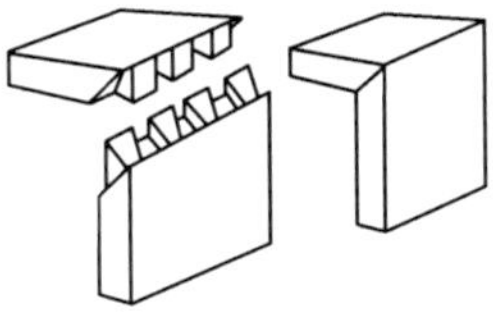	结构牢固，外形美观
	槽榫	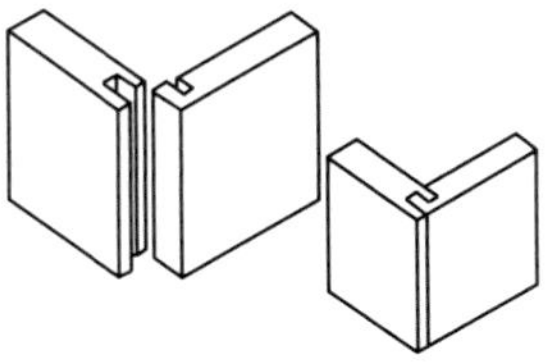	结构稳定，具有一定的装饰性
	穿条	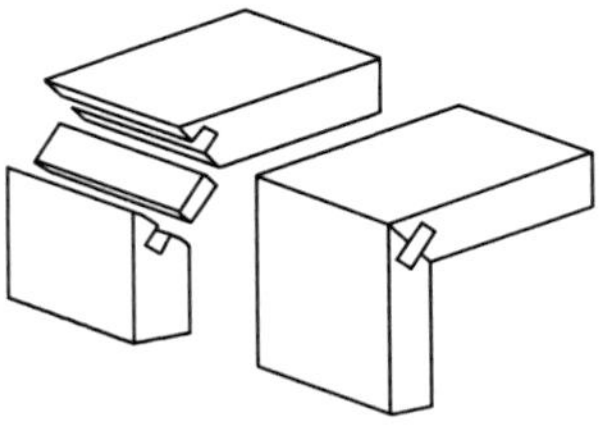	外形美观，装饰性强，但加工精度要求高

（2）箱框隔板与搁板的接合

在箱框隔板与搁板榫卯接合中，常用的方法主要有直角槽榫、燕尾槽榫、半燕尾槽榫、插入木条、插入圆棒榫、直角多榫、木条与螺钉等多种，如表4-9所示。其中，使用圆棒榫插入接合最简单实用，但不适合用于活动隔板，榫槽结构则多用于活动搁板的安装。

表 4-9　　常见箱框中隔板（搁板）结构形式

序号	名　称	结构图例	性能说明
1	直角槽榫接合	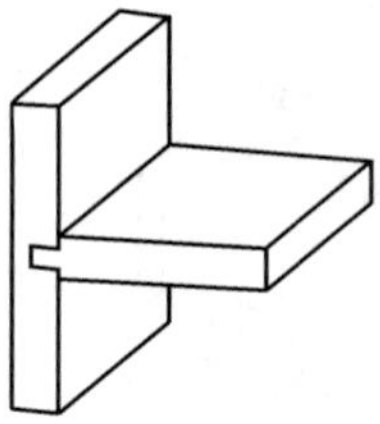	结构稳定，可用于固定结构与活动式结构
2	燕尾槽榫接合	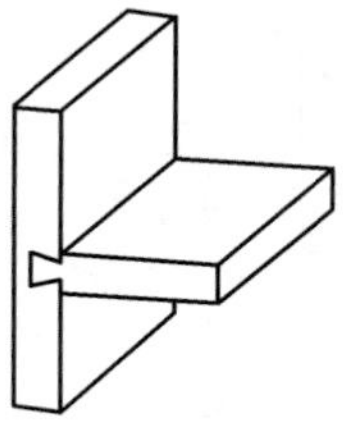	结构稳定，具有一定的装饰性，可用于固定结构与活动式结构
3	半燕尾槽榫接合	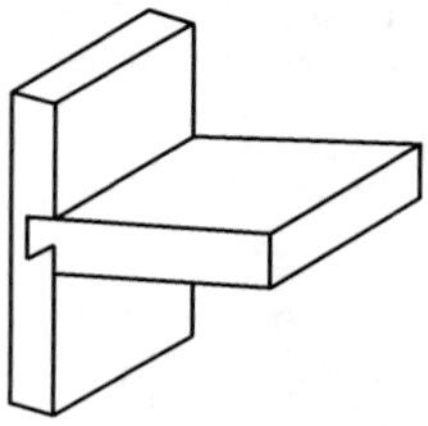	结构稳定，具有一定的装饰性，可用于固定结构与活动式结构
4	插入木条接合	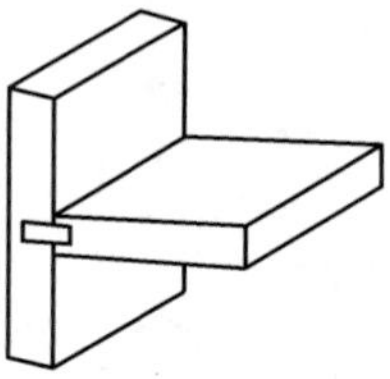	安装方便，可拆卸，但使用该结构时要充分考虑强度要求
5	插入圆棒榫接合	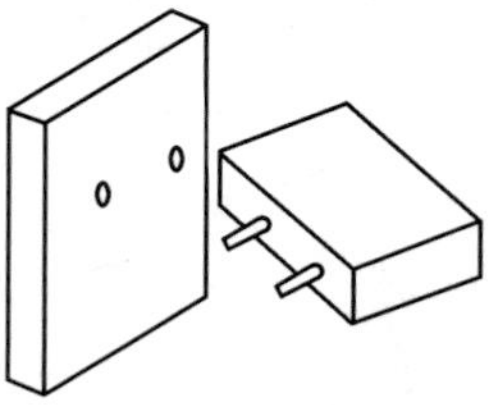	结构简单，加工方便，多用于固定连接
6	直角多榫接合	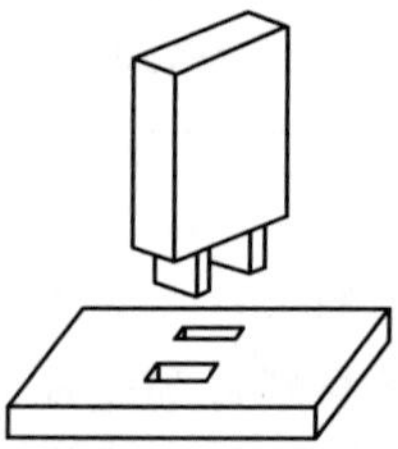	结构稳定，承载能力强，不易拆装

4.3 实木家具拆装结构

可拆装家具是指采用连接件或插接结构将零部件组装而成的可反复安装和拆卸的家具。在实木家具中存在诸多可拆装结构。实木类可拆装结构可以根据榫头和工件之见的关系，归纳为搭接式、插接式、自锁式、挤压式、拼接式和栓锁式等多种。

4.3.1 传统型常用拆装结构

（1）穿带

实木板件连接时，在板件上加工出梯形的榫槽，将断面呈梯形的木条（穿带）穿插在榫槽中将板件锁紧，需要拆装时将梯形木条取出即可。这种结构还可以约束拼板的干缩湿胀，如图4-30所示。

（2）栽榫

栽榫又称走马销或桩头，是一种用于可拆卸家具部件之间的榫卯结构。栽榫的做法是用木块先做成榫头，再插入构件，栽榫隐藏在构件内部。栽榫中比较有特点的是“走马销”，如图4-31所示，其构造是榫孔开口一大一小，榫头呈燕尾状。榫头由榫孔开口大的半边插入，推向开口小的半边就位；拆卸时需先推到开口大的半边再从榫孔中拔出。走马销的优点是容易拆装，构件便于搬运，常应用于框架与板块间的组合或板块之间的拼合。

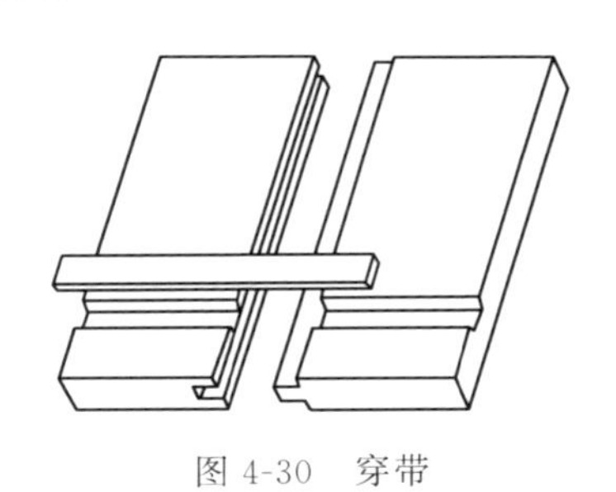

图4-30 穿带

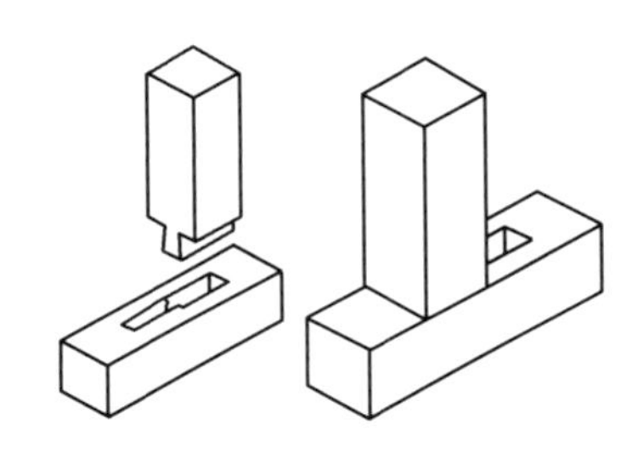

图4-31 走马销

（3）栓榫

栓榫的主要作用是固定相交的两个构件，接合时首先在榫头伸出的构件上打孔，然后将上大下小的木栓垂直打入孔内，明露在外面的小木栓有阻挡榫头松动的作用，如图4-32所示。拆装时将小木栓取出即可。与销钉相比，木栓的断面尺寸较大且拆装性更强。

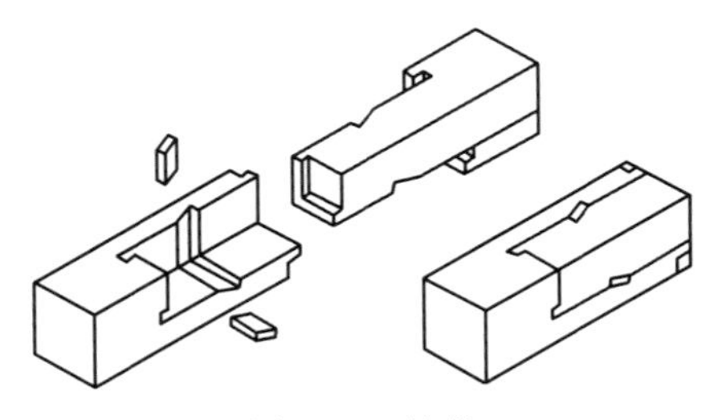

图4-32 栓榫

（4）鲁班锁

鲁班锁是一种三维组合结构，由基本的搭接榫构件通过位移以杆件的互补与自锁来形成稳固的特有结构，如图4-33所示。依组合方式，鲁班锁可分为实心单组式、空心单组式和对组式3种，在家具上应用的鲁班锁一般为三杆结构。

（5）槽榫接合

槽榫接合是在两个构件上分别开榫槽和榫头，常见形式有龙凤榫和企口榫，如图4-34所示。一般用于板材拼接、抽屉导轨、家具支撑部件及地板，是一种常见的可拆装结构。

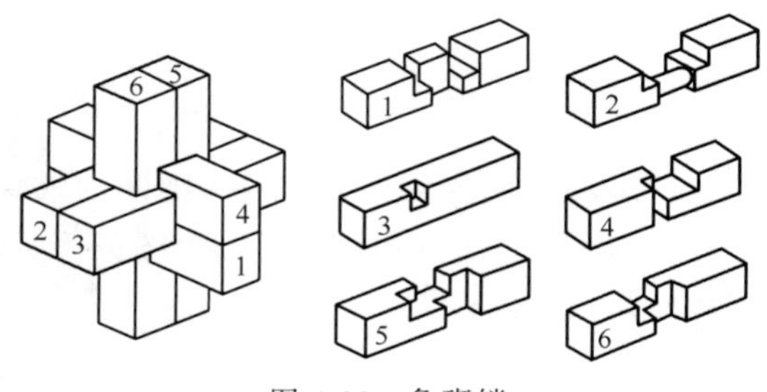

图 4-33　鲁班锁

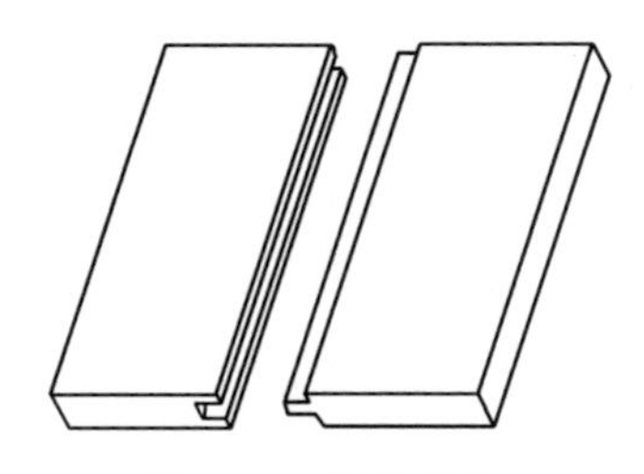

图 4-34　槽榫接合

（6）交叉接合

交叉接合是由 2 根或以上的直材，通过在相交处各切削一部分搭接而成，接合厚度由所制部件而定，如图 4-35 所示。交叉结构在明式家具中使用较多，其中 2 根直材接合相交常用于制作十字形床围子，属于二维接合；3 根直材相交二维接合常用于制作六足面盆架底枨，而类似床架与床腿的搭接方式则属于三维接合。

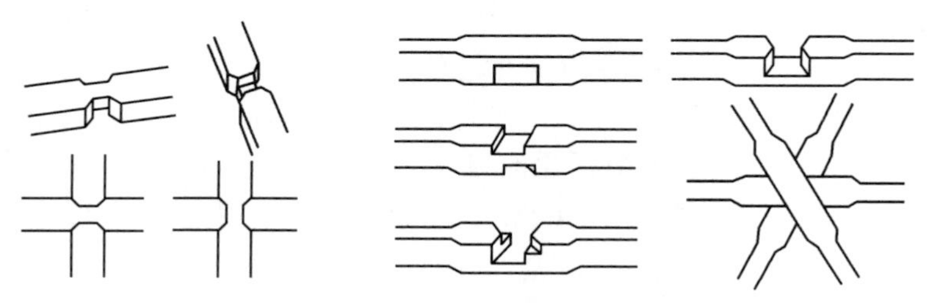

图 4-35　交叉接合

4.3.2　传统拆装结构的应用

（1）穿带的应用

穿带在桌类家具中应用广泛，如作为传统中国家庭最重要的厅堂家具——有束腰马蹄足八仙桌就使用了穿带，如图 4-36 所示：大边上的两处透榫就是桌面拼板下的穿带。在这里，穿带主要的作用在于防止拼接的面板拱翘，同时，当桌面放置重物时，穿带也可起到承托的作用。

图 4-36　穿带在桌类家具中的应用

（2）栽榫的应用

栽榫在明式家具中使用较多，如在罗汉床中，栽榫主要用在围子与围子之间及侧面围子与床身之间，肉眼不可见，如图 4-37 所示。安装时，只需把榫销开口大的半边插入，推向开口小的半边，则可扣紧拴牢；如需拆卸，只需推回到开口大的半边则可拔出，既接合紧密，又拆卸自如。

图 4-37 栽榫在罗汉床中的应用

(3) 蝴蝶榫的应用

蝴蝶榫可起到拼接板材和加固的作用，多用于拼合两板和修复结构性开裂，最常见的用途就是用在桌面开裂的时候嵌入蝴蝶榫，能很好地起到桌面加固和防止继续开裂的作用，如图 4-38 所示。同时，也常常用于产品的装饰设计。

图 4-38 蝴蝶榫的应用

(4) 楔钉榫的应用

楔钉榫是连接弧形材常用的榫卯结构，在交椅和圈椅中使用较多。如图 4-39 所示交椅的椅圈，椅圈分为五段，接合处的榫卯结构有两个榫头作合掌式交搭，榫头前端又各有小舌入槽，使圈椅不会上下松动。同时，木质楔钉贯穿搭扣中部的方孔进行锁紧。外观上隐蔽，结构严丝合缝、左右对称，椅圈婉转柔和。

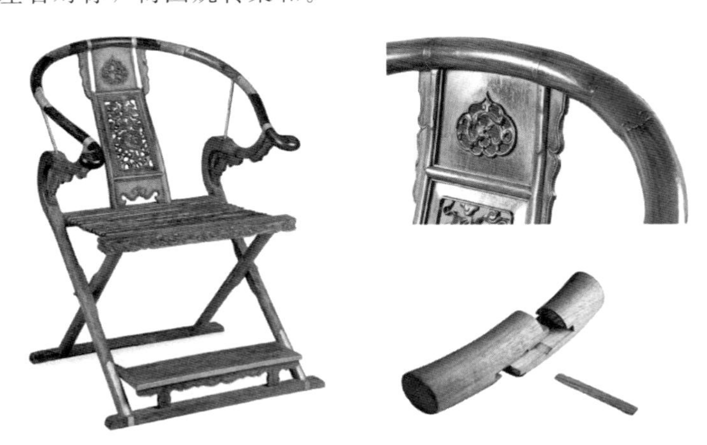

图 4-39 楔钉榫在圈椅中的应用

(5) 鲁班锁的应用

如图 4-40 为一款完全不用五金件的衣帽架，设计灵感来源于中国农村常见的晾衣架，整件家具由 6 根长短棍子组成。结构上借鉴鲁班锁的原理，打破了传统的结构形式，使家具

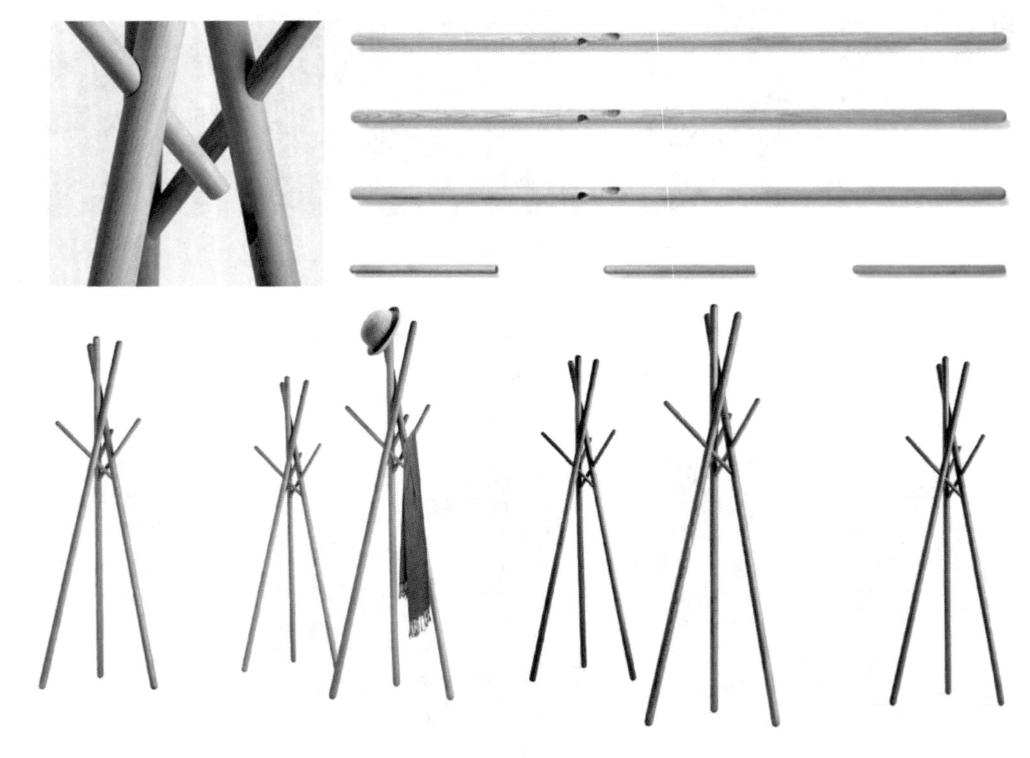

图 4-40　鲁班锁的应用

在保证结构稳固、外形典雅的同时，便于拆装，方便运输。

（6）槽榫接合的应用

槽榫接合是一种富于变化、运用广泛的拼接形式。一般用于家具背板的安装、底板与面板的拼接以及简单的木板连接等，也常用于骨架的结构上。如图 4-41 为采用企口榫接合的圈椅座面，即采用槽榫与穿带接合，能够有效提高接合强度，防止松动。

图 4-41　槽榫接合的应用

4.3.3 现代常用拆装结构

为了方便储存与运输，往往将实木家具设计成可拆装结构。同时也为了装配的便捷，实木家具的可拆装结构多是部件之间的拆装而非零件。这些部件之间的连接多通过连接件来实现。

4.3.3.1 实木家具可拆装连接件

与板式可拆装家具相比，实木家具的拆装连接件种类相对较少，常用的主要有空套螺钉、锤子型螺母-螺杆连接件、月牙型螺母-螺杆连接件、夹板螺钉等，如图 4-42 所示。在上述连接件中，除了空套螺钉和夹板螺钉可见连接件外，其余的均为不可见。

图 4-42 可拆装实木家具常用连接件

4.3.3.2 实木家具可拆装结构

通常情况下，使用拆装连接件便可实现实木家具的拆装。如图 4-43 中所示椅子和实木沙发，靠背与扶手之间的连接就分别采用了空套螺钉和月牙型螺母-螺杆连接件来实现，牢固可靠且简单实用。虽然空套螺钉的端部可见，但也不失为一种点缀与装饰的方法。

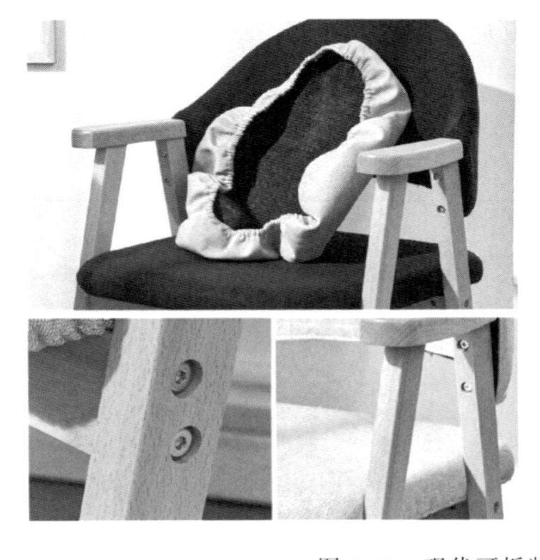

图 4-43 现代可拆装实木家具结构示例

4.4 三维交汇与结构增强

4.4.1 三维交汇结构

框架所构成的是三维立体结构，因此无论是现代还是古典实木家具中都存在着大量的三维交汇结构。

4.4.1.1 传统家具中的三维交汇

在中国传统家具中，尤其是明式家具，很讲究结构的应用，因此出现了多种结构新颖、形式美观、制作考究的三维交汇结构。传统家具中常见的三维交汇结构如表4-10所示。

表 4-10 传统家具中常见的三维交汇结构

编号	名称	简 图	拆 装 图	说 明
1	底枨		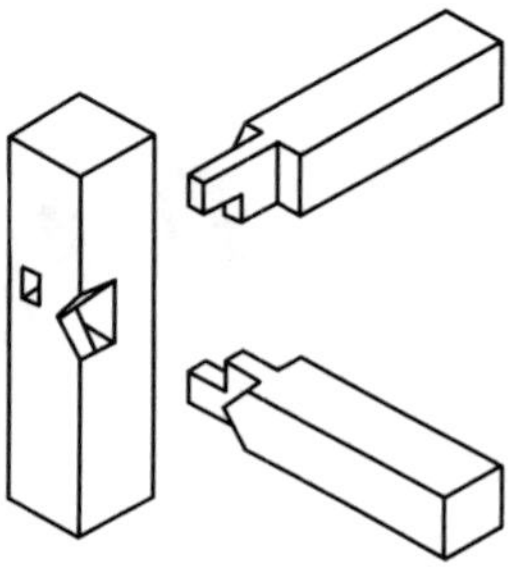	两枨互让(各用大进小出榫)受压后与腿足咬合更加牢固
2	粽角榫		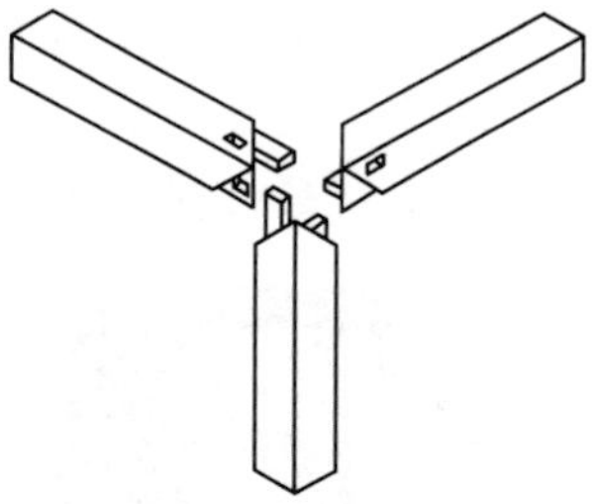	每个角都与三根方材格角接合在一起,使每个转角接合都形成45°格角斜线
3	腿足与方托泥的接合		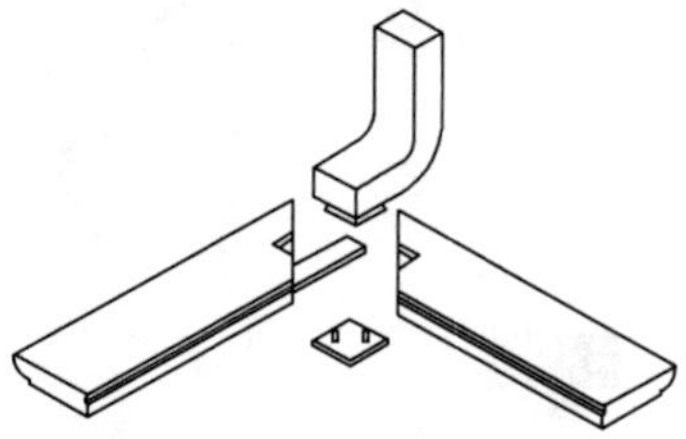	牙条与腿足、角牙构成时三者紧密的接合在一起,牢固结实

续表

编号	名称	简　图	拆 装 图	说　明
4	高束腰抱肩榫		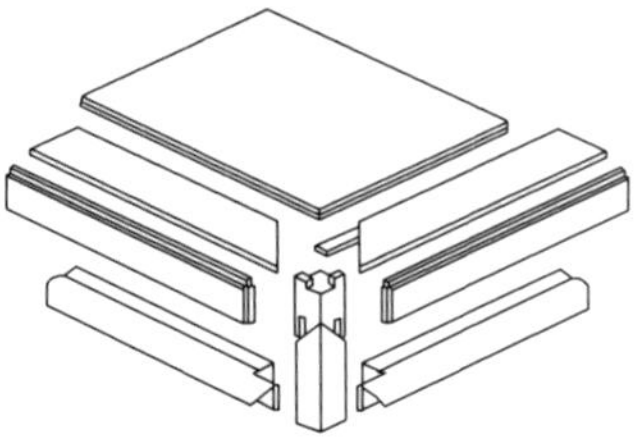	斜肩45°嵌入的牙条与腿足构成同一层面，最大限度地提高力传递的均匀程度
5	加云子无束腰裹腿杌凳腿足与腿面接合		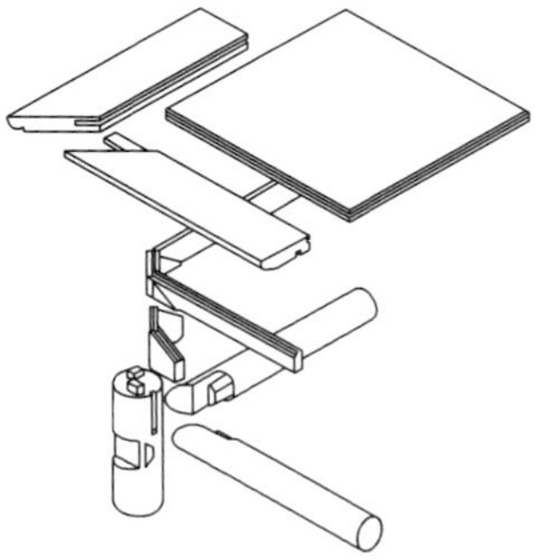	优点是凳面受压时与腿足咬合更紧密，压力重心都转移到腿足上
6	圆方接合裹腿		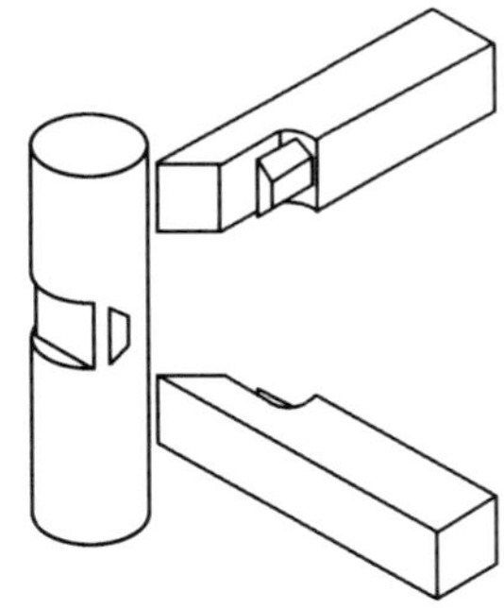	此榫的优点是榫头嵌入榫孔，与腿足能够更紧密地接合在一起
7	椅盘边抹与腿足的结构		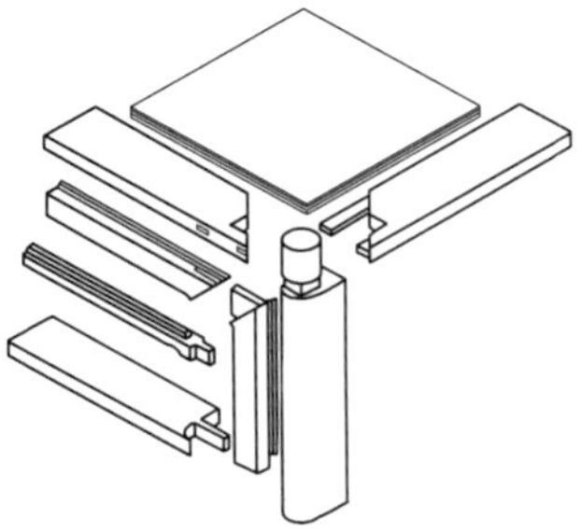	此榫的优点是边抹与腿足紧密嵌入咬合在一起，受压重心在腿足

续表

编号	名称	简　　图	拆　装　图	说　　明
8	圆柱二维丁字接合榫			此榫的优点是榫头不穿透榫孔，整洁美观，压力由腿足承受
9	扇形插肩榫			牙条和腿足斜肩嵌入，当面板承重时牙板也受压，可将压力通过腿足上斜肩传给腿足

4.4.1.2　现代家具中的三维交汇

现代家具结构中，三维交汇可以使木质构件之间形成直角连接，也可以形成多角度连接。其中，木质构件之间的连接主要是通过榫卯之间的配合来实现的。

（1）木质构件之间的三维交汇

通常情况下，垂直木质构件之间的三维交汇主要有图4-44中的几种形式，其结构都可以通过榫卯之间的配合来实现。

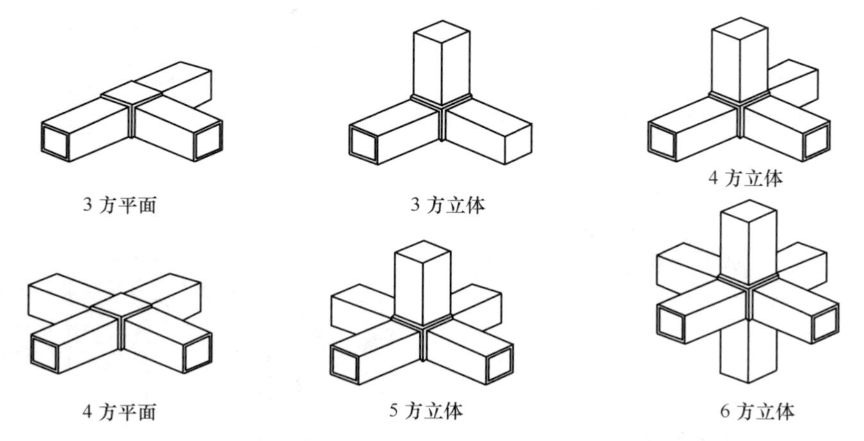

图4-44　常见垂直木质构件之间的三维交汇示意图

许多传统的结构也可用于现代结构设计中，如常见的“三叉榫”就是能工巧匠设计与制作的基于榫卯结构的可拆装结构。其由三组卡子榫组合而成，其中一根榫头加工成圆形，具体组装过程如图 4-45 所示：先将竖的圆榫头端卡在横的榫槽端，注意圆榫头朝外（反方向），再如方形榫头卡进榫槽，最后将圆榫头端逆时针转 90°即可归位，这样三根木材相交并相互咬合在一起形成稳定的结构。同时，按照组装时的过程反推，即可进行拆除。

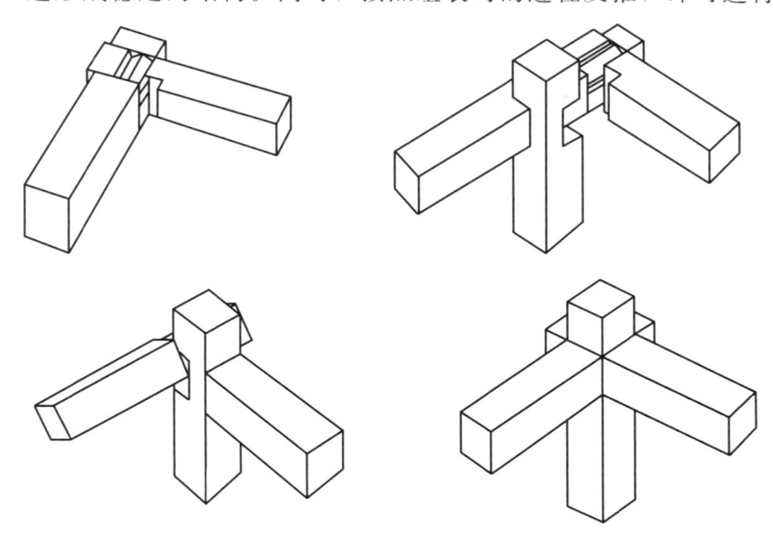

图 4-45　可拆装"三叉榫"的装配示意图

（2）通过连接件实现的三维交汇

连接件不仅在平面结构中应用广泛，在实木家具的三维交汇结构中也发挥着重要的作用，可实现多种形式的连接。如图 4-46 中所示的连接件就可以实现不同截面实木构件的三维交汇可拆装连接。图 4-47 中所示的结构都是通过连接件来实现三维交汇的例子，在家具结构中可以借鉴。

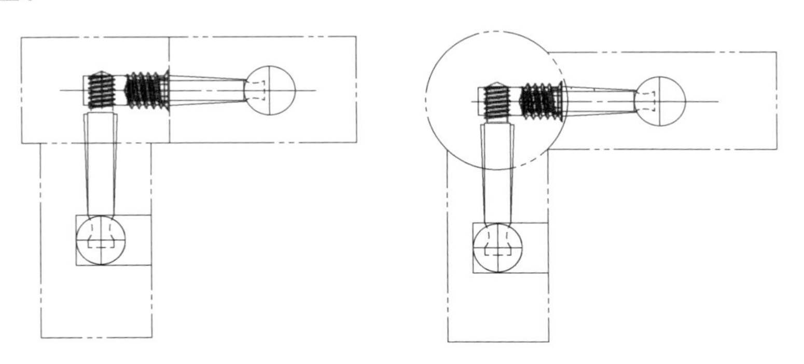

图 4-46　实木家具用三维交汇连接件

4.4.2　结构的增强设计

图 4-47　连接件在实木三维交汇结构中的应用

随着环保意识的增强和天然阔叶林的减少，将速生材（松木、杉木等）作为实木家具的原材料正受到关注。但速生材材质疏松、密度低，榫卯结构易遭破坏。为保证其强度通常用增加材料尺寸的方法，但既增加了材料消耗，又影响美观，虽可通过木材改性来增加强度，但成本高，且改性剂对室内环境或多或少有污染。因此，通过对传统的榫卯结构进行改进和提升来达到增强的效果是较好的选择。

4.4.2.1 木楔对榫卯结构的增强方法

木楔常出现在传统家具中，多用于增加家具接点强度。传统家具中的木楔是一种一头宽厚、一头窄薄的三角形木片。木楔在明榫和暗榫中都可以使用，通常是采用与家具相同的材料制成，木楔插入榫头（或榫卯）之间，使榫头逐渐膨胀增大、接触部位木质增密，以达到与榫孔紧密接合的目的。按照所使用的位置和方法的不同主要分为挤楔和破头楔两大类。

（1）挤楔

挤楔除了起增强功能之外，还具有调节榫头和榫孔相对位置的作用。挤楔一般用在明榫一侧，如图 4-48 所示。当榫头与榫孔之间有较小的空隙时，为了确保榫接合的精度，需要使用挤楔来进行微调，以降低因加工误差所引起的装配误差。

（2）破头楔

破头楔是在榫头上加工楔口，然后将木楔插入其中，通过木楔的挤压作用，使榫头一端胀大（形成有如燕尾榫的形式）而起到加固和防止榫头脱落的目的，如图 4-49 所示。在一个榫结构中也可以使用两个破头楔，破头楔既可在明榫中使用，也可在暗榫中使用。

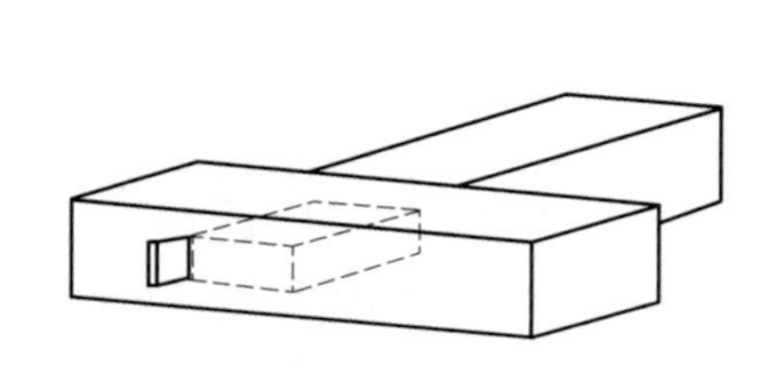

图 4-48 挤楔的应用

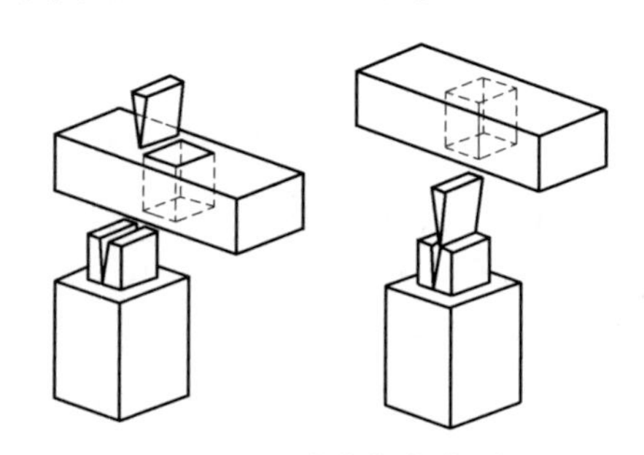

图 4-49 破头楔的应用

木楔的上述两种使用方法在硬木家具榫卯结构中使用的效果极佳，即使不使用胶黏剂也能达到很好的接合强度。但在以速生松木为基材的实木家具中使用的效果并不十分理想，因为即使木楔的插入可以将榫头向两边胀开而形成如同燕尾的结构，但通常木楔的插入方向垂直于榫头的宽度方向，这样只是使榫头向宽度方向胀开，但与之相互垂直的另外两个榫颊与榫孔的接合情况则没多大改变。而在宽度方向上榫头与榫孔的接触面积远小于厚度方向。如果能够将榫头沿着宽度和厚度方向同时胀开，这样榫接合的抗拉强度将会大幅度增加，因为榫头在厚度方向上与榫孔的接触面积要远大于宽度方向。因此，可以设计一种在宽度和厚度方向上能同时胀开的木楔，以增加接合强度。

常用木楔的断面为矩形，当木楔插入榫头的楔口之中时，木楔与榫头接触部分的受力基本对称，这样榫头便会同时向左右两边胀开；如果将木楔的断面改为三角形或梯形，木楔与榫头接触部分的受力将不对称，这将导致榫头发生扭曲，进而向四个方向胀开。因此，可以通过改变木楔的断面形状来达到增强榫接合的目的，其原理如图 4-50 所示。

从图 4-50 中可见：当三角形或梯形木楔插入榫头的楔口时，由于木楔对榫头的两个接触面的作用力不同，这样不仅能够将榫头向榫颊的左右两边胀开，同时还能在一定程度上将榫颊的另外两个面向外错开，出现图中箭头所指方向的变形，导致榫头端部的体积增大，且从四个方向同时向榫孔挤压，从而达到更加紧密的配合。这种增强方式在方榫与椭圆榫上均适用。

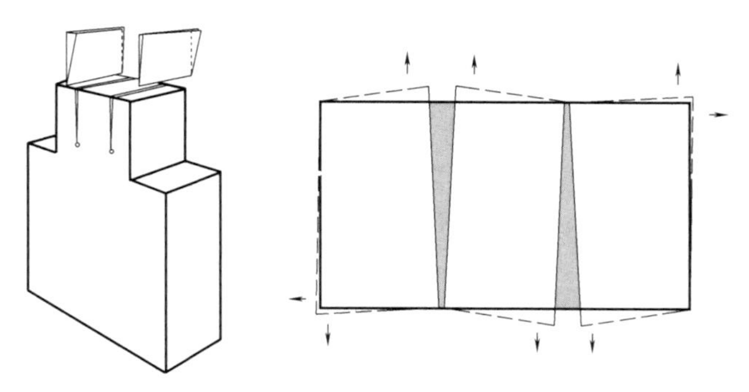

图 4-50　梯形木楔增强榫结构示意图

4.4.2.2　硬木镶嵌速生材的榫接合增强方法

以速生木材为基材、椭圆榫接合的T型构件为例，在速生木材横向构件榫孔处嵌入材质较硬木材，再通过硬质木材椭圆插入榫将构件接合。具体方法为：首先使用数控机床在横向构件中开出较大的椭圆形榫孔，然后将预制的硬质木材椭圆形木块涂胶后嵌入榫孔，待胶黏剂完全固化后，再在镶嵌的硬质木块上开出小于所镶嵌木块的椭圆形榫孔，同时在竖向构件端部开出同样尺寸的椭圆形孔，最后使用插入型椭圆榫将其连接在一起，详细组装示意图如图4-51所示。

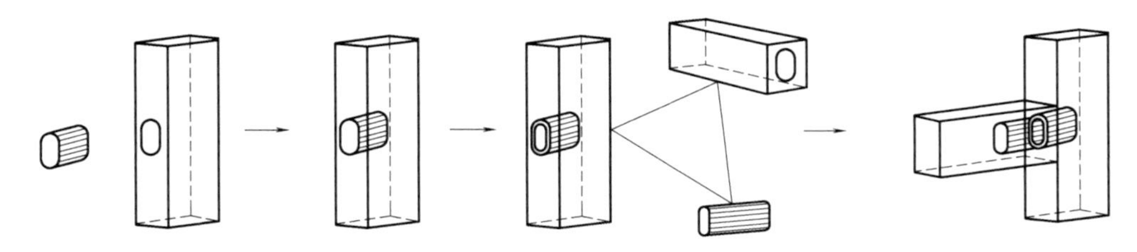

图 4-51　硬木镶嵌速生材的榫接合增强示意图

总的来说，实木家具主要通过榫卯结构与连接件来实现零部件之间的连接，虽然榫卯结构加工相对复杂，但其蕴含着丰富的历史与文化内涵而备受欢迎。而连接件的应用则为生产、运输、储存提供了极大的方便，两种连接方式的配合使用可达到相得益彰的效果。

第5章 板式家具结构

板式家具是以人造板为主要基材、以板件为零部件，通过五金件连接而成的家具。它具有可拆卸、造型富于变化、外观时尚、不易变形、质量稳定、价格实惠等特征。常用于制造板式家具的人造板主要有胶合板、指接板、细木工板、刨花板、中纤板等。从结构上分，板式家具主要可分为固定结构和可拆装结构。

5.1 固定结构

固定结构又称固定连接，是指连接后的各个零件（或组件）之间无相互位置变化，不允许产生相对运动，固定为一体，至少必须毁坏连接中的某一部分才能拆开的连接。

早期的板式家具多采用固定连接，其中使用圆棒榫、胶、钉所构成的固定连接最为常见。

5.1.1 圆棒榫固定结构

在板式家具的固定结构中，圆棒榫既具有定位的功能，也起到连接的作用。圆棒榫一般选用表面具有直槽、螺纹的，这样在圆棒榫插入时涂布于表面和榫孔内壁的胶黏剂不会全部挤出，从而提高结构强度。

5.1.2 圆钉与螺钉固定结构

用圆钉与螺钉将2块板件钉合而成的固定结构，其最大的不足就是由于人造板端面的握钉力不足而易被拔出，使用胶黏剂配合可增加接合强度。同时，接合处板件的表面有钉眼而影响美观。常用的钉接合如表5-1所示。

表5-1 圆钉与螺钉的固定接合

接合方法	结构形式	说明
用木方条、螺钉加胶黏剂接合		经济实用，稳定可靠。由于接合的木方条端面会影响美观，故玻璃门或无门的柜子不宜用此方法
用角尺连接件、螺钉加胶黏剂接合		经济实用，稳定可靠。不宜用于玻璃门或无门的柜子，否则用于接合的木方条端面会影响美观

续表

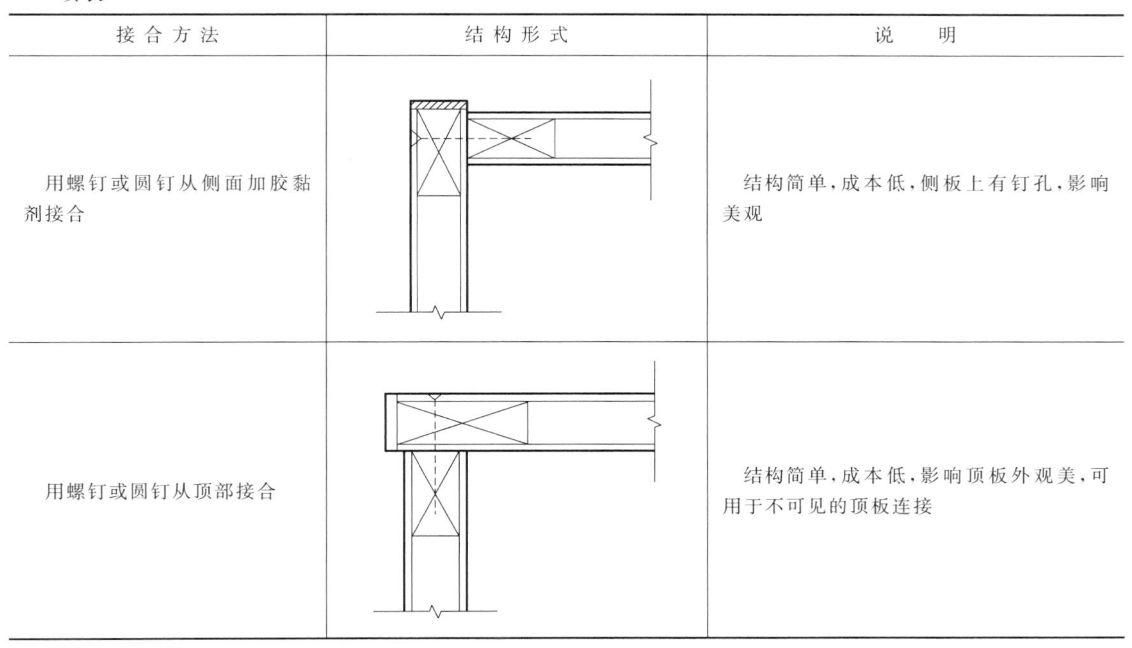

接合方法	结构形式	说　明
用螺钉或圆钉从侧面加胶黏剂接合		结构简单，成本低，侧板上有钉孔，影响美观
用螺钉或圆钉从顶部接合		结构简单，成本低，影响顶板外观美，可用于不可见的顶板连接

5.2　可拆装结构

现代板式家具的可拆装结构是建立在32mm系统之上的。32mm系统是一种以模数组合理论为依据，通过模数化、标准化的“接口”来构成板式家具设计与制造的方法，是一种采用工业标准板材和标准钻孔方式来组成家具和其他木制品的手段。

5.2.1　32mm系统

（1）关于32mm系统

32mm系统的精髓是建立在模数化基础上的零部件的标准化，设计时不是针对一件产品，而应考虑一个系列，其中的系列部件因模数关系而相互关联。因此，在设计过程中需要以32mm系统为基础，将家具零部件进行标准化设计，确定标准板件，并采用编码技术有效地减少家具零部件的数量，提高通用性。

在欧洲，32mm系统也称“EURO”系统，其中：E—Essential knowledge，U—Unique tooling，R—Require hardware，O—Ongoing ability，即在掌握家具制造基本知识的同时，采用先进的设备和制造技术，接合与之相匹配的五金件而得以实现的家具设计与制造系统。

由于在设计与制造过程中引进了标准化、通用化、系列化，所以“板件即产品”已成为板式家具制造中的一个亮点。正因为如此，32mm系统将传统的家具设计与制造引入了一个新的境地，摆脱了传统的手工作坊形式，使得家具的工业化生产得以实现。

（2）32mm系统的来源

在引入32mm系统之前，我国早期一些板式家具的连接曾采用以50mm为模数的设计与加工方法，由于没有统一的标准连接件配套，主要是用圆棒榫接合为主，形成不可拆装结构。因此，当时板式家具的意义仅在于所使用的材料是板件而已，基本上没有可拆装的功能。从20世纪80年代起，我国从欧洲引进板式家具生产线的同时也将32mm设计与制造系统引入，从而推动了我国板式家具工业的发展。

32mm系统的确定主要是基于以下几个方面的因素：

① 机械制造方面：多排钻相邻钻头之间的转动是用齿轮传动的，20世纪70年代的欧洲，对直径超过40mm的高速传动齿轮的制造技术还不成熟，而在40mm以下的会更容易制造。

② 习惯方面：欧洲民间使用“英寸”（in）的比较多，正如我国的木匠使用的“寸”一样。1.0in=25.4mm，如果用1.0in作为两个相邻钻头之间的距离似乎太小，而1.2in则比较合适，1.2in=30.48mm，与现在所采用的32mm比较接近。

③ 数学方面：$2^5=32$，而2是偶数中最小的数，它在模数化方面起着非常重要的作用，以它为基数可以演化出许多变化的系列。

因此，考虑到以上各方面的因素，最后将孔距确定为32mm。

（3）32mm系统的特点

32mm系统的主要作用是在板式家具的结构、加工设备、五金配件等因素之间协调系列数值的相互关系，因此它是一个结构设计和制造模数。32mm系统实际上包括两个方面的内容：设计系统和制造与装配系统。

在设计系统中，主要是指由以AutoCAD和3D为基本平台的尺寸、造型和功能设计。

在制造与装配系统中，以CIMA（Computer Integrated Manufacturing Assistance）制造系统为核心，以标准五金配件为基础，通过加工而达到设计系统中所提出的技术与功能要求。

实际上，32mm系统的应用是一个系统工程，它涉及基材、设备和五金配件等多个方面，它具有以下特点：

① 以32mm模数为基础的零部件的标准化、通用化、系列化，同时在生产过程中围绕“板件即产品”的设计宗旨，在流程（设计、生产、运输、装配）中实现产品的功能价值，并体现产品的设计理念。

② 在结构上打破传统的榫卯接合，实现平口接合（有些特殊情况采用斜角接合，并配以特殊的斜角连接件），用普通的圆棒榫来定位，用标准化的连接件来锁紧，以达到安装与拆装方便的目的。

③ 生产流程几乎完全可以实现机械化，将CIMS（Computer Integrated Manufacturing System）技术应用于家具生产，使得工业化生产中所描述的标准化、通用化、系列化在家具生产中得以实现，极大提高了生产效率和产品品质。

5.2.2 设计原则

32mm系统家具的设计包括两个方面：造型设计和结构设计。此处主要讨论结构设计的原则与方法。

（1）通用性原则

由于“板件即产品”，因此，32mm系统家具的设计实际上就是标准板件的设计。从标准化、通用化、系列化的角度来讲，标准板件应该具有一板多用的特性，最理想的标准板件应该具有作为侧板、搁板、门板、面板、底板等功能。当然，要求每块板件都具有上述几种功能不太现实。一般认为，要做到具有两种功能还是可以实现的，例如一块标准规格的衣柜搁板，既可以作为搁板，还可以作为顶板和底板，则实现了三种功能。

（2）经济性原则

经济性原则是指在设计中尽量考虑到加工的方便性，减少工序，进而简化生产工艺。这里包括两个方面的内容：板件的通用性和加工工序。板件的通用性越好，整件家具的机加工工序就可以越少，其经济性也就越好。如在设计板件上的系统孔和结构孔时，就要考虑工厂多排钻的加工能力，理想状况是一次性将所有的孔加工完毕，减少加工工序，提高加工效率。

（3）孔位对称性原则

考虑到板件的通用性和互换性，在确定孔位时，一般要孔位对称，即在设计中尽量将板件的孔位设计成左右对称和上下对称。当孔位设计成对称时，一块板件就可能有多种用途。如图5-1中所示的侧板，即使在开了背板槽后，也还可以实现左右互换，这样就可简化生产中的管理程序。如果孔位不是对称的，即使是左右侧板的规格相同也不能互换，这就要求在生产中要严格区分，无形中增加了管理难度。

（4）结构简略性原则

在设计中尽量简化产品的结构和减少板件的规格。32mm系统家具是由许多板件组成的，在生产中每增加一种规格板件，在生产管理上就会增加工作量。如在衣柜的设计中，顶板与侧板的接合方法有两种，如图5-2中所示，（a）是顶板位于侧板之间，（b）是顶板盖在侧板之上。按照设计的简略性原则，（a）接合是较优的选择。首先，（a）接合可以将搁板（或底板）与顶板互换，这里不仅减少了两种规格板件，更重要的是减少了从开料到钻孔的多道工序。其次，（a）接合方式还避免了（b）接合中需在侧板端部钻孔的麻烦，可有效提高工作效率。

总之，32mm系统是板式家具的基础，是板式家具生产实现标准化、通用化、系列化的保证，所以也将板式家具称为32mm系统家具。

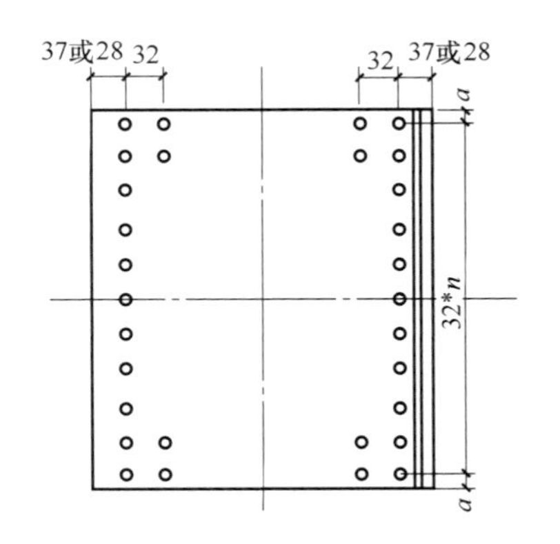

图5-1 孔位的对称设计

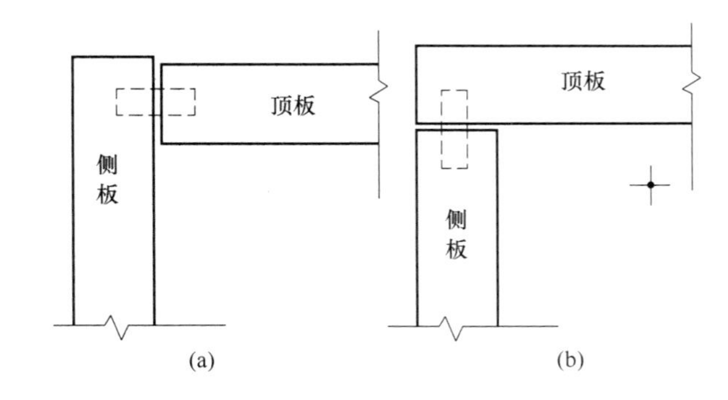

图5-2 侧板与顶板不同的接合方式

5.2.3 板式家具的基本结构

板式家具以柜类、桌类和床类家具为主。家具的用途不同，其结构也有所差异。

（1）系统孔与结构孔

简单来说，32mm系统家具的结构设计实际就是钻孔位置的定位设计，确定钻孔位置后，结构设计也就完成了。板式家具中将侧板与水平结构板之间实现硬连接的孔位称为结构孔（Construct Hole），而将安装所有 32mm 系统五金件（如铰链底座、抽屉滑道的搁板支承等）的孔位称为系统孔（System Hole）。在平面坐标中，系统孔位于板件的两侧，即在纵坐标上，结构孔在水平线上，即在水平坐标上，如图 5-3（a）所示。相邻系统孔中心距要求是 32mm 或是 32mm 的倍数。

通常，系统孔的孔径为 5mm。家具门的安装有内门和外门两种，如图 5-3（b）所示，因此，系统孔的定位尺寸也有两种，一种是距板边 37mm，用于安装嵌入式门，另一种是距板边 28mm，用于安装遮盖式门。

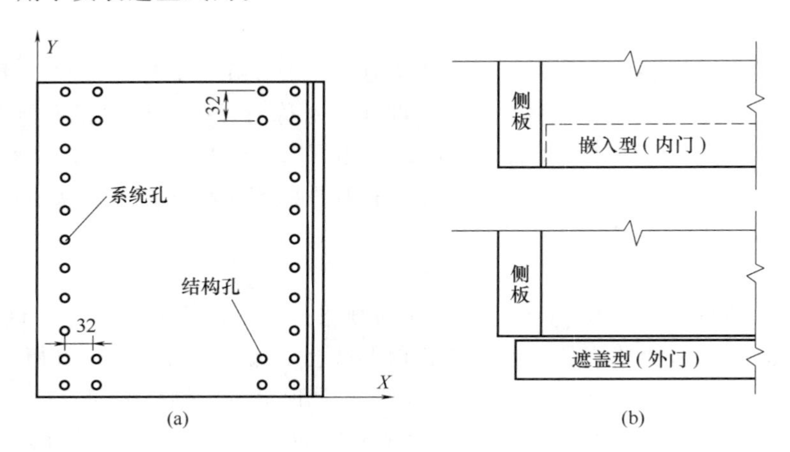

图 5-3　板件的系统孔与结构孔及门的安装位置

（2）柜类家具

柜类家具是板式家具的重要类型，其作用主要是用于储藏物品。柜类家具涉及的范围很广，衣柜、书柜、电视柜、陈列柜、食品柜、梳妆柜、床头柜等都属于此类。柜类家具主要由顶（面）板、底板、侧板、隔板、背板、抽屉、门板等部件通过连接件装配而成。以衣柜为例，其结构形式如图 5-4 所示。

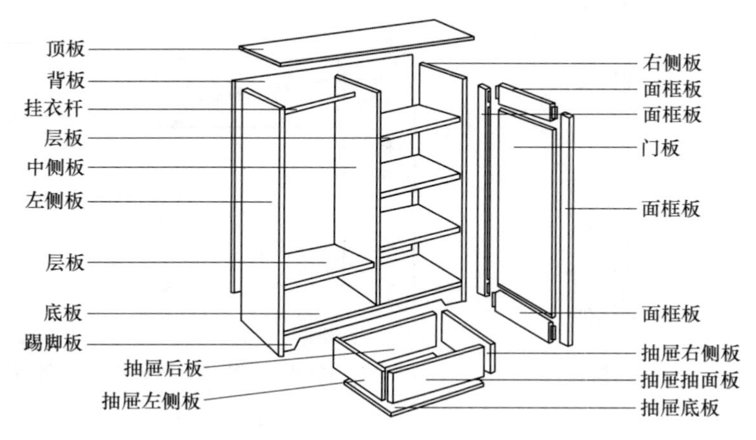

图 5-4　挂衣柜拆装示意图

（3）桌台类家具

板式桌台类家具按用途可分为两种：一种是除提供辅助支撑平面外还有较强的储物功能，如写字台、书桌、办公桌等；另一种是只提供辅助支撑平面的桌台，如餐桌、会谈桌、茶几等。前一种结构与柜类家具结构基本相同，零部件包括侧板、底板、背板、抽屉、门板等；后一种则与柜类家具有所不同，其不具备储物功能，主要由脚架及面板构成。以图5-5中的书桌为例，其结构形式与柜类家具的基本相同。

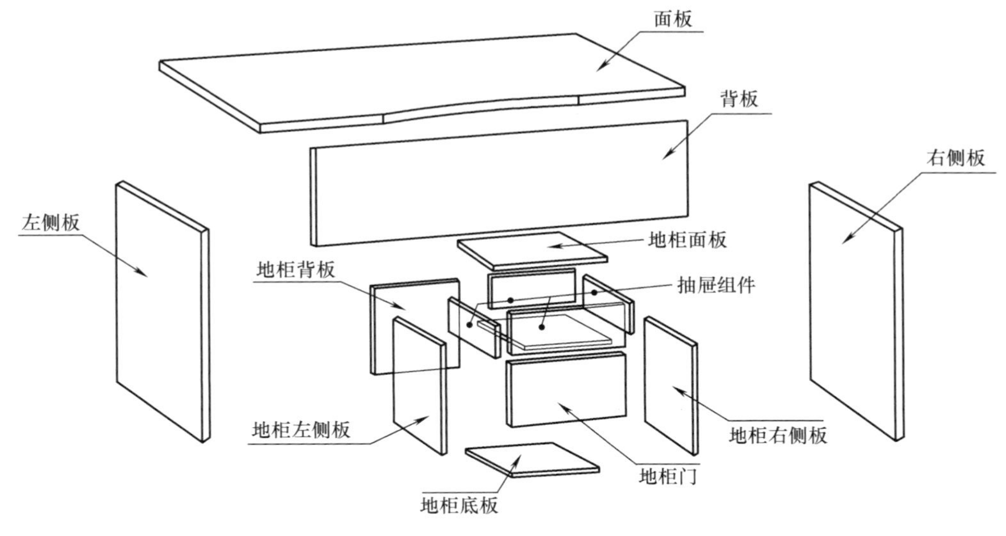

图5-5　书桌拆装示意图

（4）床类家具

床主要由支架和床垫组成。板式结构床的支架是以人造板为基材，使用五金件连接而成。床的支架主要由床屏（床头）、床梃（床侧）、床脚和床横条等构成。各个构件之间多采用床专用的连接件（如床挂、金属角铁）接合。图5-6所示为具有储物功能的板式床类家具的基本结构。

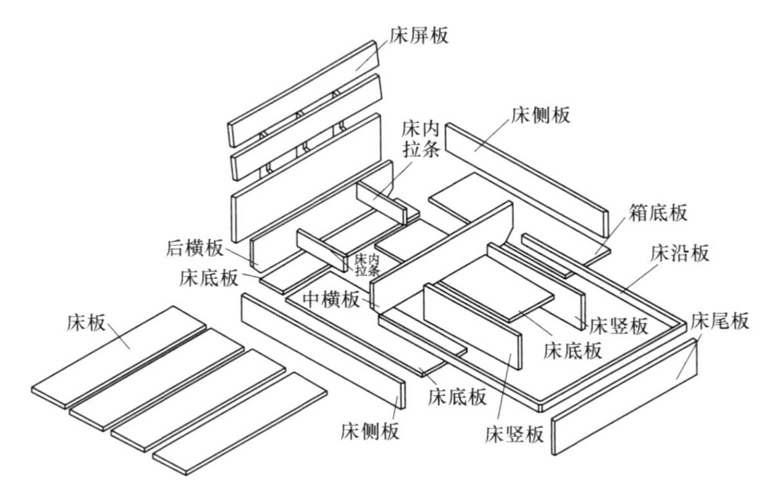

图5-6　床类家具拆装示意图

5.3　常用的标准连接件

在板式家具的拆装结构中，板件之间均是通过连接件完成连接的。常用的有紧固连接件、位置调节连接件、活动连接件和吊挂支托连接件等多种。

5.3.1 紧固连接件

紧固连接件是指板式部件之间、板式部件与功能部件之间、板式部件与建筑构件之间等紧固连接的五金配件，其特征是被连接的构件之间不产生宏观上的位移。紧固连接件的种类较多，有偏心连接件、倒刺式连接件等。

（1）偏心连接件

偏心连接件的接合是将倒刺件（螺母）预埋在零部件内，连接拉杆的一端拧入倒刺件内，安装在另一个零部件上的偏心螺母将连接杆拉紧，使零部件紧密接合在一起。偏心连接件主要用于板式家具中垂直零部件的连接，也有的偏心连接件用于平行板件的接合以及其他角度板件之间的接合。偏心连接件的种类、规格较多，常见的有一字偏心连接件、异角度偏心连接件、直角型偏心连接件等，如表 5-2 所示。

表 5-2　　偏心连接件

连接件名称		连接件图片	连接详图	说明
一字偏心连接件	三合一偏心连接件		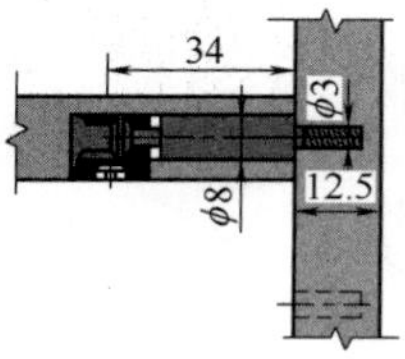	由偏心体、锁紧螺钉及预埋螺母组成。抗拔力主要取决于预埋螺母与板件的接合强度。可进行多次拆装
	二合一偏心连接件		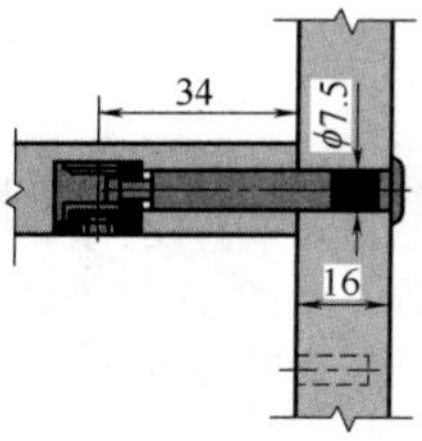	分两种：一种为隐蔽式，由偏心体、锁紧螺钉组成；另一种是显露式，由偏心体、锁紧杆组成。显露式接合强度高，但影响装饰效果；隐蔽式的锁紧螺钉直接与板件接合，强度与板件的物理力学性能相关
	快装式偏心连接件		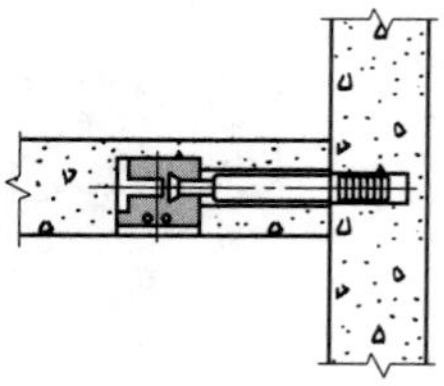	由偏心体、膨胀式锁紧螺钉组成。借助偏心体来拉动锁紧螺钉，从而实现板件的紧密接合。安装锁紧螺钉孔的直径精度、偏心体偏心量的大小直接影响接合强度
异角度偏心连接件	Y 型偏心连接件		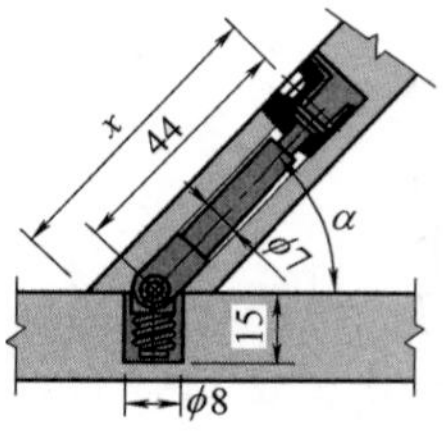	由偏心体、铰链式锁紧螺钉及预埋螺母组成，或是由偏心体与铰链式锁紧螺钉组成。适合两个板件夹角为 30°～160°的结构

续表

连接件名称		连接件图片	连接详图	说明
异角度偏心连接件	V型偏心连接件		α x φ7 24 24	主要由偏心体与铰链式锁紧螺杆组成，多用于两个板件角度为90°～160°的结构

(2) 倒刺式连接件

倒刺式连接件是将外圈有倒刺、内圈有螺母的倒刺件预埋在零部件内，采用机螺钉将另一个零部件连接在一起的接合方法，主要用于垂直零部件的接合，且多用于厚重板件直接的连接。倒刺式连接件的种类较多，现在家具结构中常用的有普通倒刺式螺母连接件、角尺倒刺式连接件、直角倒刺式连接件等，其结构形式与性能如表5-3所示。

表5-3　　倒刺式连接件

连接件名称	连接件图片	连接详图	说明
普通倒刺式连接件			常用于柜类家具角部的连接，强度较高，定位性能好，但螺钉头外露，影响美观
直角倒刺式连接件			多用于柜类家具角部的连接。接合性能较好，但连接件暴露在外，美观性差
角尺倒刺式连接件			用于家具柜类零部件角部的连接。接合强度较好，但连接件暴露在外，影响美观

(3) 其他紧固连接件

在板式家具的连接中，除了上述标准连接件之外，其他的一些功能性紧固件的使用也比较广泛，如表5-4所示。

表 5-4　　　　其他紧固连接件

连接件名称	连接件图片	连接详图	说　明
快速直角连接螺钉		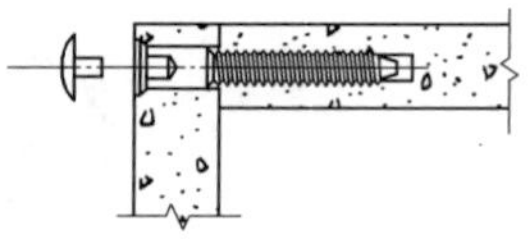	用于不需要拆卸或是现场制作的柜类家具接合。成本低、连接方便、快捷、强度适中。但不能拆卸，钉头暴露
直角角铁连接件		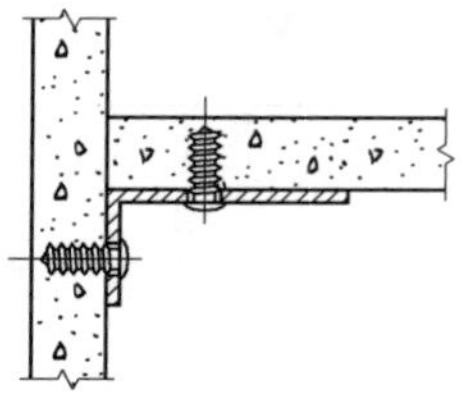	多用于踢脚板、装饰板、覆面板等接合强度要求不高的辅助板件的接合
月牙形螺母-螺杆连接件			常用于将多个小板面拼接成一个大板面的连接

5.3.2　支承件

（1）搁板支承件

搁板支承件的作用是支撑搁板，并使搁板的高度位置可以调节，达到柜体内部空间按用途要求作相应变化的目的。按被支撑的搁板材料可分为木质板件支承件和玻璃板件支承件，其中木质板件支承件又可分为简易型、平面接触型和紧固型。玻璃板件支承件则可分为吸盘型支承件、弹性夹紧型支承件、螺钉夹紧型支承件。表 5-5 中列出了常用的搁板支承件及其性能。

表 5-5　　　　常用搁板支承件及其性能

名　称	连接件图片	连接详图	说　明
圆柱简易型支承件		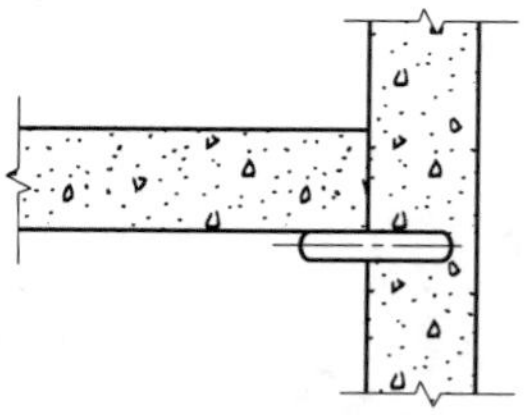	接合简单、成本低廉，但搁板与侧板之间在水平方向上无束缚力，且当搁板承载较大时支承件有可能损坏系统孔和板件表面
		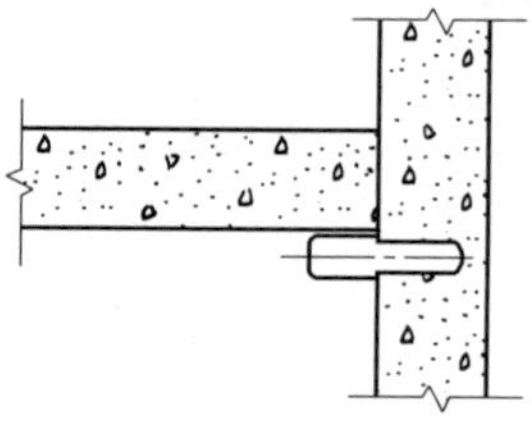	

续表

名　称	连接件图片	连接详图	说　明
圆柱简易型支承件		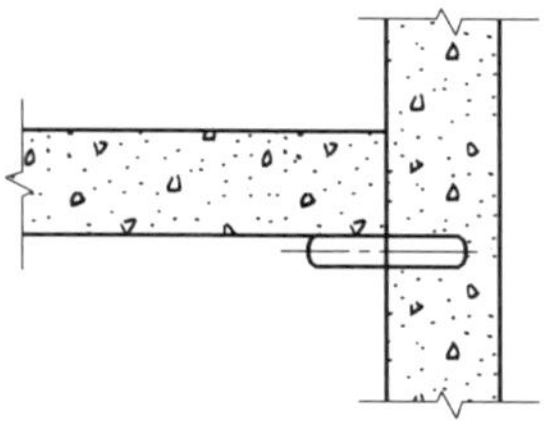	接合简单、成本低廉，但搁板与侧板之间在水平方向上无束缚力，且当搁板承载较大时支承件有可能损坏系统孔和板件表面
平面接触型支承件	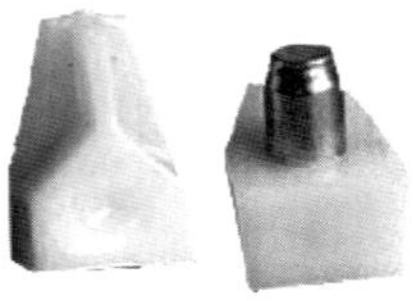	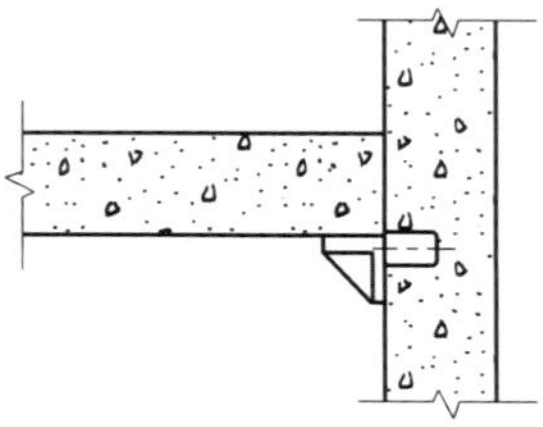	除了具有简易支承件的优点外，由于增加了支承件与搁板的接触面积，弥补了支承件损坏搁板表面的不足
		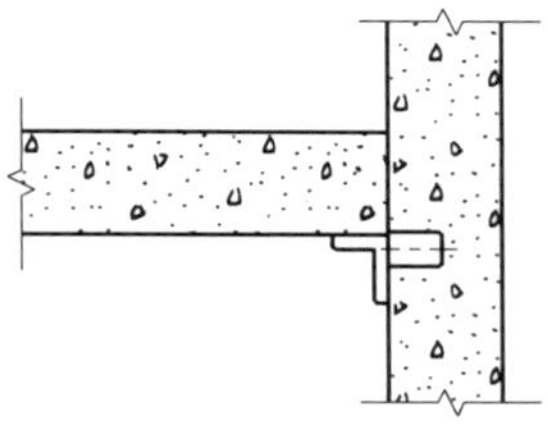	
		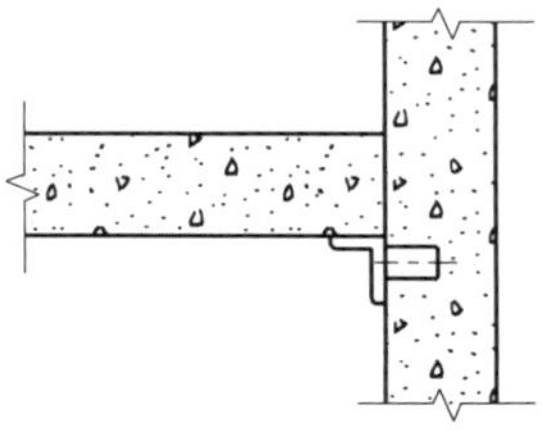	
紧固型支承件		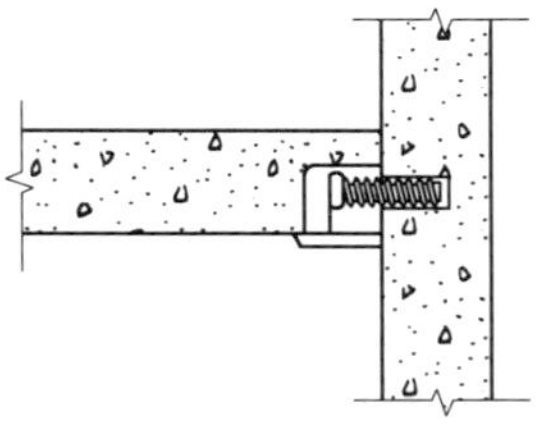	搁板与侧板之间在水平方向上有力的约束，可增强柜体的刚度，减少搁板变形，但是搁板上需要钻孔
		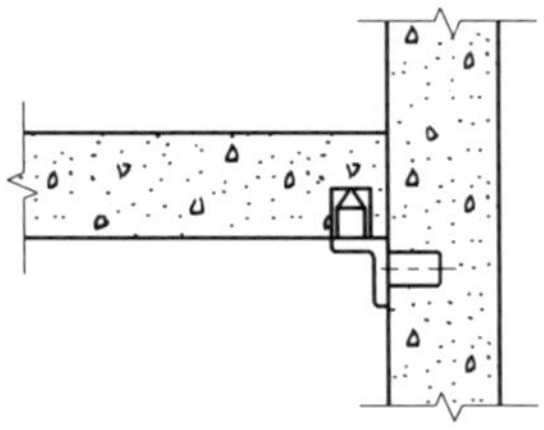	

续表

名　　称	连接件图片	连接详图	说　　明
紧固型支承件		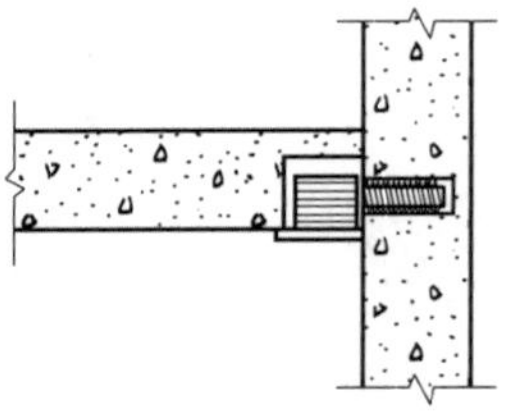	搁板与侧板之间在水平方向上有力的约束，可增强柜体的刚度，减少搁板变形，但是搁板上需要钻孔
		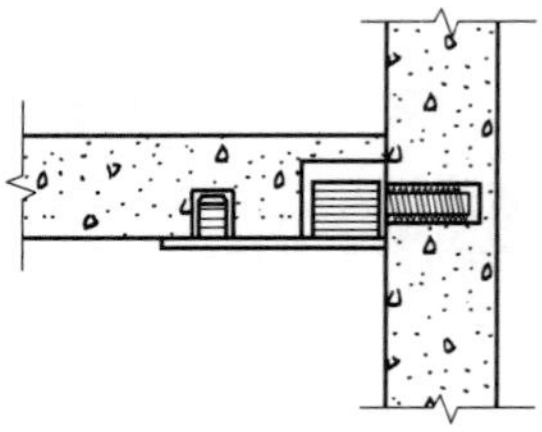	
吸盘型支承件		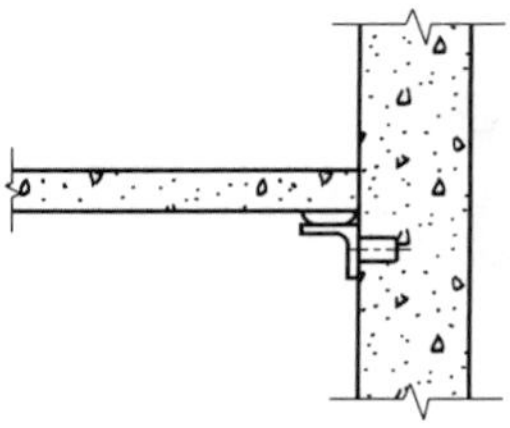	通过真空吸盘的吸着力防止板件的滑动，多用于玻璃搁板
弹性夹紧型支承件		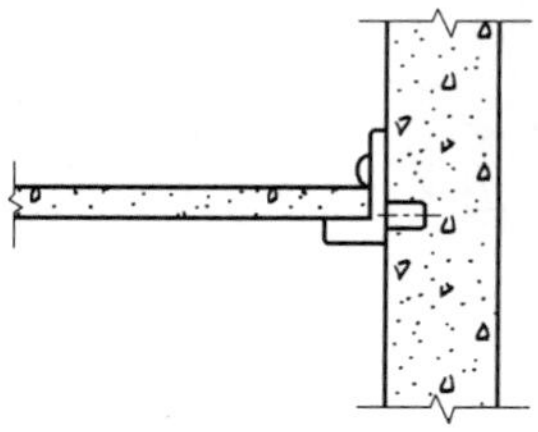	通过弹性夹的夹紧力防止板件的滑动，多用于玻璃搁板
螺钉夹紧型支撑件		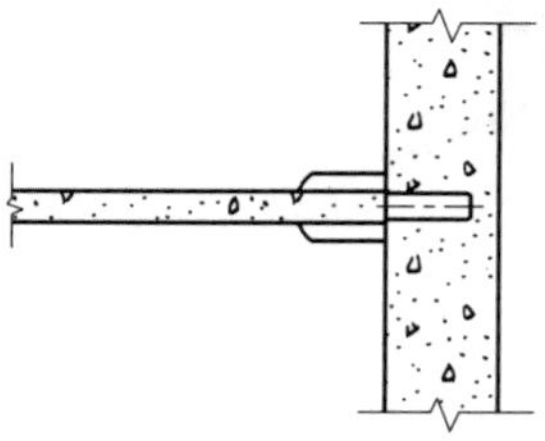	通过U型夹的夹紧力防止搁板滑动，主要用于玻璃搁板

（2）杆托

杆托主要用于衣柜中挂衣杆的安装，多为不锈钢材质，两个安装孔的间距为32mm或32mm的倍数，安装时用螺钉直接拧紧即可。表5-6中列出了两种杆托的样式与特征。

表 5-6 板式家具中常用的杆托配件

序号	连接件图片	装配图	说明
1			支座可安装到侧板上，也可安装在顶板的任一位置，灵活性较大
2			支座只能安装在侧板上

5.3.3 门铰链

（1）普通杯状暗铰链

杯状暗铰链由铰杯、铰连杆、铰臂及底座组成。铰杯、铰连杆及铰臂预装成一体，即杯状暗铰链的成品由铰链本体和底座两部分组成。

杯状暗铰链的种类繁多，按照门的材质可分为：木质门、玻璃门、铝合金门等暗铰链；按照门与侧板的安装角度可分为直角型、锐角型、平行型和钝角型暗铰链；按门的最大开启角度可分为小角度型（95°左右）、中角度型（110°左右）、大角度型（125°左右）和超大角度（160°左右）型暗铰链；按承载的重量可分为轻载荷型、普通载荷型、中等载荷型和大载荷型暗铰链；按装配速度可分为普通型和快装型暗铰链；按工作噪声可分为普通型和静音型暗铰链。其中，木质材料门常用直角型暗铰链，按照门的安装方式有F型（或称全遮盖型）、H型（或称半遮盖型）和I型（或称嵌入型）三种，如表5-7所示。

表 5-7 F型、H型和I型木质门杯状暗铰链

类型	铰链图片	装配图	特征	说明
F型		T_s H_d $C_r=0$ 侧板 系统孔轴线位置 28 O_v $I_n=0$ 柜门 T_d R C	①门板遮盖大部分侧板边缘； ②$O_v>T_s/2$； ③铰臂弯曲度 $C_r=0$（直臂）； ④第一排系统孔距侧板边缘28mm； ⑤$I_n=0$	采用直臂铰链，门板全部或大部分遮盖侧板

续表

类型	铰链图片	装配图	特征	说明
H型		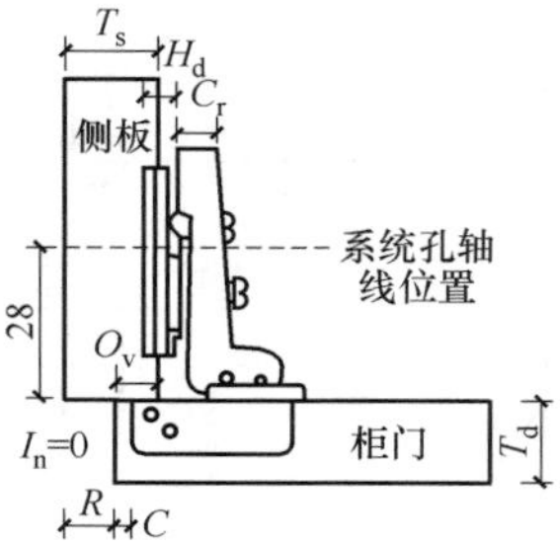	①门板遮盖小部分侧板边缘；②$T_s/2>O_v$；③铰臂弯曲度 C_r 小（直小曲臂）；④第一排系统孔距侧板边缘28mm；⑤$I_n=0$	采用小曲臂铰链，门板遮盖侧板一半或小部分
I型		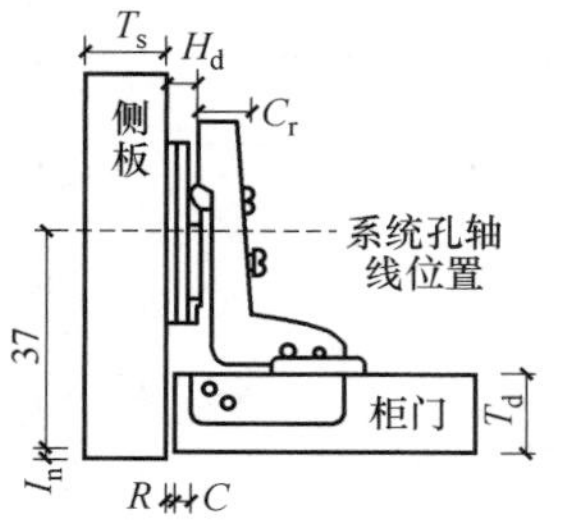	①门板嵌入柜体内（侧板覆盖门板）；②$O_v=0$；③铰臂弯曲度 C_r 大（大曲臂）；④第一排系统孔距侧板边缘37mm	采用大曲臂铰链，门板嵌入柜体内

注：T_s 是侧板的厚度；C_r 是铰臂的弯曲度；O_v 是门板覆盖侧板边缘的量；C 是铰杯安装孔边缘离门板边缘的最近距离；R 是门开启和闭合过程中要留出的最小间隙；I_n 是门板嵌入柜体的量；H_d 是底座的高度。

（2）特殊用途铰链

在板式家具中，除了常规的安装之外，还存在诸如非90°、其他材质（如玻璃、铝合金等）门安装的问题。因此，存在一些特殊用途的铰链，如表5-8所示。

表5-8 特殊用途铰链

名称	铰链图片	装配图	说明
钝角型杯状暗铰链	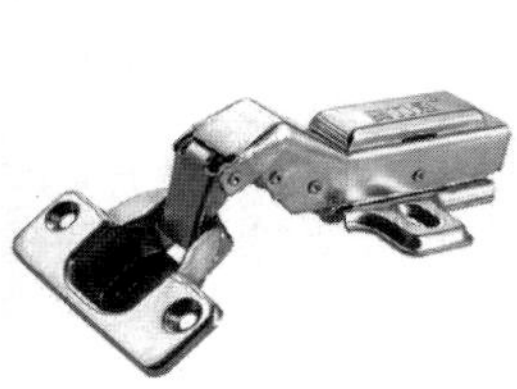	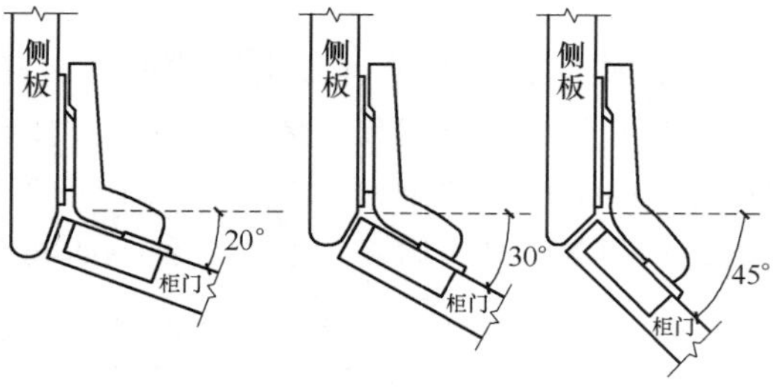	用于门板与侧板的夹角超过90°的场合，典型的规格有20°，30°，45°等
锐角型杯状暗铰链		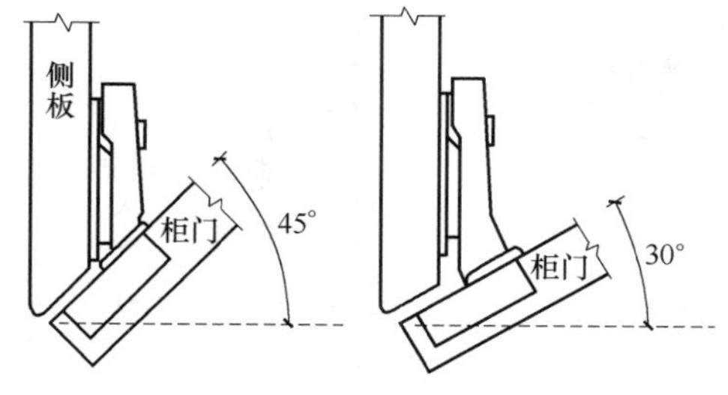	用于门板与侧板的夹角小于90°的场合，典型的规格有−30°和−45°等

续表

名称	铰链图片	装配图	说明
平行型杯状暗铰链		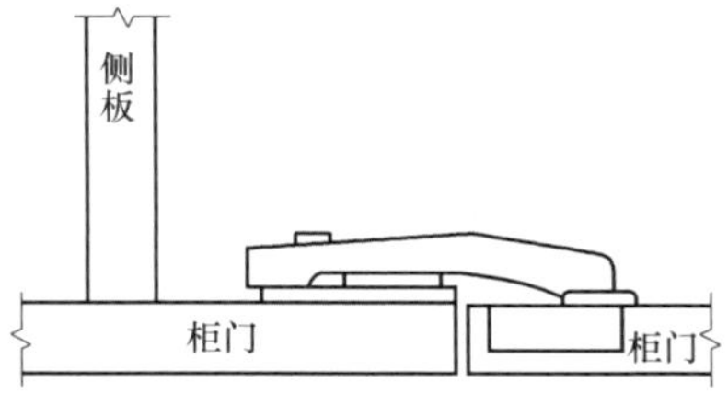 侧板 柜门 柜门	用于侧板前有与门板平行的挡板装配
铝框门杯状暗铰链	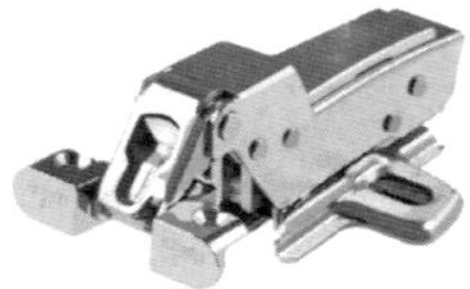	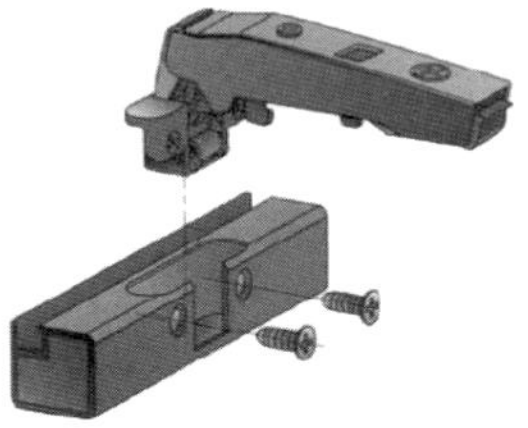	主要用于铝合金框架的装配
双杯暗铰链		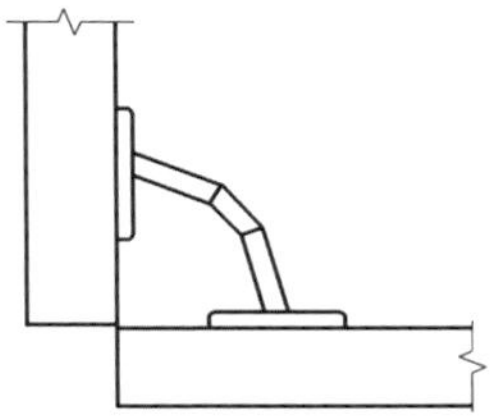	载力和开启的角度较大，但没有对门的关闭自锁力。可用于翻转门与折叠构件的连接
普通门头铰链	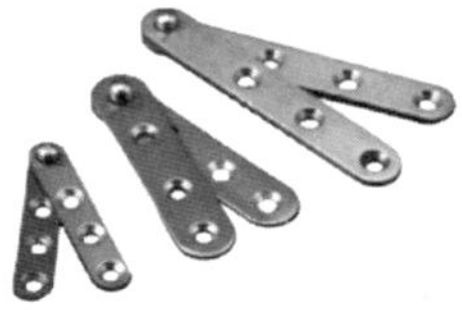	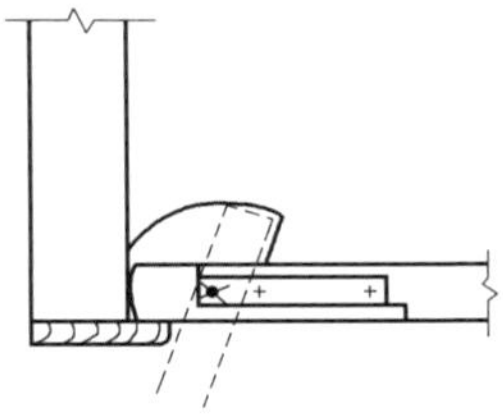	加工方便、装配简单，多用于实木门框
玻璃门配件		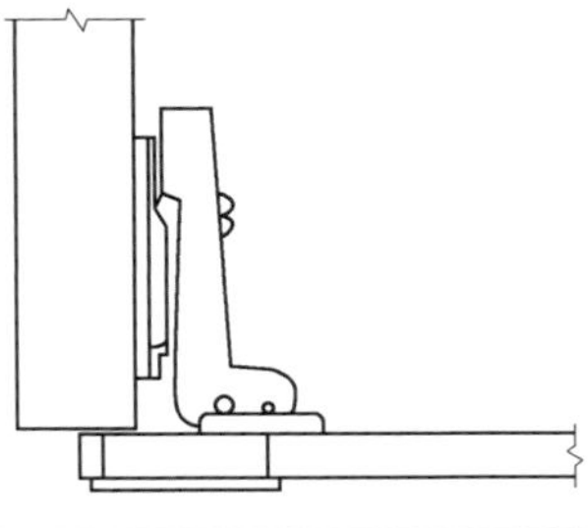	装配时玻璃门上应钻孔
		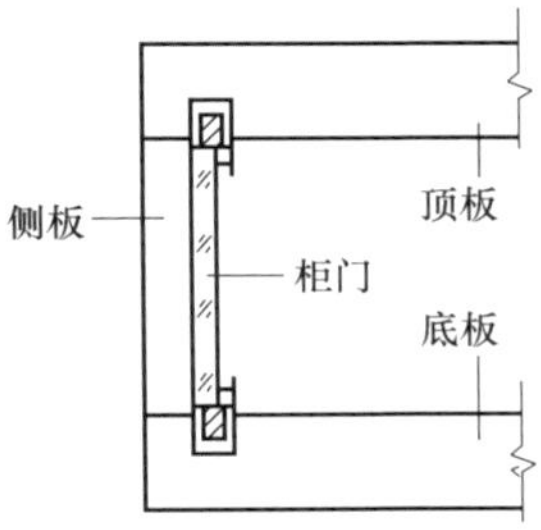 侧板 顶板 柜门 底板	结构简单，价格低廉，但稳定性较差

续表

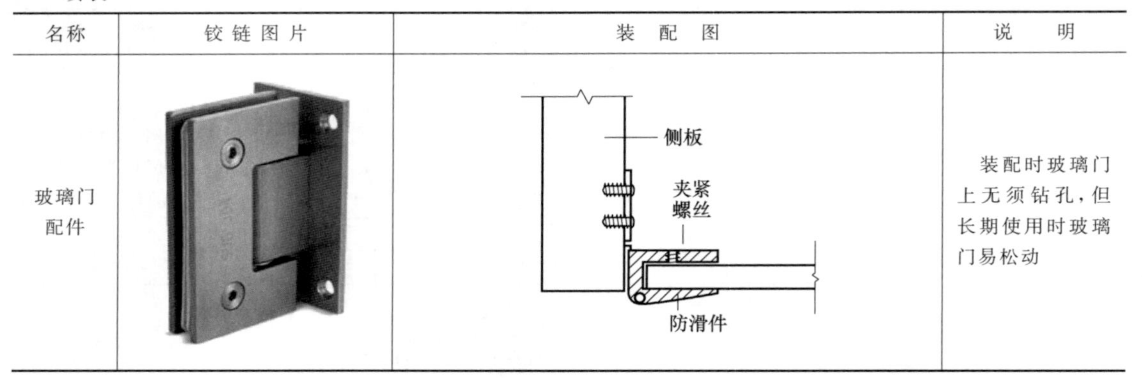

名称	铰链图片	装配图	说明
玻璃门配件		侧板 夹紧螺丝 防滑件	装配时玻璃门上无须钻孔，但长期使用时玻璃门易松动

5.3.4 抽屉导轨

在现代家具中，抽屉导轨也称滑轨，是重要的五金配件。根据滑动方式的不同，导轨分为滑轮式导轨、滚轮式导轨和滚珠式导轨；根据安装方式的不同，可以分为托底式导轨和中抽式导轨；根据导轨本身的结构，可以分为单节导轨、双节导轨和三节导轨等。常用的导轨如表 5-9 所示。

表 5-9　常用的抽屉导轨

名称	导轨图片	装配关系	说明
中抽式导轨			安装方便，但抽拉过程中抽屉易左右晃动，尤其是载重量较大时
托底式导轨			安装方便，多用于承载量较大的抽屉
滑轮式导轨		12.5±1 16 11	价格低廉，安装方便，使用便捷

5.3.5 翻门连接件

翻门是板式家具中又一种门的安装形式，通过特殊的翻门连接件来实现翻转与开关。为了满足不同的安装形式，出现了多种功能性的翻门连接件，具体如表5-10所示。

表5-10 翻门连接件

名称	连接件图片	装配图	说明
气动吊杆		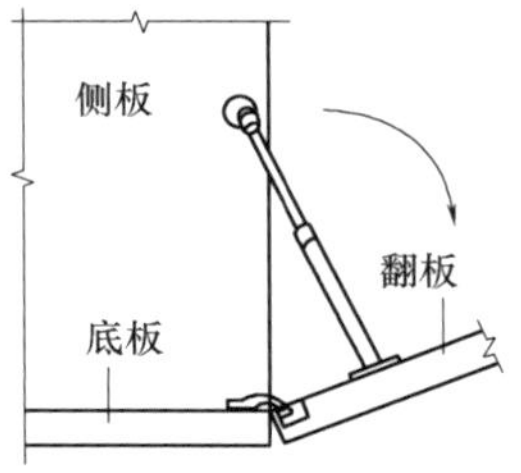 侧板 翻板 底板	可开启80°,90°,100°
油压吊杆	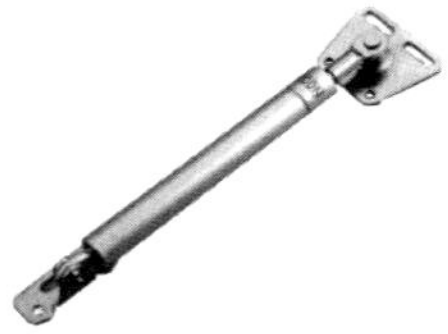	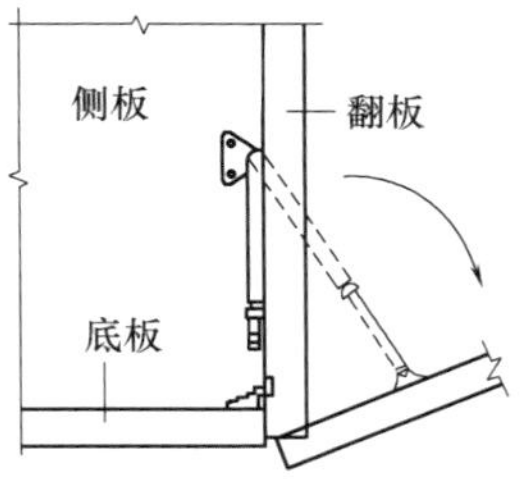 侧板 翻板 底板	安装方便,价格较低,适用于衣柜、吊柜、鞋柜、储藏柜、橱柜等
机械吊杆		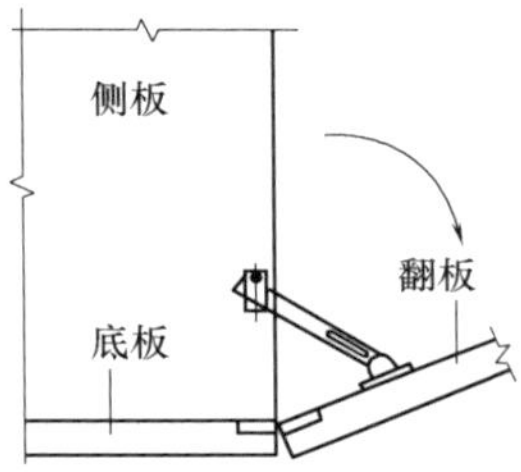 侧板 翻板 底板	价格较低,翻门打开时承载力较小
阻尼支撑		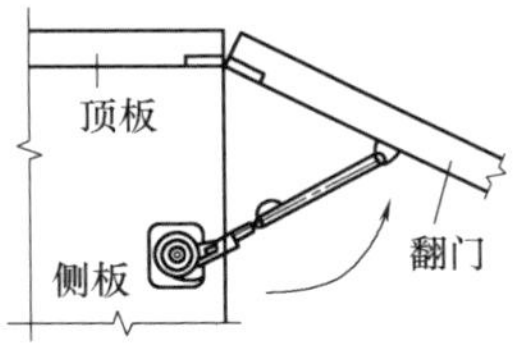 顶板 翻门 侧板	翻门可开启75°,90°等,可防止急速关闭
任意停翻门支撑	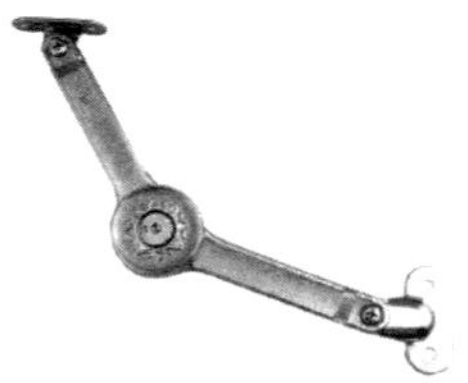	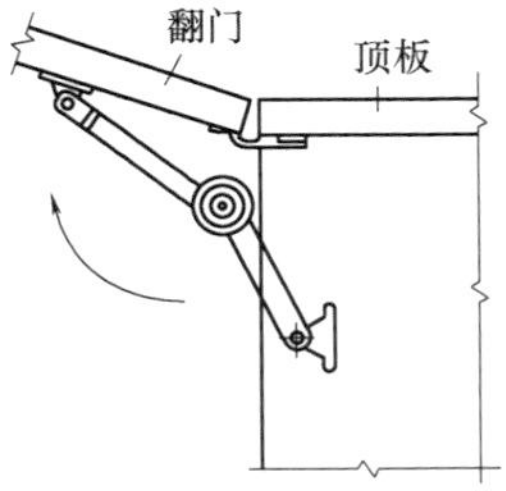 翻门 顶板	具有支撑和制动双重功能;翻门可滞留在不同角度
弹簧支撑		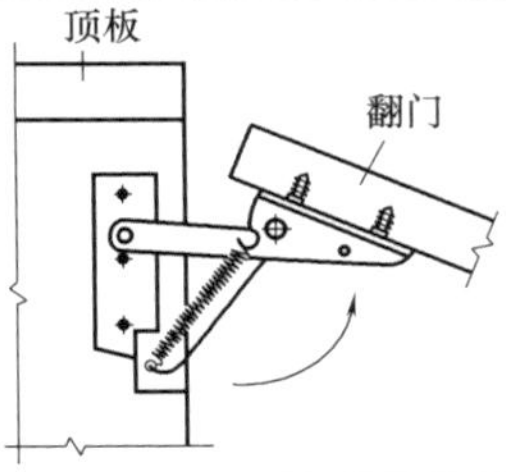 顶板 翻门	带弹簧,启闭力较大

续表

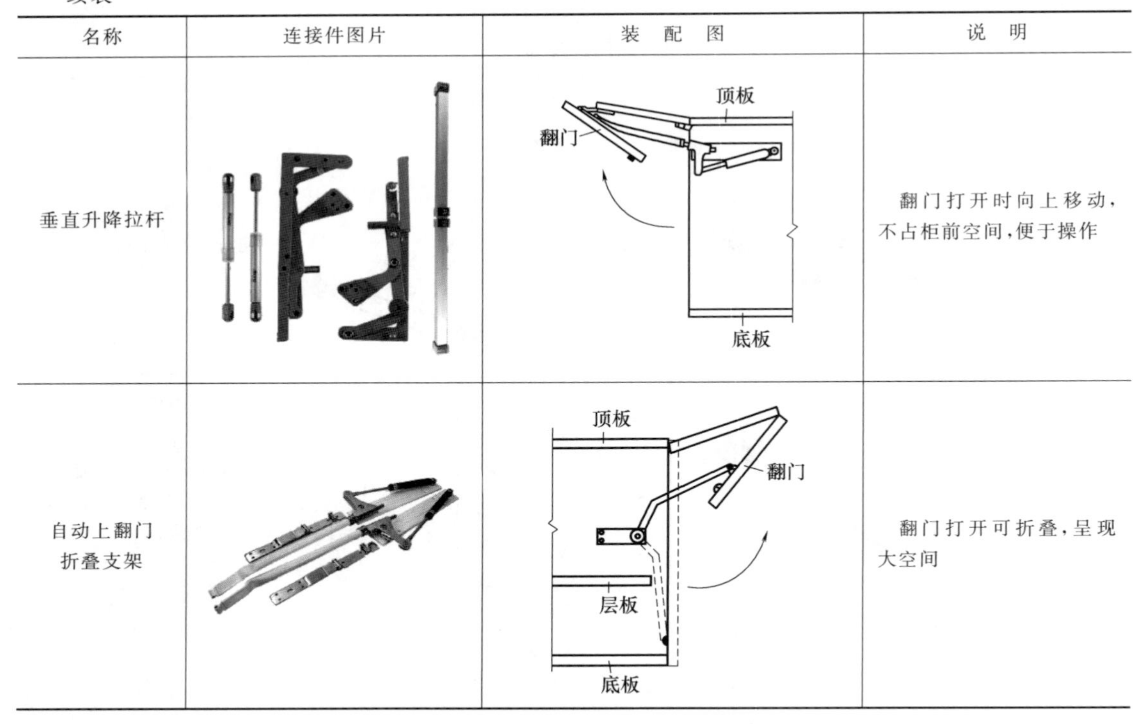

名称	连接件图片	装　配　图	说　明
垂直升降拉杆		顶板 翻门 底板	翻门打开时向上移动，不占柜前空间，便于操作
自动上翻门折叠支架		顶板 翻门 层板 底板	翻门打开可折叠，呈现大空间

5.3.6　其他连接件

5.3.6.1　拉挂式连接件

拉挂式连接件是利用固定于某一部件上的片式连接件上的夹持口，将另一部件上的片式或杆式零件夹住，越受力夹持越紧，从而实现零部件连接的目的。拉挂式连接件结构简单，使用方便，但只限于两个垂直零部件的安装，如床梃（床侧档）与床屏之间的连接、吊柜与墙体之间的连接。常见的拉挂式连接件如表 5-11 所示。

表 5-11　　拉挂式连接件

名称	连接件图片	装配图	说　明
1			多用于床梃，安装方便，有多种类型，受力不同
2			安装时需要在板件上开槽，用于受力较小的场合

续表

名称	连接件图片	装配图	说明
3			安装方便，间隙较小，可用于吊柜的安装

5.3.6.2 碰触感应配件

随着定制家居概念的深入和消费需求的不断升级，人们对家居品质的追求不断提升。在家具与室内环境设计中，无拉手的家具因其能够满足人们对室内空间界面简洁明快的要求而越来越流行。因此，用触碰感应结构来实现家具的开合功能便应运而生。如 Blum（百隆）通过对五金件的创新，设计了用于“抽屉”“上翻门”和“普通柜门”三种不同形式的触碰感应开合技术，为无拉手家具带来不一样的舒适体验。

（1）阻尼机构

百隆的 BLUMOTION 阻尼机构运用全新的阻尼技术，可以将其与上翻门五金件、铰链及抽屉导轨接合，如图 5-7 所示。在柜门关闭的过程中，可以自动对门的大小、门重和关闭速度等各类决定性因素做出相应的反应，从而调控门的运动。因此，可以实现家具的轻柔关闭，而不受其本身重量的影响。

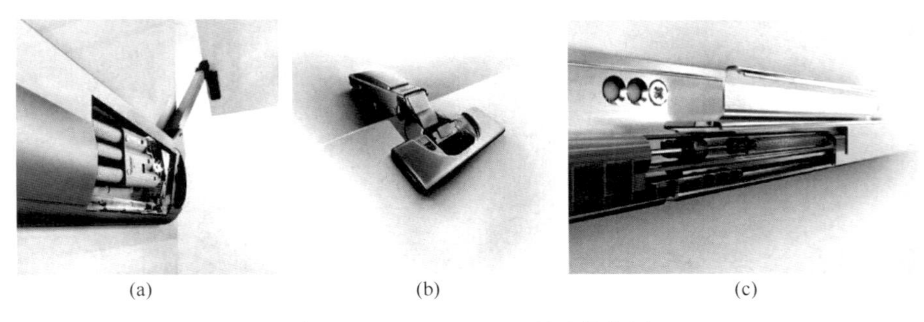

(a) (b) (c)

图 5-7 BLUMOTION 阻尼的应用
（a）上翻门 （b）铰链 （c）抽屉导轨

（2）电动触碰装置

① SERVO-DRIVE 电动触碰装置：这是百隆的一款电动触碰感应开启装置，如图 5-8 所示。轻触即可打开上翻门、抽屉和冰柜等，实现了无拉手设计，减轻了劳动强度。同时，

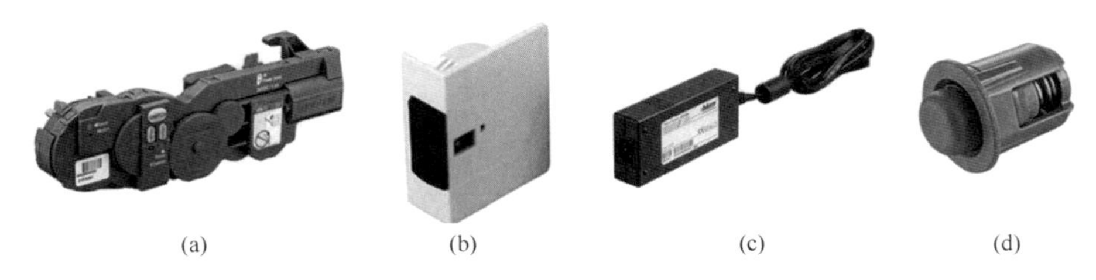

(a) (b) (c) (d)

图 5-8 百隆 SERVO-DRIVE 电动触碰装置组件
（a）传动装置 （b）开关 （c）电源适配器 （d）缓冲塞

通过搭配一个标准的开关即可实现柜门的关闭，并可借助 BLUMOTION 阻尼机构达到轻柔的关闭效果。此外，还能辨识短暂按压和长时间倚靠之间的差异。

如图 5-9 所示为百隆 SERVO-DRIVE 电动触碰装置在家具中的应用实例。

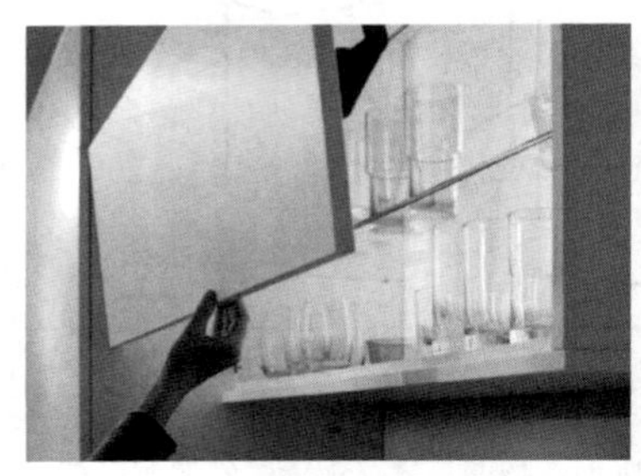

图 5-9　百隆 SERVO-DRIVE 电动触碰装置的应用

② TIP-ON 触碰装置：TIP-ON 触碰装置是一种机械开启装置，使用时只需要轻触即可开启无拉手家具，关闭柜门时也只需轻按面板，如图 5-10 所示。常用于柜门系列、上翻门系列和抽屉系列。为了达到流畅的使用效果，TIP-ON 触碰装置应与不带弹簧的快装铰链联合使用。

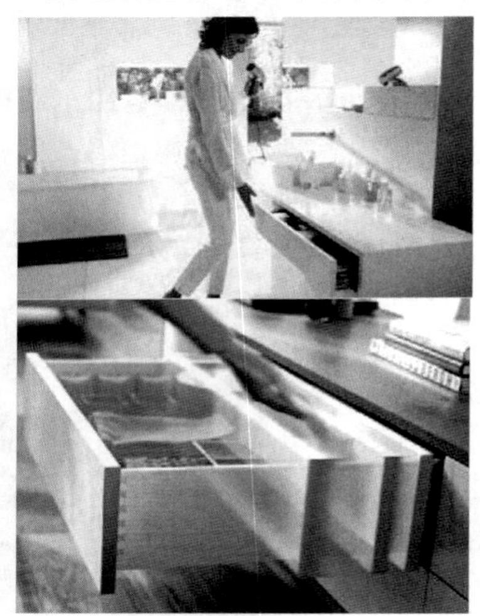

图 5-10　百隆 TIP-ON 触碰开关的应用

③ TIP-ON BLUMOTION 阻尼触碰装置：这是一种纯机械支持的开合过程，结合了 TIP-ON 触碰装置和 BLUMOTION 阻尼装置的优点，只需轻触即可开启面板。而用力关闭面板时，TIP-ON 触碰装置的功能被激活，使 BLUMOTION 阻尼发挥作用，实现抽屉滑动轻盈流畅，关闭轻柔无声，其组件与安装示意图如图 5-11 所示。

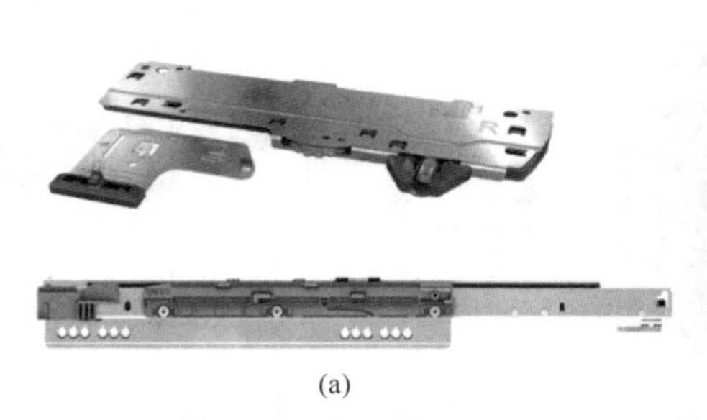

(a)

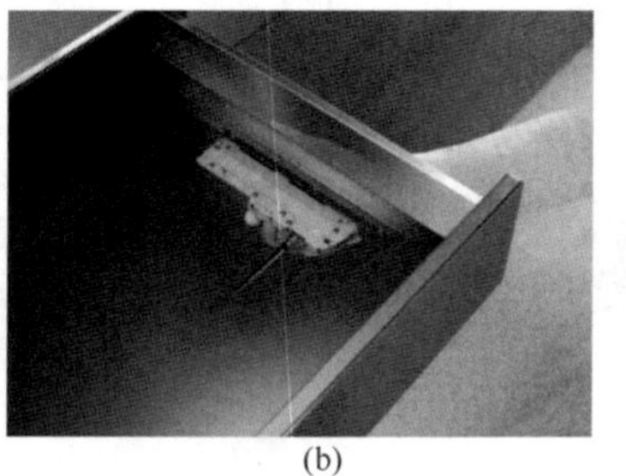

(b)

图 5-11　TIP-ON BLUMOTION 阻尼触碰装置及安装形式
(a) 组装套件　(b) 柜体导轨

5.4 主体框架结构及连接方式

5.4.1 侧板与顶板的连接

板式家具柜类的侧板、顶板及底板是构成柜类箱体的主要板件。面板高于视平线（国内定为1600mm）的称为顶板，低于视平线的称为面板。为了满足门板安装及箱框结构的要求，厚度一般≥15mm，它们之间的接合为固定接合，包括榫接合、钉接合、连接件接合等多种形式，其侧板和底板结构跟侧板与顶板的结构及所用连接件基本相同。侧板与顶板的基本结构如表5-12所示。

表5-12　侧板与顶板的基本连接方式

接合方法	结构形式	说明
以圆棒榫定位，用木方条与木螺钉及螺栓接合	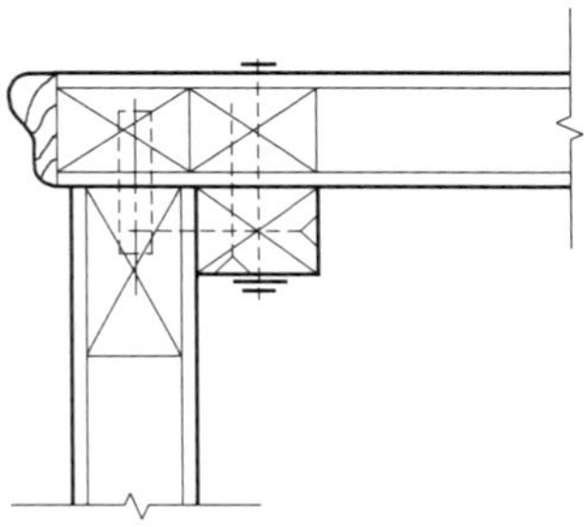	简单经济，性能稳定，强度可靠，可反复拆装。但螺栓帽头在顶板上面外露，对外观有所影响
以圆棒榫定位，用木方条和螺钉接合	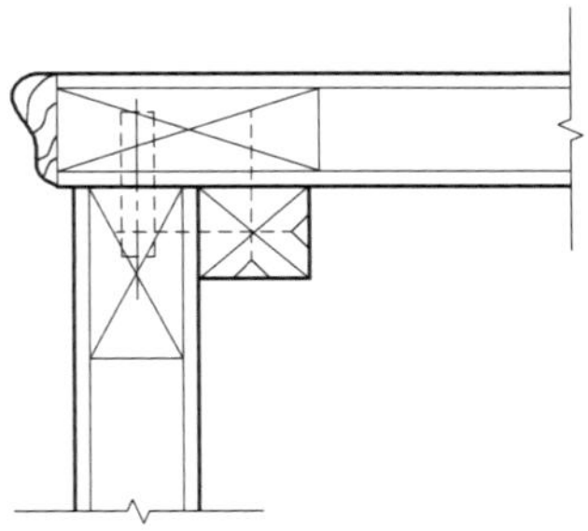	经济美观，稳定可靠，应用历史悠久。拆装次数不宜过多，不适合玻璃门和无门的柜子
以圆棒榫定位，用角尺连接件与螺钉接合	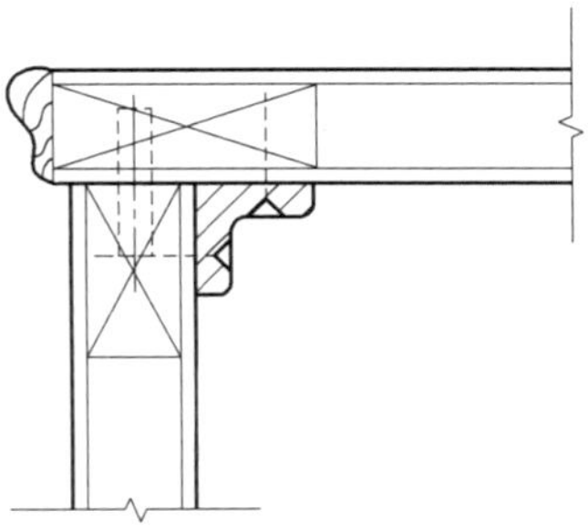	经济美观，稳定可靠。装拆的次数不能过多，由于用于接合的木方条端面会影响美观，因此不适合玻璃门或无门的柜体

续表

接合方法	结构形式	说明
以圆棒榫定位,用螺钉螺母与螺栓接合	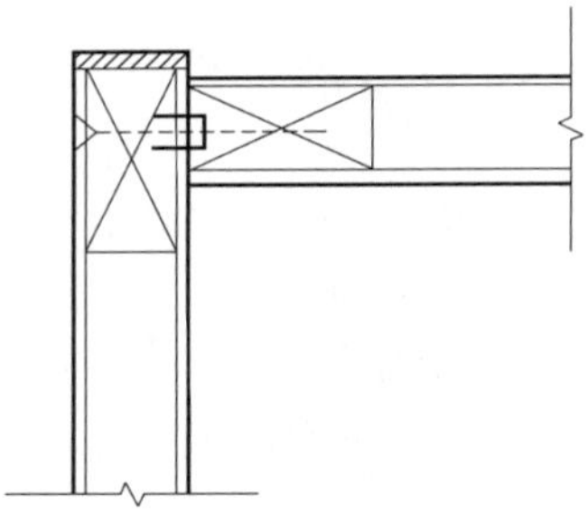	结构简单牢固,反复装拆方便,成本低。但因螺栓的帽头外露,对旁(顶)板外观有所影响
以圆棒榫定位,用凸轮连接件接合	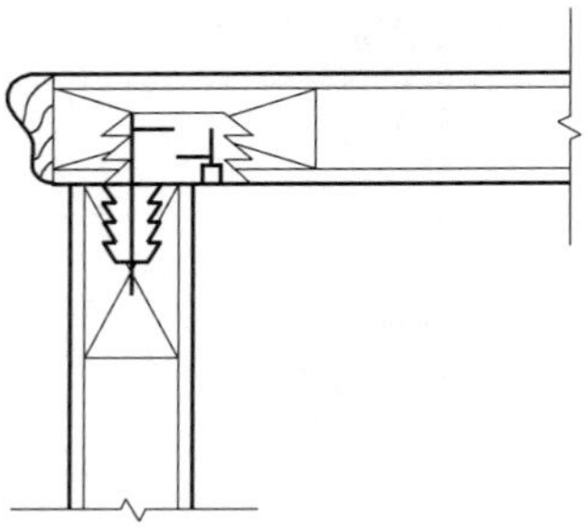	连接件多为尼龙件,简单经济,并能反复拆装,不影响外观,应用较普遍
以圆棒榫定位,用偏心连接件接合	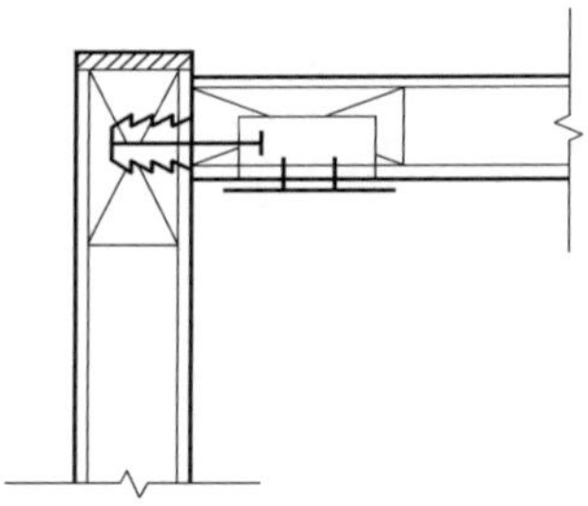	使用方便,可反复拆装,不影响外观,应用较普遍
以圆棒榫定位,采用倒刺螺母与螺栓接合	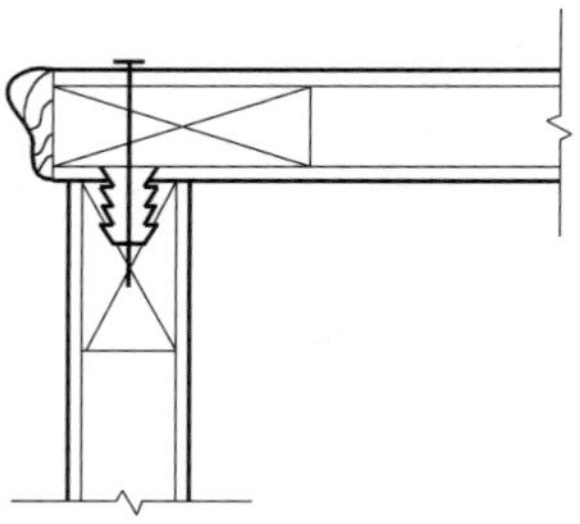	连接件结构简单,成本低,能反复拆装。但螺栓帽头外露,影响顶板外观,主要用于不可见的顶板接合
以圆棒榫定位,用带螺母的矩形板、螺钉和螺栓接合	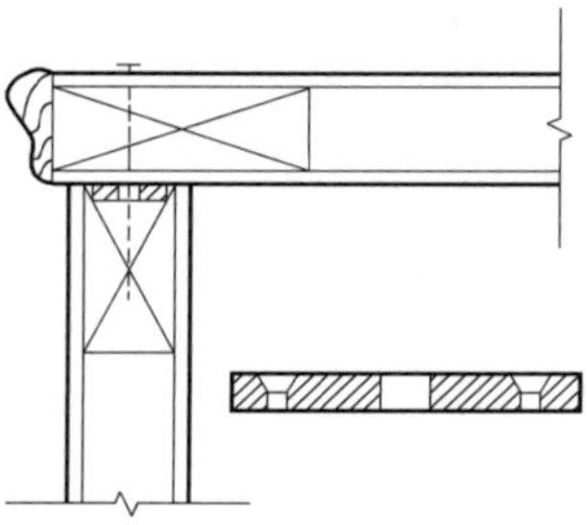	连接件经济、可靠,能反复拆装,但螺栓帽外露,影响外观

续表

接合方法	结构形式	说明
以圆棒榫定位，用圆柱螺母与螺栓接合	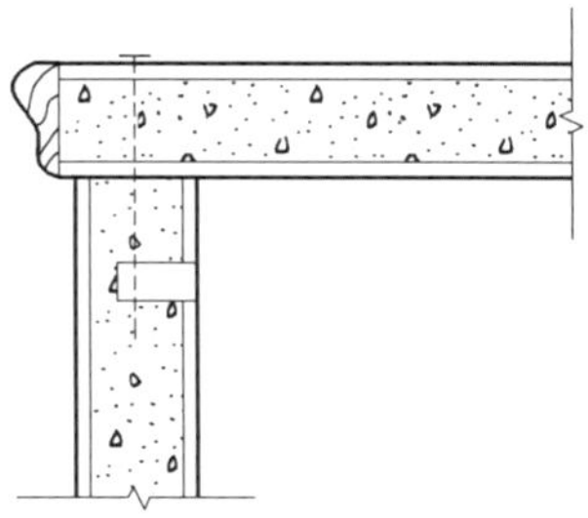	直角接合，简单、经济、可靠，拆装方便，适用范围广泛。适合刨花板、纤维板家具的装配

5.4.2 侧板与搁板（隔板）的连接

搁板（隔板）是水平设置于柜体内的板件，作为柜子的水平分隔，用于放置物品。板式家具的搁板多数可以调节，以适应放置不同体量的物品。板式家具侧板与搁板（隔板）的基本连接方式如表5-13所示。

表5-13　侧板与搁板（隔板）的基本连接方式

安装方法	结构图	说明
活动搁板的接合方法，即在侧板内表面上先加工两排系统孔，分别将搁板扦插入对应的孔中，再将搁板摆在搁板扦上即可	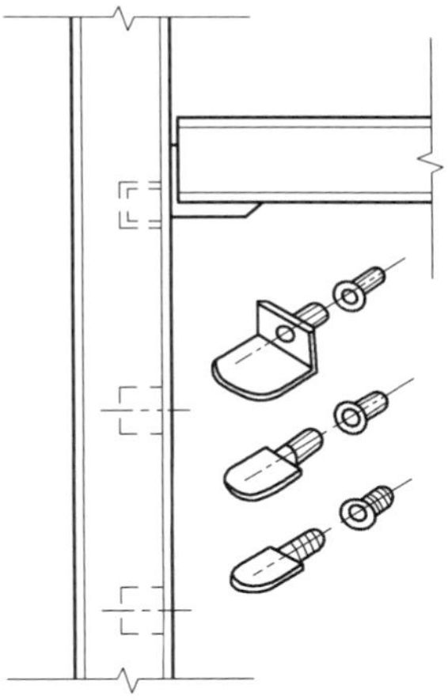	搁板的高低位置可根据使用要求随时进行调整，调整时只要将搁板扦拔出插入所需高度的孔中，摆好搁板即可
采用金属搁板卡接合，即先把金属搁板卡固定在搁板的两端，然后再插入侧板预先开好的槽中即可	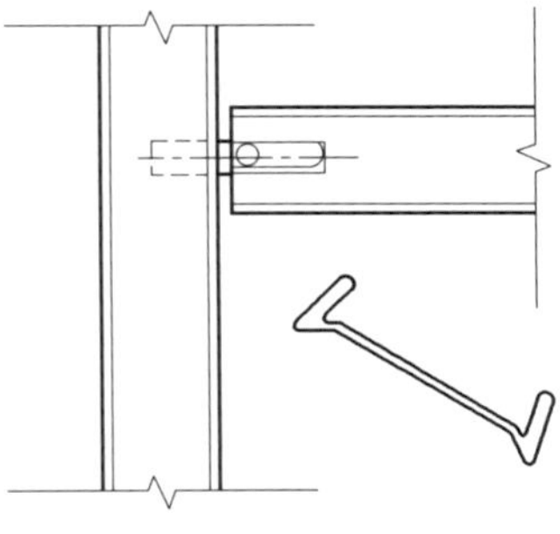	由于需在侧板上开槽而影响其强度与美观，不适宜于覆面空心板家具中的隔板安装

续表

安装方法	结构图	说明
用木螺钉将方形木条固定在侧板上，然后将搁板放在方形木条上面即可	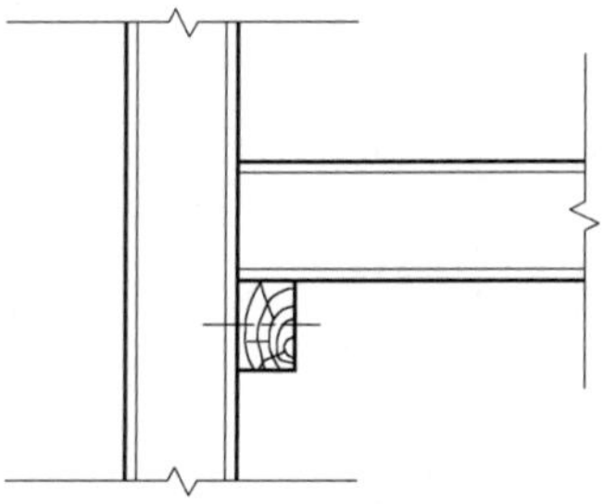	因方形木条的端面外露不美观，故不宜用于玻璃门柜的搁板安装
用带有槽的搁扦先插入侧板内侧表面上预先加工好的两排系统孔中，再将玻璃搁板插入搁扦的槽中即可	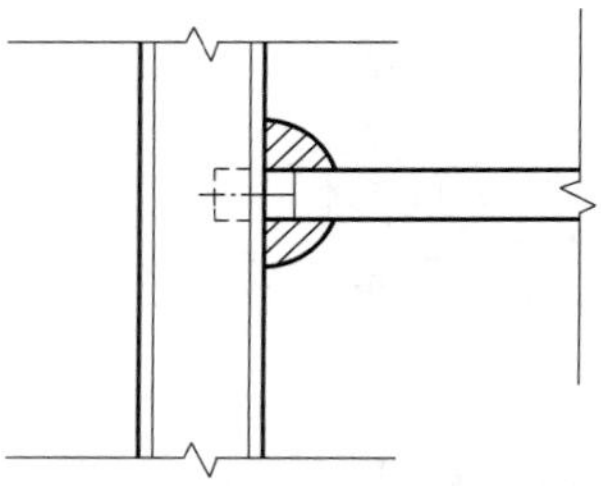	此方法为玻璃搁板的安装结构，具有活动搁板的特点，其高度可进行调整
先将两个圆棒榫插入搁板两端的两个圆孔中，然后再将搁板两端的圆棒榫插入侧板的圆孔中即安装完成	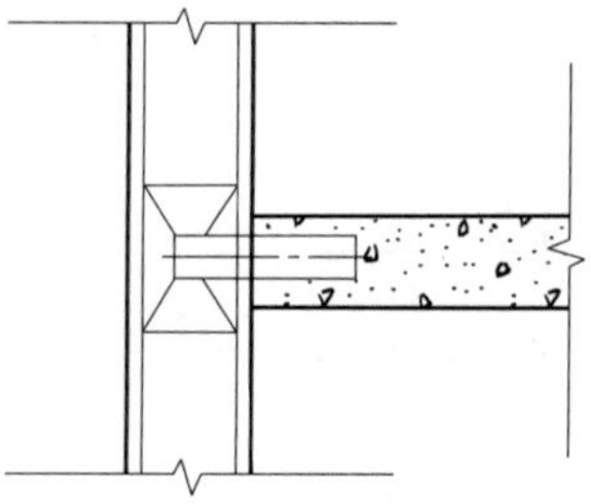	因用圆棒榫接合，工艺简单，故应用最为广泛，但高度不可调节

5.4.3 侧板与底板的连接

侧板与底板的接合和侧板与顶（面）板接合结构基本相同。除了侧板直接落地作为柜脚外，还有诸如包脚型、塞脚型、亮脚型底板之分，所用连接件基本相同，如表 5-14 所示。

表 5-14　侧板与底板的基本连接方式

结构类型	结构形式	说明
包脚型接合方式	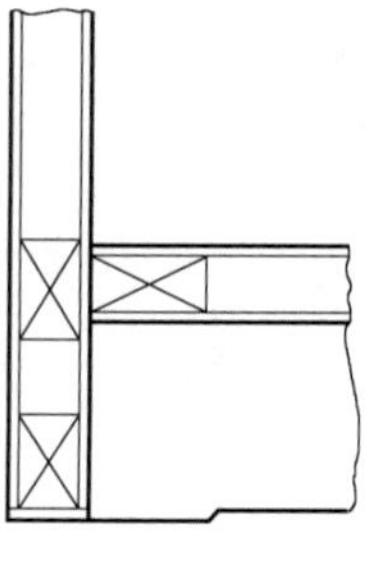	侧板落地，在侧板与底板前缘加上一块望板构成包脚。底板与侧板的接合以圆棒榫定位。可以使用偏心件锁紧，也可以不锁紧，视具体情况来定

续表

结构类型	结构形式	说明
包脚型接合方式	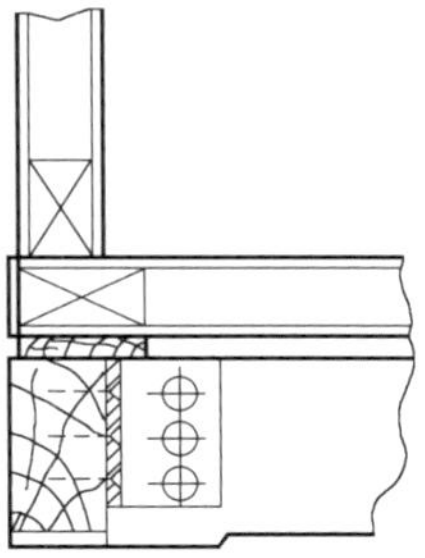	先将侧板与底板接合，再在箱框型包脚表面胶钉薄板框架，并使薄板伸进箱框型包脚盘中约10mm，用木螺钉形成牢固接合
	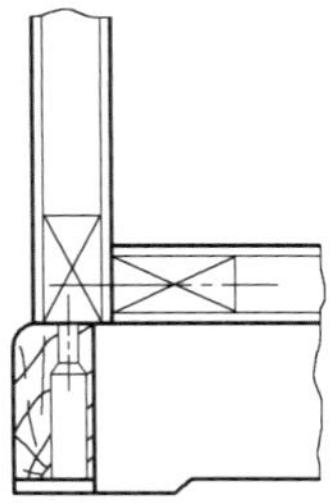	先将侧板与底板接合，再在包脚的周边板上钻出若干个圆孔，装配时用木螺钉从圆孔中穿出，分别拧入侧板与底板下面，使之牢固接合即可
塞脚型接合方式	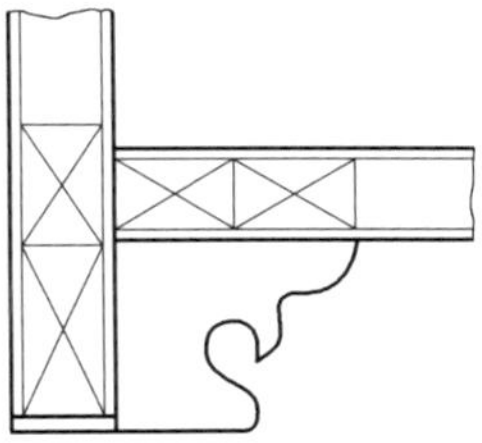	先将侧板与底板接合，再将加工成型的短木板件以圆棒榫定位，用木螺钉接合，安装在侧板内侧与底板下面的前缘，构成塞脚
	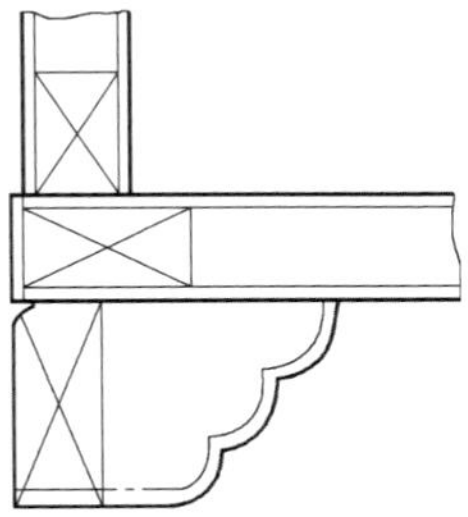	先将侧板与底板接合，再用圆棒榫定位，用木螺钉接合，将塞脚安装在底板与侧板的四角
	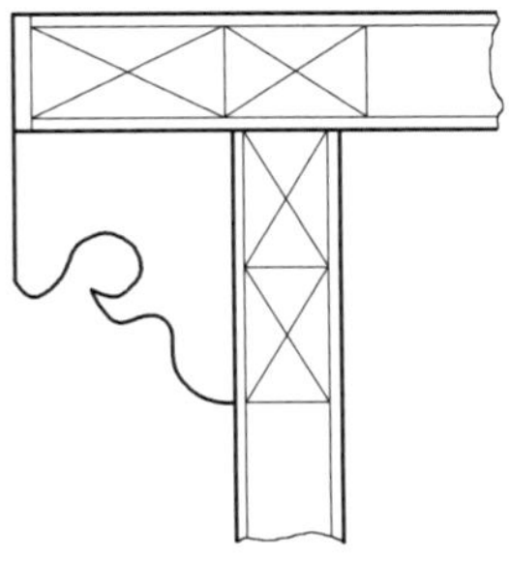	

续表

结构类型		结构形式	说明
亮脚型接合方式	四脚内收	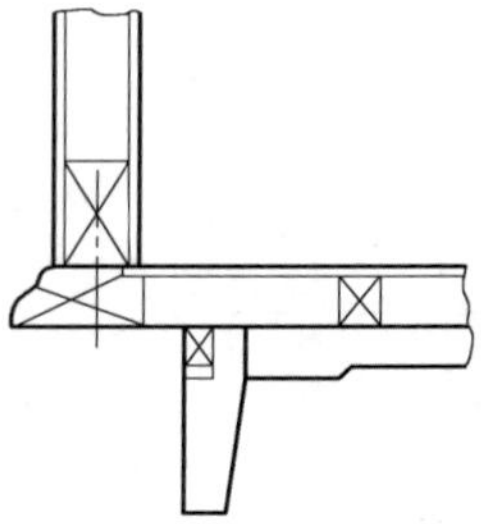	装配时，先将侧板与底板接合，再以圆棒榫定位，用木螺钉接合。若脚架的望板较宽，如超过 50mm 时，由望板内侧打螺钉斜孔，用木螺钉从孔中穿出拧入底板固定；若较窄，则由望板下面向上打螺钉直孔，用木螺钉拧入底板固定
	四脚外伸	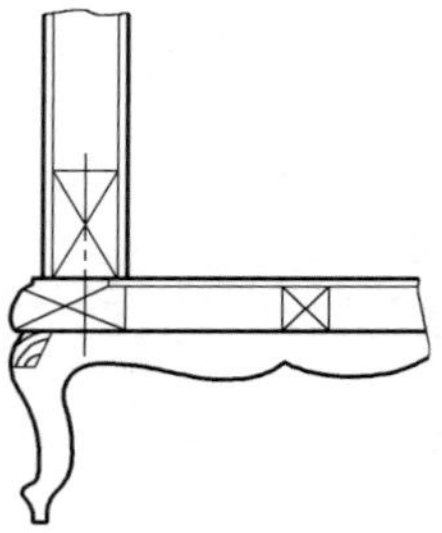	
	脚架上方有线条	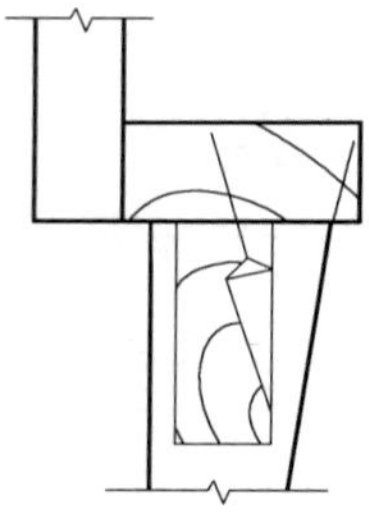	先用木螺钉将线条固定于望板上，并在线条上钻孔，然后用木螺钉穿出，将脚架固定在底板上
		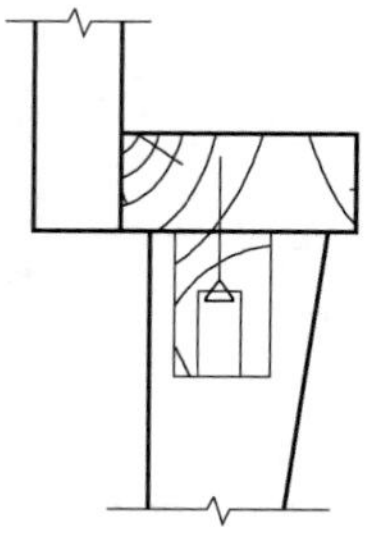	
		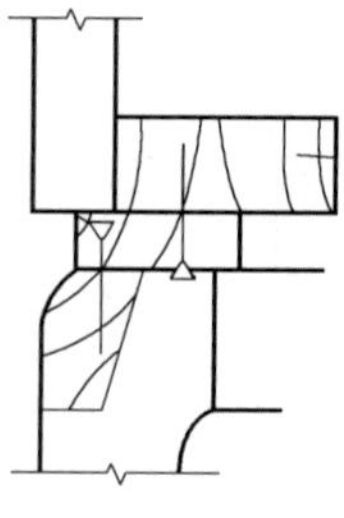	

5.4.4 背板的装配

背板能将侧板、顶板、底板、隔板、搁板连接成一个牢固的整体结构，而且可防止柜体变形。板式家具后背板的装配多采用裁口嵌板结构、槽榫嵌板结构、双裁口嵌板结构、木框背板结构，具体见表5-15。

表5-15 常见背板的装配方式

结构名称	结构形式	说明
裁口嵌板结构	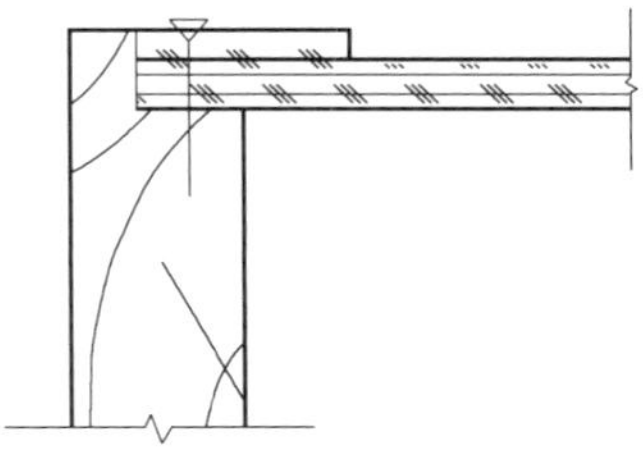	在木框内侧开出搭口，用木螺钉或圆钉将成型木条固定嵌板，使嵌板跟木框紧密接合
槽榫嵌板结构	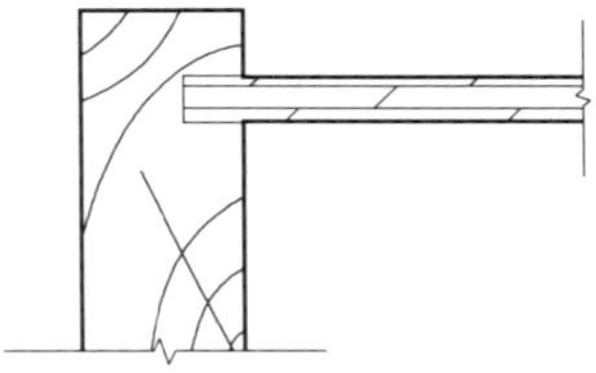	在木框立边与冒头的内侧开出沟槽，在装配框架的同时将嵌板放入，一次性装配好。装配时需预留背板在槽中的伸缩缝，以免背板膨胀时变形，破坏柜体的结构
双裁口嵌板结构	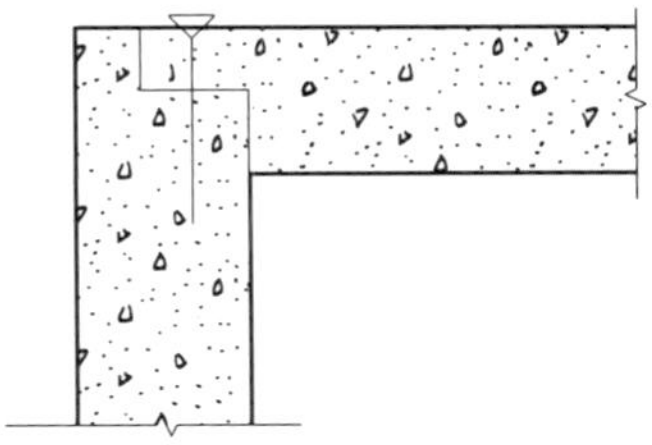	在木框内侧和嵌板内侧分别开出搭口，用木螺钉或圆钉将嵌板和木框固定，适合于较厚的背板

5.4.5 门的安装

板式家具柜门根据其安装方式可以分为开门、移门、翻门、卷门等类型。柜门要求安装尺寸精确，配合严密，形状稳定，便于开关，并且有足够的强度。

5.4.5.1 平开门的安装结构

（1）开门与侧板的配合方式

开、关时绕垂直轴转动的门称为开门。根据开门与侧板的配合方式不同，开门可分为全遮盖式门、半遮盖式门和嵌入式门三种，如图5-12所示。

（2）门的开启位置

根据实际需要，门有不同的开启位置，大部分可以停留在90°～180°。门的开启位置与所用的铰链相关，同时也与门和侧板相互配合关系有关。使用不同铰链门的开启位置如图5-13所示。

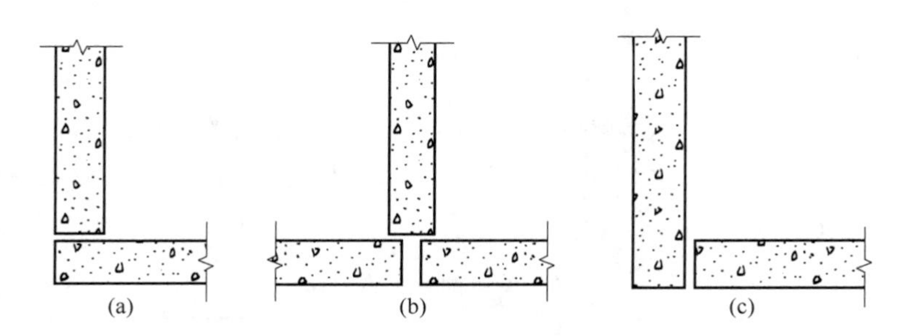

图 5-12　开门与侧板的配合方式
（a）全遮盖式门　（b）半遮盖式门　（c）嵌入式门

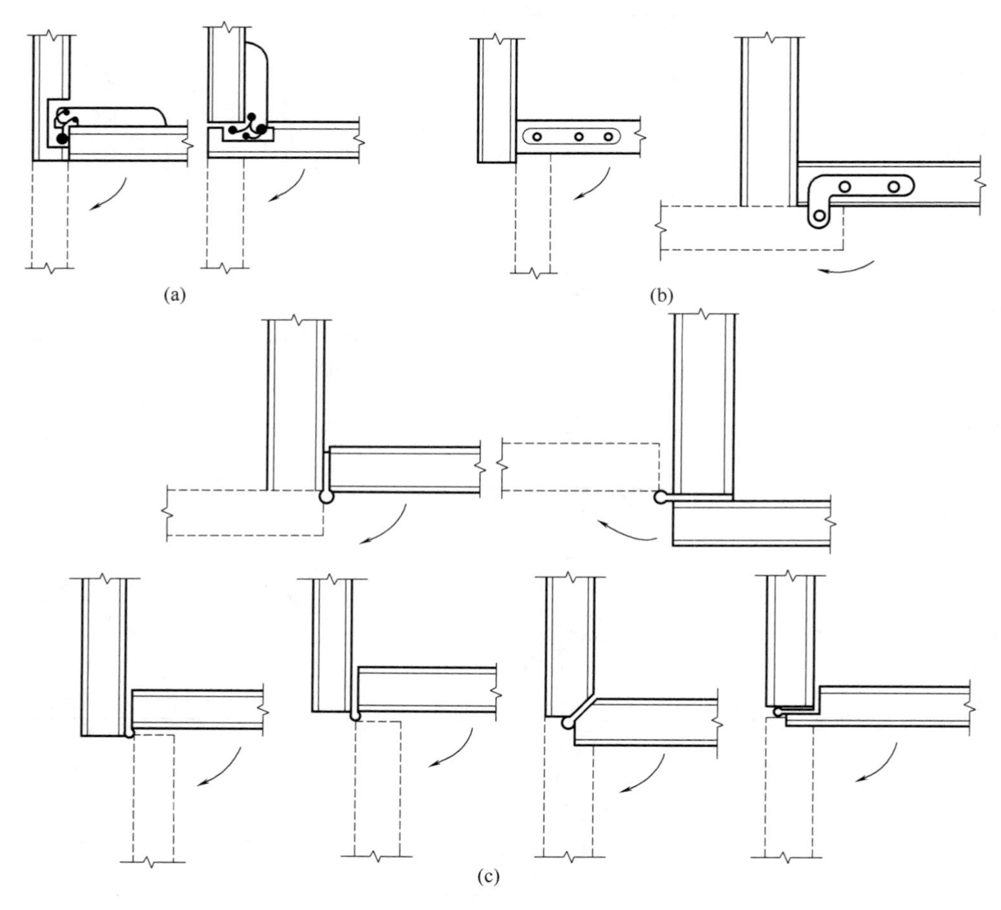

图 5-13　使用不同铰链门的开启位置
（a）杯状弹簧（暗）铰链　（b）门头铰链　（c）合页铰链

（3）铰链的安装

① 杯状弹簧铰链的安装：杯状弹簧铰链有直臂、小弯臂、大弯臂之分，分别用于全遮盖型、半遮盖型门和嵌入型门的安装，其安装结构如图 5-14 所示。由于杯状弹簧铰链安装后不外露，故不影响产品外观，且门关闭后不会自动开启，并可调整安装误差，应用普遍。

② 门头铰链的安装：门头铰链属于暗铰链，具有装配方便、开关灵活的特点。装配时

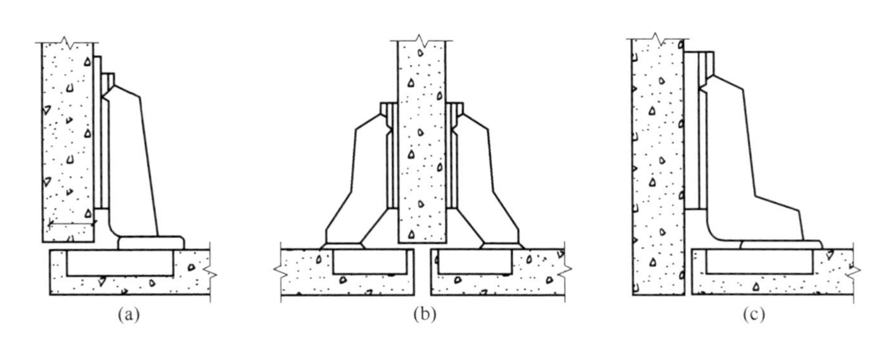

图 5-14 弹簧铰链的安装示意图
(a) 全遮盖型门安装结构 (b) 半遮盖型门安装结构 (c) 嵌入型门安装结构

将具有轴头的一片安装在门的两个端头，有轴孔的一片安装在顶、底板相对应的位置上，并位于同一条中心线上。由于门是绕轴线旋转的，故应将门所对应的侧板处加工成一条弧线，弧的半径应等于或略大于门侧棱至铰链轴头中心线的垂直距离，门才能开关自如，如图5-15所示。

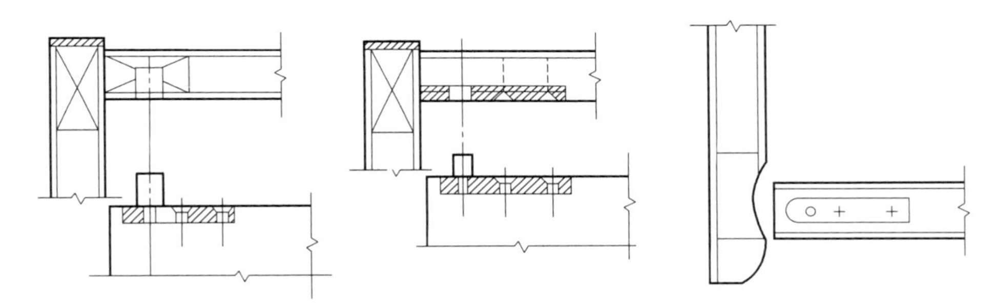

图 5-15 门头铰链的安装示意图

③ 合页铰链的安装：合页铰链是一种传统铰链，可分为长铰链与普通铰链，使用较为普遍。其优点是装配方便，经济实惠。但也存在许多不足，如需安装配套的碰珠或磁性门吸以防止可能的自动开启或关不严密等。同时，由于铰链有部分暴露在门外，应力求美观，最好具有装饰作用。因此，高级家具所用的合页铰链多采用铜合金、不锈钢等装饰性较好的金属材料。如图 5-16 所示展示了合页铰链安装遮盖型门与嵌入型门的局部结构图。

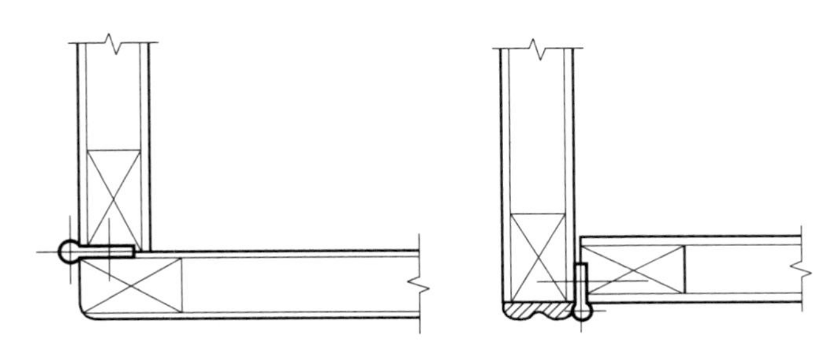

图 5-16 合页铰链的安装结构

(4) 门铰链的数量

每扇门铰链的数量取决于门的宽度、高度和质量。表 5-16 列出了不同情况下所需铰链数量的参考（以 15mm 厚、密度 750kg/m^3 的刨花板为例），实际操作中视具体情况而定。

表 5-16　　铰链数量

门高度 H/mm	铰链数量/个	门高度 H/mm	铰链数量/个
$H\leqslant900$	2	$1600\leqslant H\leqslant2000$	4
$900\leqslant H\leqslant1600$	3	$2000\leqslant H\leqslant2400$	5

5.4.5.2　移门的安装结构

移门是可以沿水平滑道左右直线移动而开关的门。其优点在于开启不占据柜前的空间，且打开或关闭时，柜体的重心不会往前偏移，安全性较好。但每次开启的程度小于（或等于）柜体宽度的一半，且两张门叠加在一起增加了柜体的深度。移门多用于各种陈列柜、书柜、文件柜。

（1）移门的轨道类型

移门开启后不占据空间，因此应用比较广泛。常用的移门有柜槽式、槽榫式、滑轮滑道式、吊轮滑道式等多种，如图 5-17 所示。

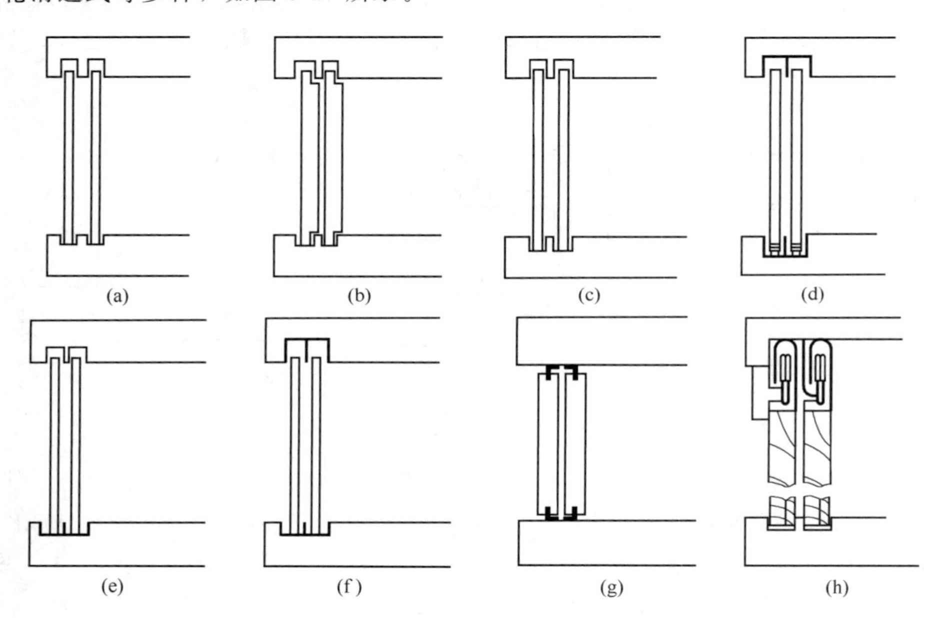

图 5-17　移门的轨道类型
（a）柜槽式　（b）槽榫式　（c）加垫片式　（d）滑轮滑道式
（e）下滑道式　（f）上下滑道式　（g）门槽式　（h）吊轮滑道式

（2）移门的设计要点

① 移门轨道槽沟的宽度需略大于门的厚度，上面滑道的深度应略大于门下面滑槽深度以便安装或取出移门。对于高度大于 1500mm 的重型移门，建议使用吊轮滑道。

② 一般设置成双扇、双轨滑道，以便两扇门都能推拉，以方便存取。

③ 移门的高度不宜过高，较高的移门需使用带滑轮或吊轮式的配套滑轨。

④ 为了有效减小移门推拉的摩擦力，尽量选用塑料、铝合金以及带有滚珠、滚轮的滑道。

5.4.5.3　翻门的安装结构

绕水平轴转动开关的门称为翻板门，一般选用专用连接件来实现其开关的功能。

（1）翻门的类型

翻门可分为下翻和上翻两种。由于下翻门翻开后可兼作台面，因此使用较多。翻门的连接件包括定位门头铰链、牵引筋、拉杆，这样在柜门下翻后才能够保持处于水平位置。上翻门多用在高柜门的上部，这样在开启后不会占据空间位置。上下翻门的功能示意图如图5-18所示。

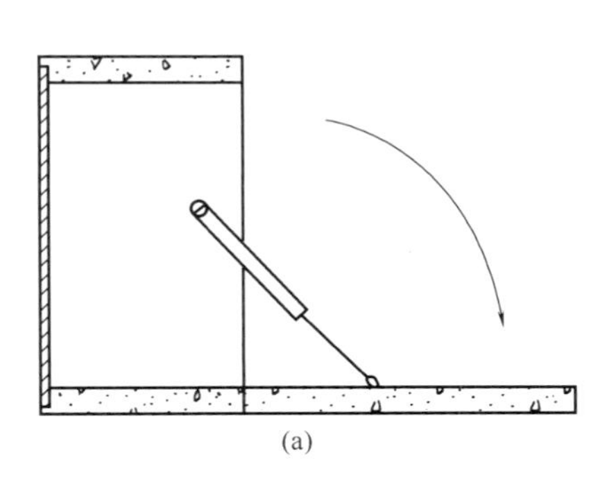
(a)

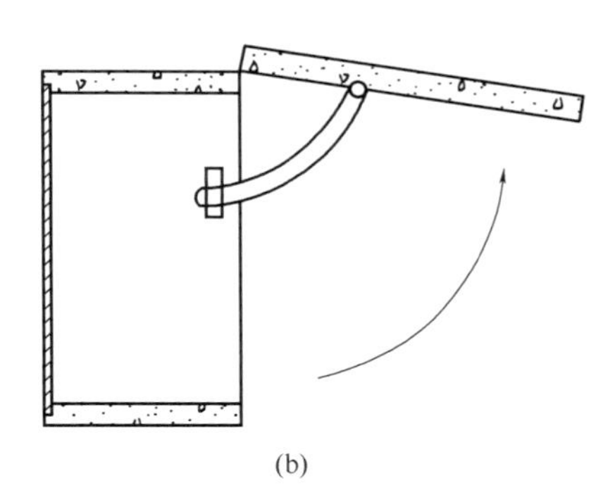
(b)

图 5-18　上下翻门的功能示意图
（a）下翻门　（b）上翻门

翻门的宽度一般要大于高度，以方便开关，同时需要用具有翻转机构的专用门头铰链，再使用牵筋、拉杆来定位，借以保持门开启后在水平位置，如图 5-19 所示。

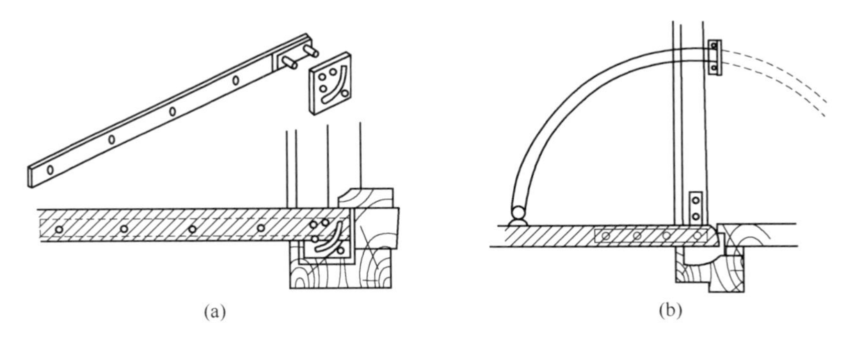

图 5-19　翻板门的安装
（a）翻板门头铰　（b）拉杆连接

（2）翻门的设计要点

① 翻门打开时，常用于陈设物品，故兼作台面用的翻板门应在打开后与门内的底板处在同一个水平面位置，以便获得宽阔的工作平面，因此需使用铰链或专用门头铰。

② 对于普通的翻板门，开启后不一定要求保持水平位置，因此可不需要定位的牵引筋。

5.4.5.4　卷门的安装结构

可沿导轨槽滑动而卷曲开闭的门称为卷门。既可左右移动开闭，也能上下移动开闭。卷门风格别致，打开时不占据室内空间，又能使柜子全部敞开。但制造技术要求较高，费工费料，成本较高，多用于具有陈列功能的家具。

（1）卷门的类型

卷门分左右开启与上下开启两种。左右开启的卷门又分为单扇门和双扇门。门扇推入柜内，可呈卷曲状或平伸状，如图 5-20 所示。

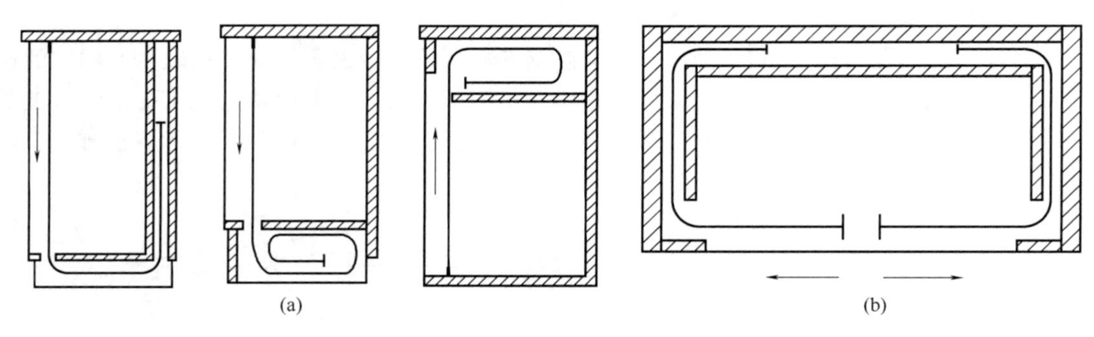

图 5-20 卷门的类型
(a) 上下开启 (b) 左右开启

(2) 卷门的结构

① 结构：卷门多用半圆形木条或塑料条胶钉在麻布、尼龙布或帆布等织物上，织物柔软，因此可以转动与折叠。所用木条断面呈半圆形，其直径一般为 10～15mm，间距需小于 1mm。木条两端加工成单肩榫，厚度约为 8mm，以减少导轨槽的宽度。卷门外侧边常有一根较大的木条用作拉手，兼作开启限位的作用。

② 导轨：卷门需在柜体上安装导轨槽，槽宽需比卷门两端榫头的厚度多 1.5mm 左右；为了减小阻力、增加开关的灵活性，导轨槽转弯处的曲率半径应大于 100mm。

③ 门框：水平开启卷门的门框左右需设有门梃，上下开启卷门的门框需设有上门梃，借以屏蔽推入柜内的卷门，并起到一定的装饰作用。

5.4.6 抽屉的结构与装配

抽屉是储藏类家具、办公家具不可缺少的组成部件，在使用功能上便于物品的储藏与分类。抽屉由面板、侧板、背板围成框架，可使用实木拼板、细木工板、覆面刨花板、覆面中密度纤维板、多层胶合板等制作。抽屉底板多采用三层或五层胶合板或厚度 3～5mm 的覆面高、中密度纤维板等。

5.4.6.1 抽屉的结构

制作抽屉时，首先由屉面板、屉侧板、屉背板接合成箱框，在屉面板、屉侧板内侧的下部开槽，槽宽视屉底板厚度而定，槽深为板厚的 1/3，屉底板由屉后下部插入已组成的箱框架中，然后从底部用钉或木螺钉固定，如图 5-21 所示。

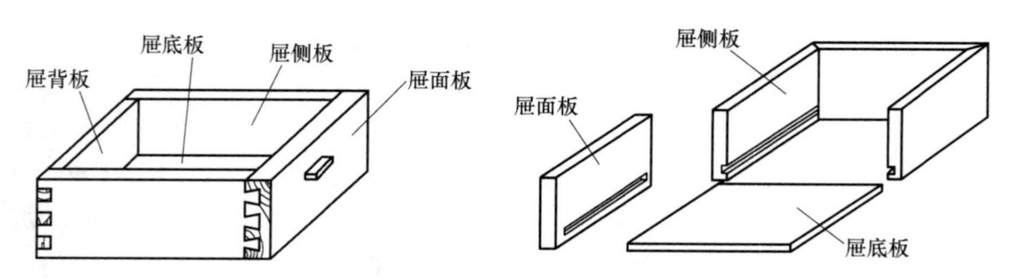

图 5-21 抽屉的结构

(1) 实木板材抽屉的结构

主要采用半隐燕尾榫、全隐燕尾榫、榫槽、圆棒榫、直角榫等方式接合，如图 5-22 所示。

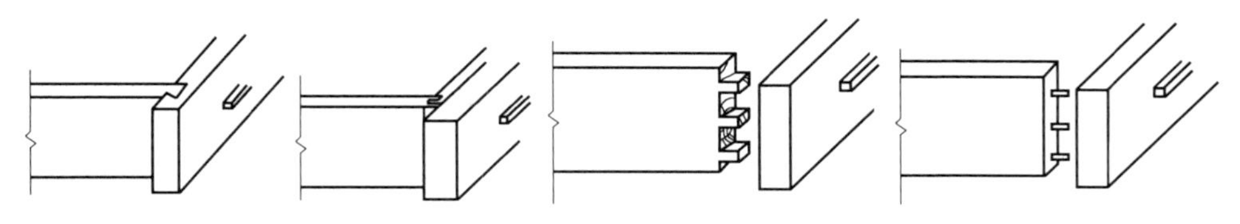

图 5-22 实木抽屉的接合方式

（2）人造板抽屉的结构

由覆面刨花板、中纤板等制作的抽屉，多采用偏心式连接件和自攻螺钉连接件接合，如图 5-23 所示。

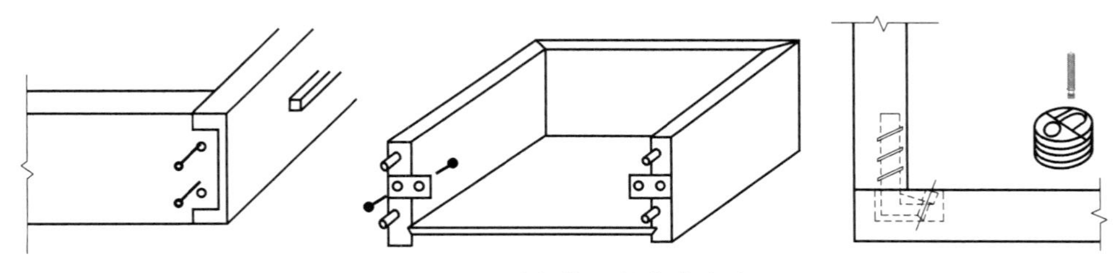

图 5-23 人造板抽屉的接合方式

5.4.6.2 抽屉的安装

抽屉一般都使用抽屉导轨（滑道）进行安装。选择导轨时要注意抽屉的负载情况。传统家具的导轨通常由硬质木材制作，现代抽屉滑道由金属和塑料制成。抽屉滑道可安装在抽屉侧板的底部、中间或上沿。

（1）抽屉的安装形式

传统的抽屉安装形式与柜门相配套，可分为嵌入型、半遮盖型和全遮盖型三种。

① 嵌入型：抽屉面在柜体内，要求抽屉与外框间隙必须十分准确，加工精度高。

② 半遮盖型：抽屉面板端部搭在柜体旁边的一部分。

③ 全遮盖型：抽屉面板全部遮盖抽屉外框。

（2）抽屉的安装结构

① 老式滑道安装结构：由底部支撑板条、侧向导向板条组成，如图 5-24 所示。

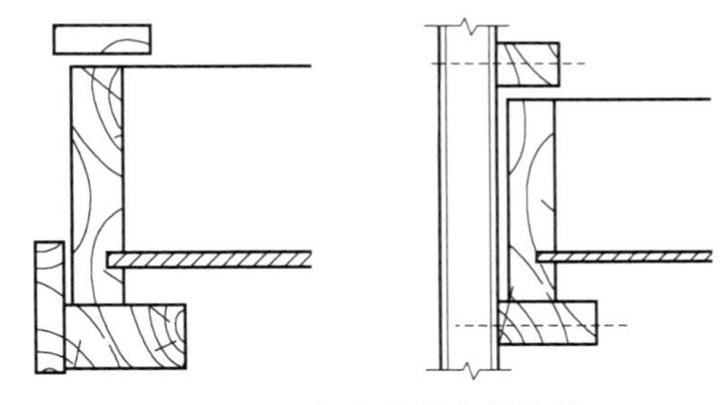

图 5-24 老式滑道安装结构

② 悬挂式抽屉安装结构：在柜体侧板上固定导向木条，在抽屉侧板外侧中部或稍高于中部开槽，槽深不超过板厚的 1/2，槽宽比滑条高度大 0.5mm，如图 5-25 所示。

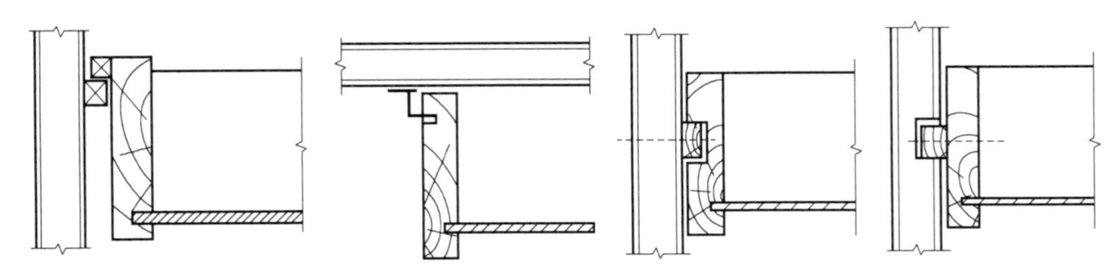

图 5-25 悬挂式抽屉安装结构

③ 托起式抽屉安装结构：在抽屉底板中间固定一根或两根导向条，再在框架上固定木条作为导向滑道，木条前端削成圆形，用胶和螺钉固定，抽屉沿着导向滑道运动，如图5-26所示。

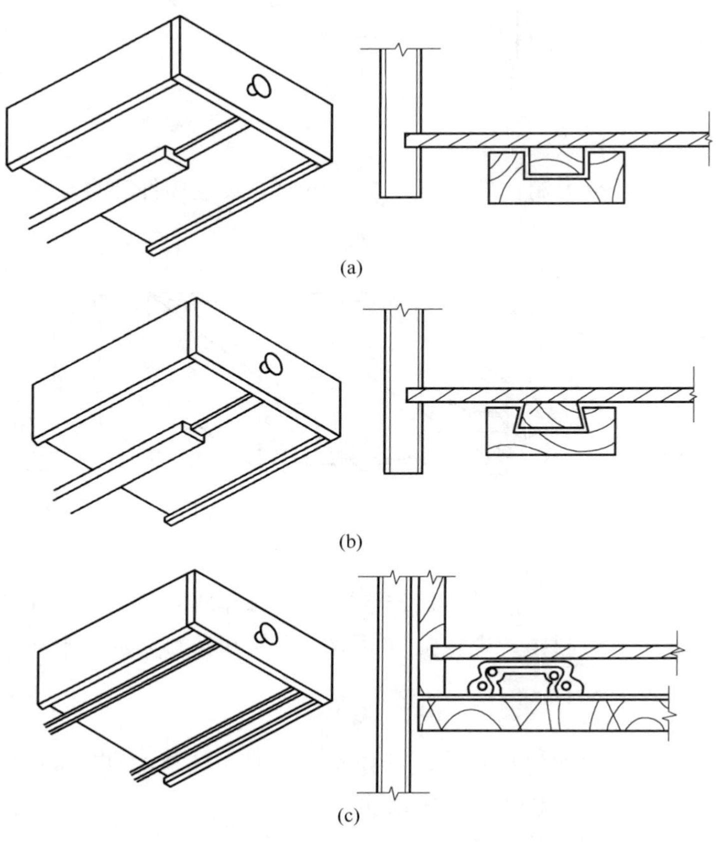

图 5-26　托起式滑道安装结构
（a）直角槽榫式滑道　（b）燕尾榫滑道　（c）金属滑道

④ 托底式导轨安装结构：托底式抽屉导轨可分为滚珠式和滑轮式两种，如图 5-27 所示。均具有经久耐用，滑动时摩擦力小、无噪声、可自闭等特点。

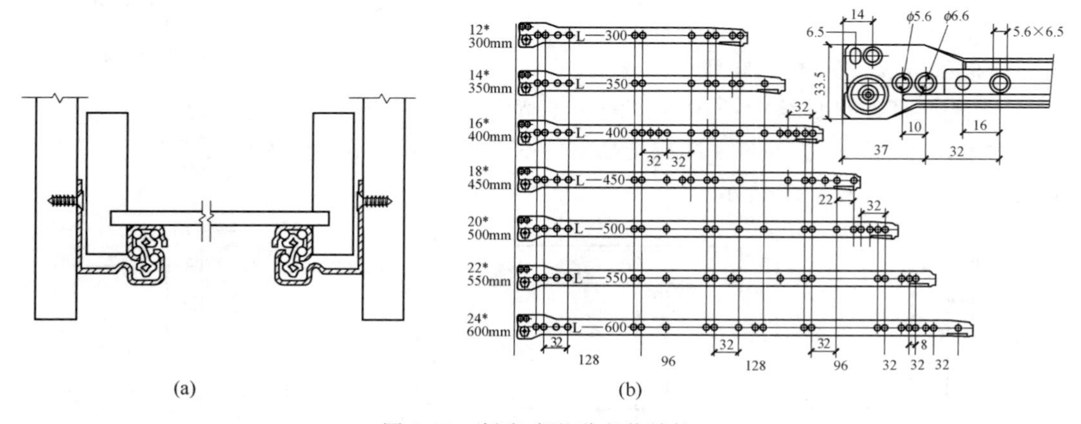

图 5-27　托底式滑道安装结构
（a）滚珠式　（b）滑轮式

⑤ 侧向滑道安装结构：侧向滑道的特点与托底式滑道类似，多采用滚珠式，如图 5-28 所示。可用于要求大载荷的抽屉。

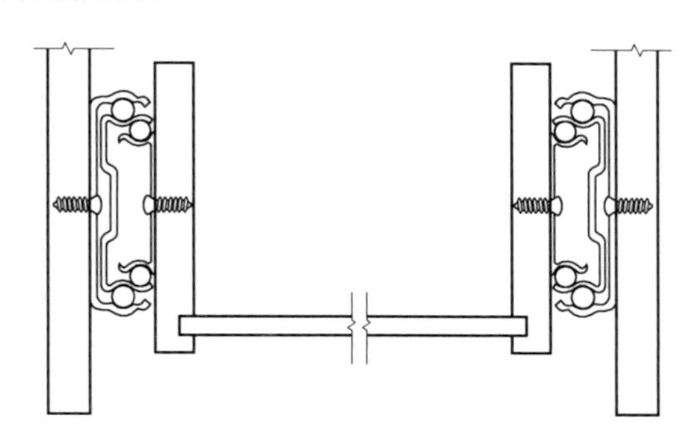

图 5-28 侧向滑道的安装结构

板式家具产品作为工业化的产物，具有结构简单、生产效率高、成本相对低廉等优点，已被广大消费者所接受。在其结构设计的过程中，应遵循 32mm 系统的基本要求，再考虑标准化、通用化和系列化。

第6章 金属与塑料家具结构

6.1 金属家具

金属家具是以金属管材、板材等为主架构，配以木材、人造板、玻璃、石材等制造的家具和完全由金属材料制作的家具。金属家具具有独特的光泽与颜色，质地坚韧、张力强大，具有很强的防腐、防火性能。金属家具及其构件可以通过碾轧、压轧、锤击、弯折、切割、冲压和车旋等机械加工方式来制造。由于金属材料具有很强的延展性，因此适宜塑造灵巧优美的造型。同时，也可根据设计，与玻璃、皮革等其他材料搭配，充分彰显现代家具的特色。

6.1.1 金属家具常用材料

任何结构与造型设计均是建立在材料基础之上的，金属家具材料有别于木质家具材料，为了实现加工的高效性，大部分金属家具会使用市场上易购的型材，如管材、线材、板材等。同时，金属材料的种类繁多，而对于不同材料制造的金属家具在结构上也不尽相同。

金属分为黑色金属和有色金属两大类，黑色金属通常指以铁为主要成分的各种铁合金，如碳素钢、合金钢等。其中，由铁与铬或锰形成的合金称为不锈钢，是银白色的。除铁合金以外的其他金属材料多带有各种颜色，又称为有色金属。金属家具中除了使用不锈钢之外，铝合金、镁合金、铜合金等用量也很大。钛合金具有轻质、高强的特点，但价格较高，在普通金属家具中使用较少。

（1）黑色金属

① 铸铁：含碳量在2%以上的铁（并含有磷、硫、硅等杂质）称为铸铁或生铁。其晶粒粗而韧性弱，硬度大而熔点低，适合铸造各种铸件，主要用在需要有一定重量的部件上。金属家具中的某些铸铁零件如铸铁底座、支架及装饰件等一般用灰铸铁（其中碳元素以石墨形式存在，断口呈灰色）制造。

② 锻铁：含碳量在0.15%以下的铁（用生铁精炼而成）称为锻铁、熟铁或软钢。硬度小而熔点高，晶粒细而韧性强，易于锻制各种器物。利用锻铁制造家具历史较久，传统的锻铁家具多为大块头，造型上繁复粗犷者居多，是一种艺术气质极重的工艺家具，或称铁艺家具，如图6-1所示公园椅。锻铁家具线条玲珑，气质优雅，款式方面更趋多元化，由繁复的构图到简洁的图案装饰，式样繁多，能与多种类型的设计风格配合。

③ 钢：钢含碳量在0.03%～2%，制成的家具强度大、断面小，能给人沉着、朴实、冷静的感觉，钢材表面经过不同的技术处理，可以加强其色泽、质地的变化，如钢管电镀后有银白而又略带寒意的光泽，减少了钢材的重量感。不锈钢属于不发生锈蚀的特殊钢材，可用来制造现代家具的组件。如图6-2所示为由金属丝焊接而成的椅子以及由不锈钢与玻璃制造的桌子。

（2）有色金属

① 铝及铝合金：铝属于有色金属中较轻的金属，密度仅为钢铁的1/3，铝的表面为银白

图 6-1　用锻铁制造的公园椅

图 6-2　由金属丝焊接而成的椅子和由不锈钢与玻璃制造的桌子

色，反射光能力强，其导电性和导热性仅次于铜。在家具中常用的铝合金主要有铝合金板材、管材及型材，主要用于制造铝合金家具的结构骨架、需要承受压力的结构和弯曲的零件、铝合金包边条及装饰嵌条等。如图 6-3 所示用铝合金和电泳铝制造的椅子。

图 6-3　用铝合金和电泳铝制造的椅子

② 铜及铜合金：铜表面氧化后常呈紫红色，故又名紫铜，具有良好的导电性能。铜合金是指以纯铜为基材加入一种或几种其他元素所构成的合金。常用的铜合金可分为黄铜、青铜和白铜三大类，用铜合金制造的家具如图 6-4 所示。

③ 镁及镁合金：镁是地球上储量丰富的轻金属元素，它的密度为 1740kg/m^3，约为铝

图 6-4　用铜合金制造的家具

的 64%、锌的 25%、铜的 33%，是日常生活中最轻的结构金属。镁合金是在纯镁中加入铝、锌、锂、钴和稀土元素形成的合金，具有质轻、比强度高的特点，可用于制造家具的承重构件。

6.1.2　家具用材料的形态

在家具设计与制造中采用薄壁管材、线材、薄板材等设计制造出的金属家具纤巧轻盈、明快精炼。同时，与其他不同质地、不同颜色的材料（如木材、玻璃、塑料、织物、皮革等）配合制成的金属家具可形成对比鲜明、有机和谐的统一体。

（1）型材

型材是通过轧制、挤出、铸造等工艺制成的截面具有一定几何形状的材料。具有外形尺寸一定、断面呈一定形状和物理力学性能良好的特点。在家具制造中，型材既能单独使用也能进一步加工成其他构件。家具设计师可根据型材的具体形状、材质、热处理状态、力学性能等参数来选择，再根据具体的尺寸形状要求将型材进行分割，然后进一步加工或热处理以达到设计的要求。如图 6-5 所示铝合金型材及其截面形状。

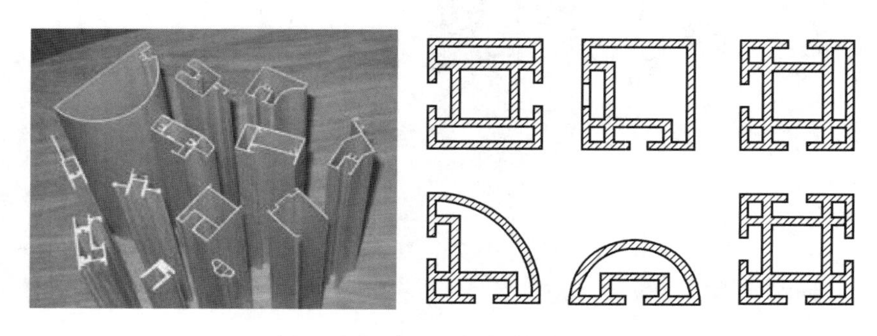

图 6-5　铝合金型材与截面形状

金属型材具有品种规格多、断面形状差异大等特点。家具产品中常用的型材主要有型钢和铝型材，由具有一定强度和韧性的铁、钢或铝合金通过轧制、铸造、挤出等工艺制成。形式多样、连接方便，可用于桌、椅、柜的支架以及翻门、移门的边框等。如图 6-6 所示桌椅的腿就是由金属型材制造而成。

图 6-6 由金属型材制造的家具

（2）板材

板材外形扁平，宽厚比大，使用灵活方便，可通过剪裁、弯曲、冲压、焊接等工艺制成多种构件，故称为“万能钢材”。在家具中，金属板材可以以平面、曲面、网面等多种形式出现，对丰富产品形态起着重要的作用。如图 6-7 所示不锈钢椅座面与靠背就是由不锈钢板冲压而成。

图 6-7 由金属板材加工而成的座椅

（3）管材

金属管材主要是以各种钢管为主，包括无缝钢管、焊接钢管、合金钢管、铸铁管和有色金属管等。其中，不锈钢管和铝合金管等因其具有强度适中、不生锈、美观、易清洁而在金属家具中使用较多。高频焊接钢管因其具有强度高、弹性好、易于弯曲、利于造型、易于电镀和涂饰、便于与其他材料连接的特点，常用于制造金属家具的支撑构架。目前我国金属家具用高频焊管的规格主要为：壁厚 1～1.5mm；外径有 13，14，16，18，19，20，22，25，32，36mm 等。用于金属家具的管材形状除圆管外，还有方管、矩形管、菱形管、扇形管等异形管材，如图 6-8 所示为金属家具中常用金属管材的截面。

金属管材家具多通过弯曲、焊接、插接、螺杆连接等方式构成家具的主体框架。如图 6-9 所示由钢管制造的家具简洁明快，其中最著名的瓦西里椅就是最早的金属管材家具。

（4）线材

线材是用量最大的金属材料之一。经拉拔而得到各种规格的钢丝可捻制成钢丝绳、编织成钢丝网和缠绕成型。在金属家具中，金属线材除了截面为圆形的之外，方形、矩形和多边

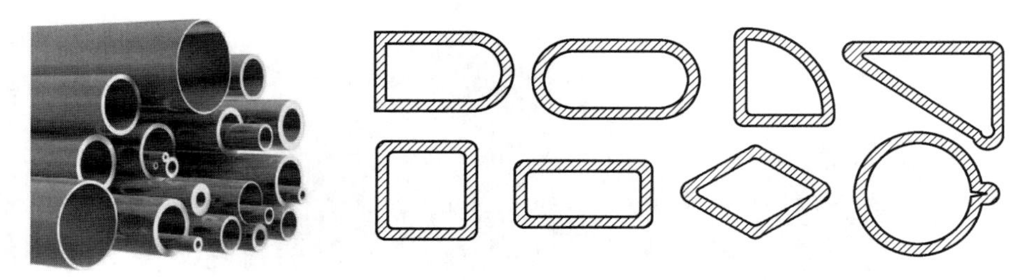

图 6-8　金属管材及部分截面形状

图 6-9　瓦西里椅与金属管材家具

形的也很普遍，如图 6-10 所示。

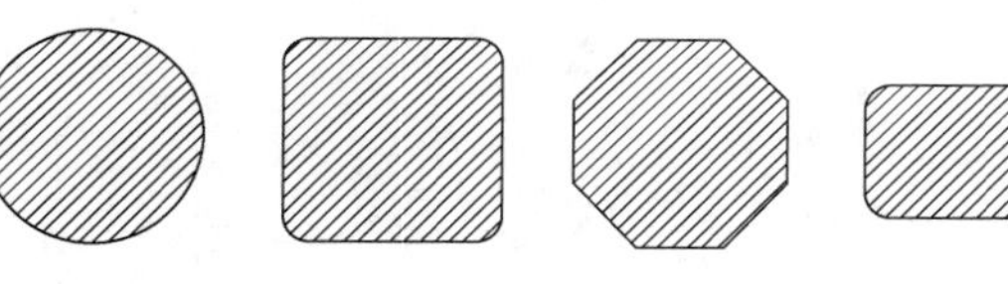

图 6-10　金属线材和常见截面

金属线材在金属家具中使用广泛，且可用于造型复杂的产品。与板材相比，既可展示产品的刚性，也能表现出轻盈的个性。如图 6-11（a）所示茶几，将金属线材通过焊接而构成的框架配以透明的玻璃，虽然体量不小，但有简洁明快、玲珑剔透的感觉。如图 6-11（b）所示高靠椅，座面和靠背由金属网构成，一改金属板材给人冰冷、厚重的印象，使其轻盈飘逸。

(a)

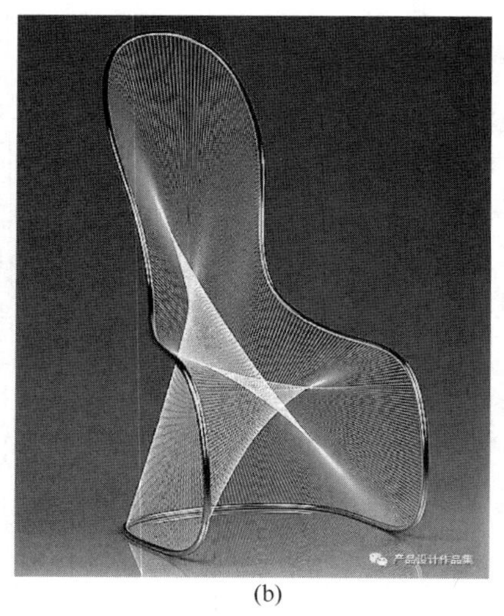

(b)

图 6-11　金属线材所构成的茶几与椅子

6.1.3 基本结构

金属家具的结构形式多种多样，通常有固定式结构、拆装式结构、折叠式结构等。根据结构形式的不同可采用焊、铆、螺钉、插接等多种方式连接。由于金属材料不会因气候变化而变形开裂，因而可保证构件的加工、制造精度，使构件具有良好的互换性，为金属家具构件的标准化、通用化、系列化及机械化生产提供了条件。

金属家具构件的连接方式主要有固定式、拆装式、折叠式等。

（1）固定式结构

固定式结构指用焊接、铆接使零部件连接在一起的、无相对运动的不可拆结构。该结构在金属家具中占多数，具有形体稳定、接合牢固、形状和尺寸不受限制等特点。如悬挂式金属家具通常采用固定式结构，直接将家具固定在墙壁上。例如汽车、火车上的置物架，该结构便于清洁卫生，占地小，比较适合于小空间，且造型不受限制，使用灵活、方便，其构件之间的接合多采用焊接来实现。常用的气焊接头有如图 6-12 所示卷边、对接、搭接、角接和 T 型等多种形式。

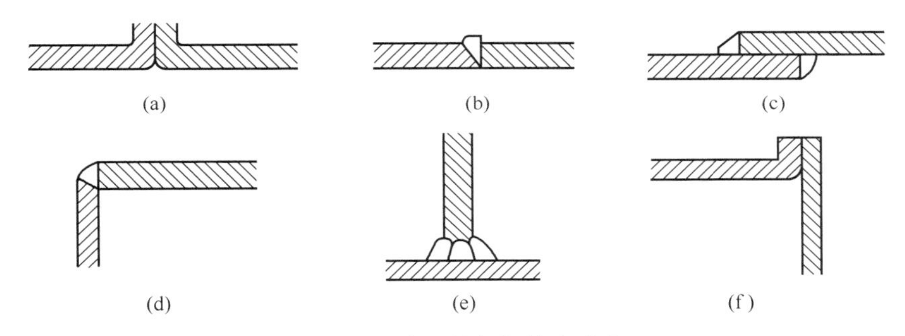

图 6-12　常见的气焊接头形式

（a）卷边接头-Ⅰ　（b）对接接头　（c）搭接接头　（d）角接接头　（e）T 型接头　（f）卷边接头-Ⅱ

（2）拆装式结构

拆装式结构是用螺栓、螺母、插接件、连接件使零部件接合在一起的结构形式，如图 6-13 所示椅子，就采用了螺栓-螺母来连接的可拆装结构。金属家具构件的可拆装有利于电镀、油漆等表面处理，便于储存和运输，可减少车间或仓库的占地面积，易于实现机械化、

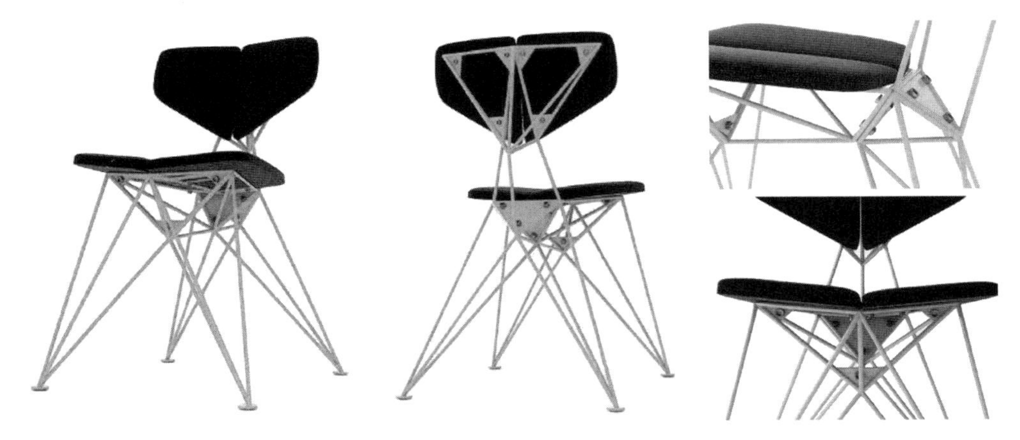

图 6-13　用螺丝连接的可拆装金属椅子

连续化生产。但经多次拆装，连接件易磨损。

（3）折叠式结构

折叠式结构指利用折叠连接件或利用平面连杆原理，在节点上采用铆钉连接而成。折叠结构一般建立在四连杆机构的基础上，互相牵制而起联动作用。折叠的构成可以分为前后折叠、左右折叠和前后左右同时折叠等构成形式，轻巧，经济实惠，使用方便。但是在造型设计上有一定的局限性。如图 6-14 所示多功能躺椅，不仅可以调节各种角度，同时还可以折成三折，便于运输与收纳。

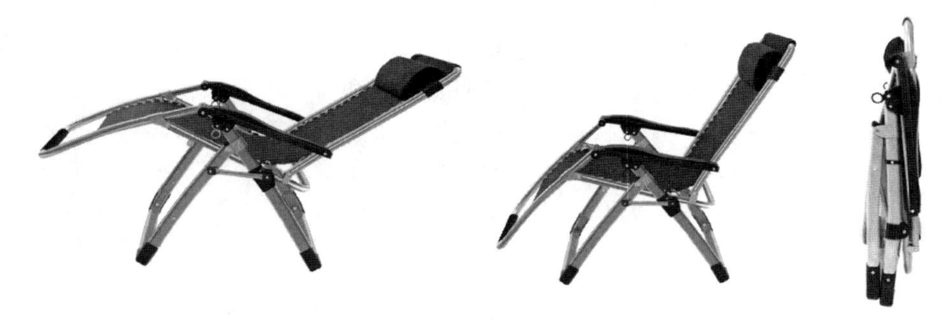

图 6-14　可折叠的躺椅

（4）套叠式结构

套叠结构是运用固定、拆装、折叠等结构的优势加以演化而设计出来的一种金属家具结构形式，常见于座椅的设计上。如图 6-15 所示套叠椅子，不仅具有外形美观、牢固度高等优点，而且可以充分利用空间、便于包装运输与收纳。

图 6-15　套叠式椅子

6.1.4　零部件连接方式

金属家具零件之间可通过焊接、铆接、插接、螺钉与螺栓等方式连接，其中焊接为固定式连接，其他的几种可用于固定连接，也可用于活动连接。

（1）焊接

焊接是金属家具构件之间使用最多的一种接合方式，通过焊接连接的构件牢固性及稳定性好，多用于固定式结构，所连接的金属零部件之间主要受剪力作用，载荷较大。如图6-16所示家具构件之间的连接就是由焊接来实现的。

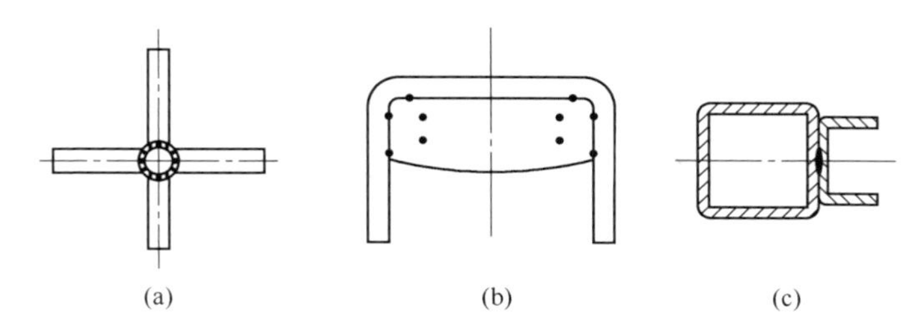

图 6-16 家具焊接示意图

（a）钢管之间主焊 （b）钢管与钢椅背之间断续焊 （c）钢管与配件之间点焊

在手工电弧焊中，由于焊件厚度、结构形状以及对质量要求的不同其接头形式也不相同。焊接接头的形式主要可分为对接接头、角接接头、搭接接头、T 型接头四种，如图6-17所示。

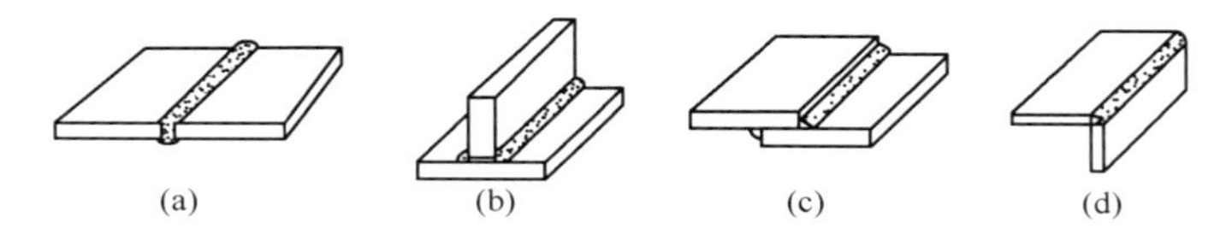

图 6-17 金属家具焊接接头形式

（a）对接 （b）T 型接 （c）搭接 （d）角接

在金属家具中，为了保证焊接接头质量，提高其安全性，须使焊接热源深入接头根部方可将焊缝根部焊透。在实际操作中，为了提高焊接质量，多将构件的待焊部位加工成一定几何形状的坡口，常用于金属家具焊接的坡口形式如表 6-1 所示。

表 6-1 金属家具常见的坡口形式

工作厚度 δ/mm	名称	符号	坡口形式	焊缝形式	坡口尺寸				
					$\alpha(\beta)$	b	p	H	R
1～2	卷边坡口		$\leqslant\delta+1$, R, δ						
			R, $\leqslant\delta+1$, δ						
1～3	I 型坡口		δ, δ			0～1.5			
3～6						0～2.5			

续表

工作厚度 δ/mm	名称	符号	坡口形式	焊缝形式	坡口尺寸				
					α(β)	b	p	H	R
3～26	Y 型坡口		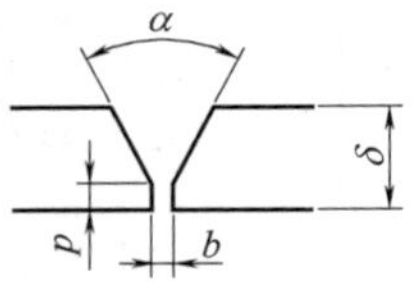	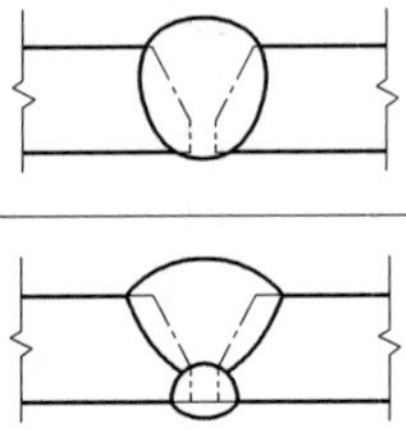	40～60	0～3	1～4		
＞20	VY 型坡口		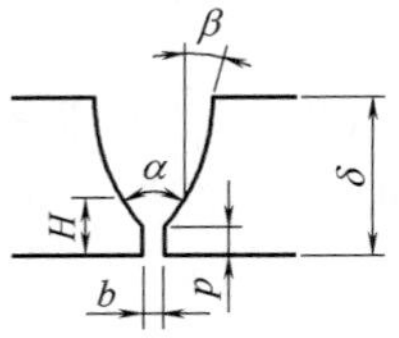	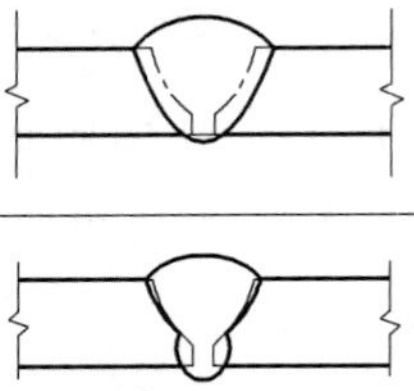	60～70 (8～10)	0～3	1～3	8～10	
12～60	双 Y 型坡口		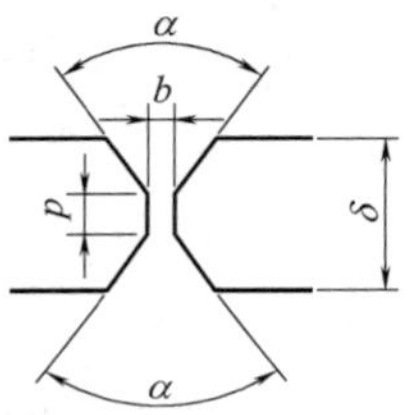	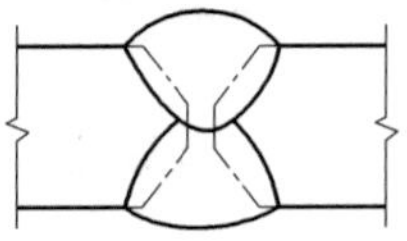			1～3		
＞10	双 V 型坡口		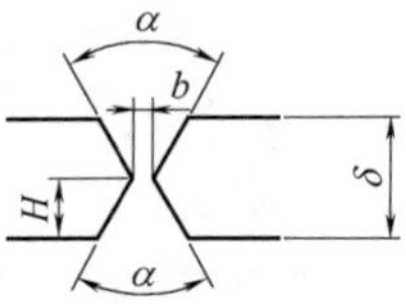	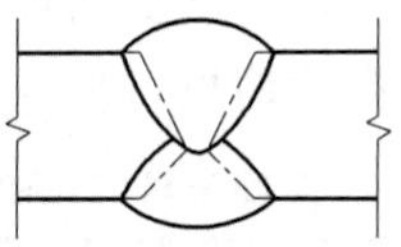	40～60	0～3			δ/2
3～40	单边 V 型坡口		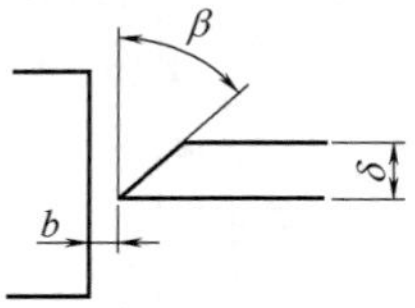	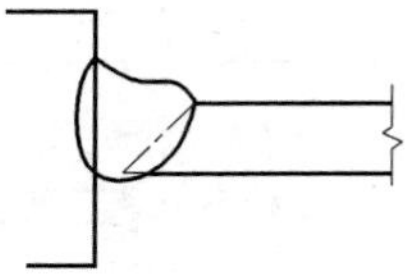	30～50	0～4			
			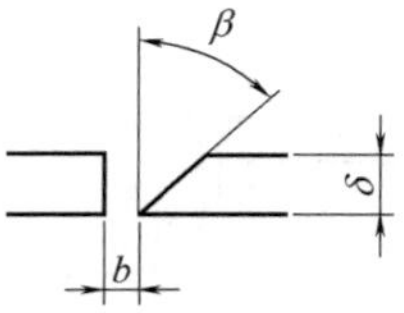	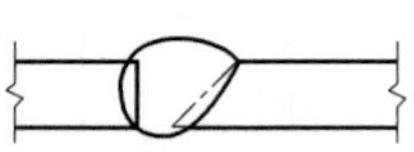					
＞10	双单边 V 型坡口		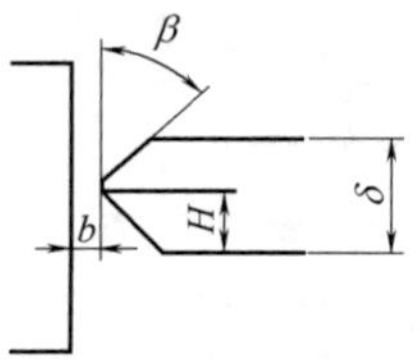	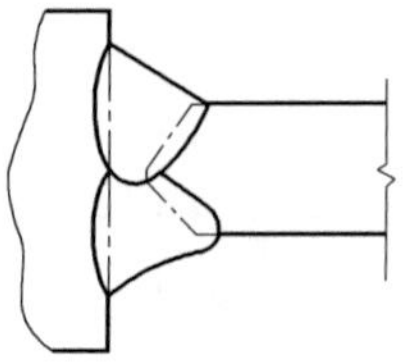	35～50	0～3		δ/2	

续表

工作厚度 δ/mm	名称	符号	坡口形式	焊缝形式	坡口尺寸				
					$\alpha(\beta)$	b	p	H	R
>10	双单边V型坡口	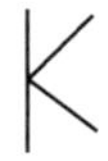	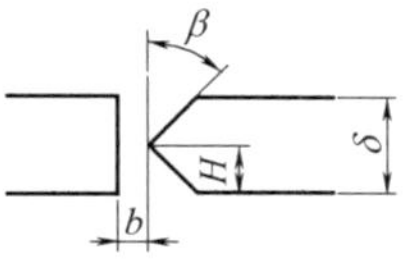	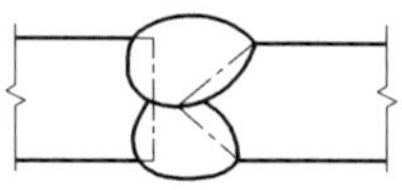	35～50	0～3		$\delta/2$	
2～8	I型坡口	 	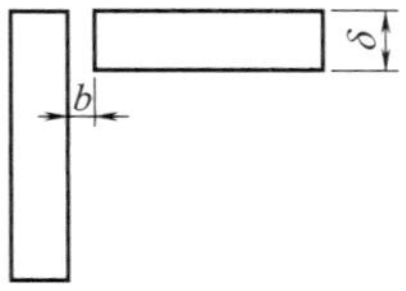	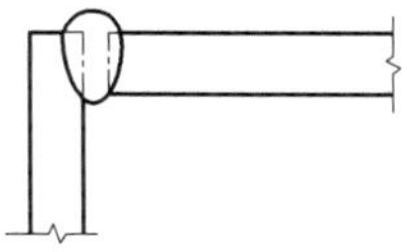 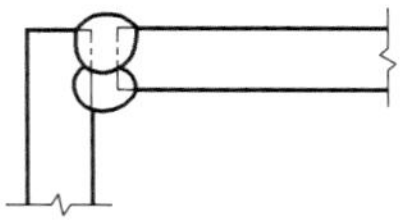		0～2			
6～30	带钝边半边V型坡口	 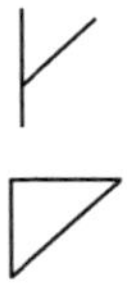	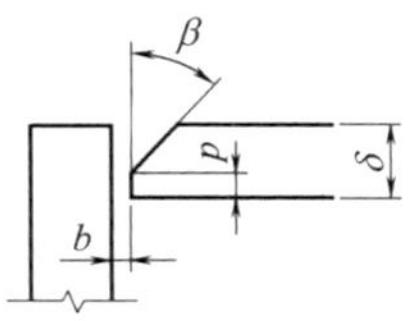	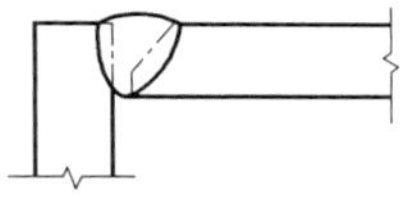 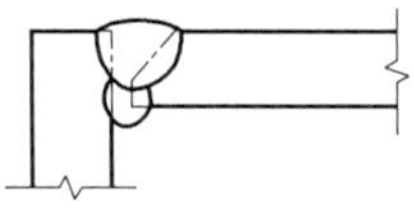	30～50	0～3	1～3		
20～40	带钝边双单边V型坡口		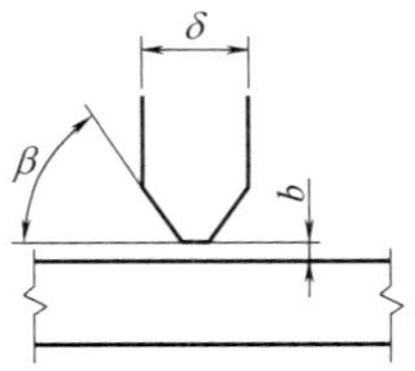	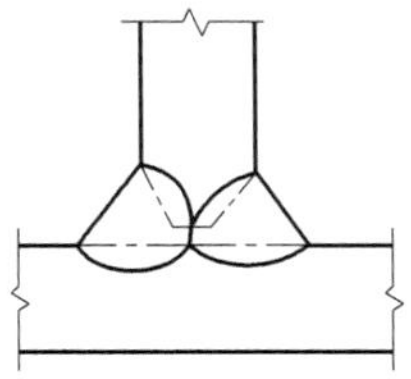	40～50	0～3	1～3		

（2）铆接

铆接是指用铆钉将两个或两个以上零件连接起来，使之成为一个不可拆卸整体构件的过程。铆接应用非常广泛，大到桥梁、小到珠宝都可采用铆钉连接。其主要优点是材料成本低，装配过程简单；局限性是强度较低，尤其是疲劳强度偏低。铆钉接合主要用于折叠结构或不适宜焊接的金属零件之间，如轻金属材料。此种连接方式可先将零件进行表面处理后再装配。

① 固定式铆接：固定铆接是通过铆钉连接，将两个或两个以上零件紧密连接成为一体的一种连接方式，如图 6-18 所示。铆接后的接合部位是固定不动的，并且具有一定的强度。这在机器零件中应用较多，主要用于叶轮体与叶片、桥梁、车辆和起重机等，家具中应用偏少。

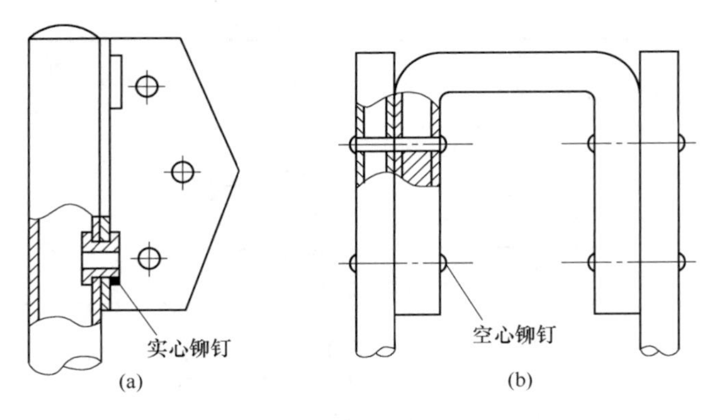

图 6-18　固定式铆接示意图
（a）钢管与配件之间的铆接　（b）钢管与钢管之间的铆接

② 活动式铆接：家具装配中多用它来连接两个活动零件。活动铆接（也称铰链铆接）后，零件或部件可以绕其接合部位转动，大多数折叠家具就是通过其接合部位来进行折叠的。再如剪刀、长钳、圆规等，也都是通过活动铆接来实现两个零件的相互转动。按照其在金属家具中的结构形式，活动铆接又有以下几种常见的接合形式：

a. 板条之间铆接：将两块长的金属板条零件通过一个铆钉铆接成一个整体的过程，如图 6-19（a）所示。

b. 板件与管件铆接：一块金属板条和一个管件，通过一个铆钉接成一个整体的过程，如图 6-19（b）所示。

c. 管件之间铆接：两个管件通过铆钉连接成一个整体，为了使管件之间转动灵活，往往要在管与管之间加一个垫圈，如图 6-19（c）所示。

d. 插头铆接：在一个管件上开出一定尺寸的长条形的槽口，另一个管件在一端冲扁，插入槽口中，铆接接合，如图 6-19（d）所示。

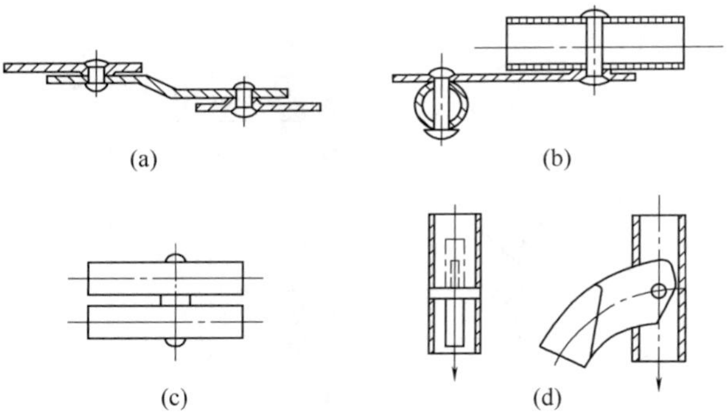

(a)　(b)　(c)　(d)

图 6-19　活动式铆接示意图
（a）板与板铆接　（b）板与管铆接
（c）管与管铆接　（d）插头铆接

（3）螺钉与螺栓连接

螺栓与螺钉的主要区别在于螺钉是将螺纹直接拧入被连接件的螺纹孔中，无须使用螺母；而螺栓的螺纹并不拧在被连接件上，而是通过与螺母配合将被连接件夹紧，如图 6-20 所示。一般螺栓、螺母拆卸方便，加工精度要求不高。

如图 6-21 所示铸铝仿古公园椅就是使用螺钉、螺栓-螺母将靠背、座面与左右扶手连接而成。这种连接的特点在于稳定、牢固，安装操作方便，可多次拆装。

（4）插接连接

插接式又名套接式，是利用构件管子作为插接件，将小管的外径插入大管的内径之中，从而使之连接起来。也可采用压铸的铝合金插接头，如二通、三通、四通等。这类形式同样可达到拆装的目的，而且比拆装式的螺钉连接方便。其中竖管的插入连接，可利用本身自重

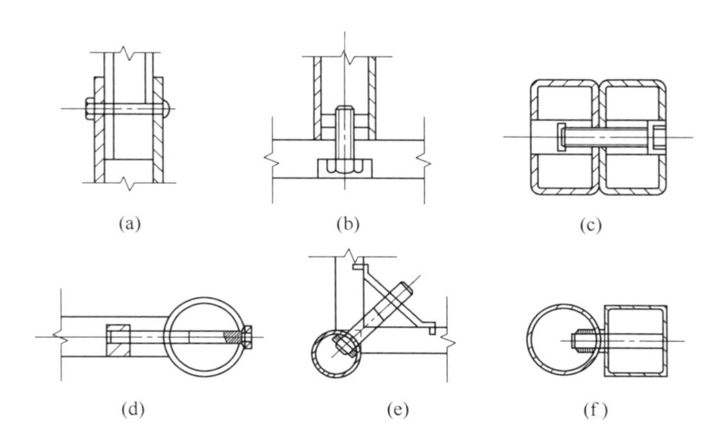

图 6-20 螺钉、螺栓连接示意图

（a）半圆头螺钉、螺母连接 （b）螺栓、螺母片连接 （c）圆柱头内六角螺钉、螺母芯连接
（d）平头内六角螺钉、圆柱螺母连接 （e）双头螺栓、螺母片连接 （f）沉头螺母、铆螺母连接

图 6-21 螺钉、螺栓-螺母连接的金属椅子

或加外力作用使之不易滑脱。插接连接主要用于插接家具两个零件之间的滑动配合或紧固配合，如图 6-22 所示。

金属插接结构多用于可调节的家具产品之中，如儿童的课桌椅，随着儿童年龄的增长需要调节高度，这就可以通过插接结构来实现，如图 6-23 所示。

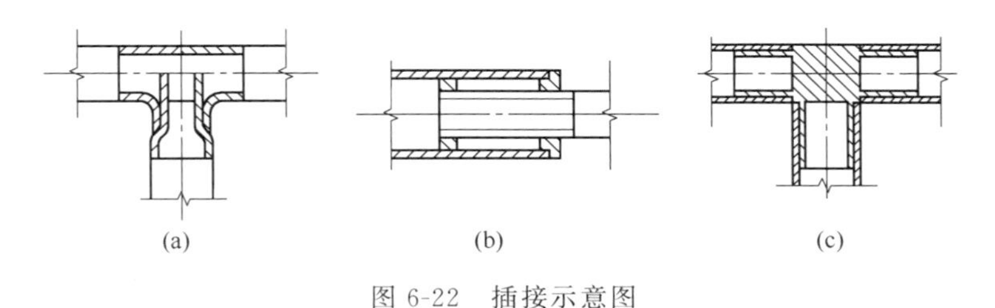

图 6-22 插接示意图

（a）缩口插接 （b）滑动插接 （c）三通插接

（5）挂接

金属家具的挂接是指利用金属挂接构件将金属家具或家具零部件悬挂组合的一种方式，其特点是便于拆装。常见的挂接形式有双挂钩挂接、斜支撑挂接和床挂钩挂接等，如图 6-24 所示双层金属床就是使用双挂钩连接组装而成的。

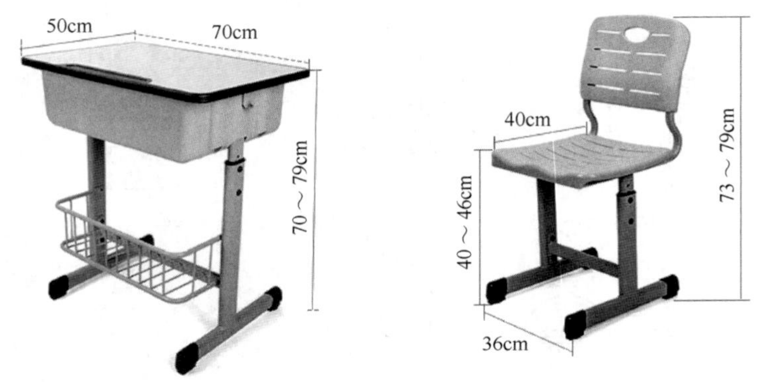

图 6-23　可调节儿童桌椅

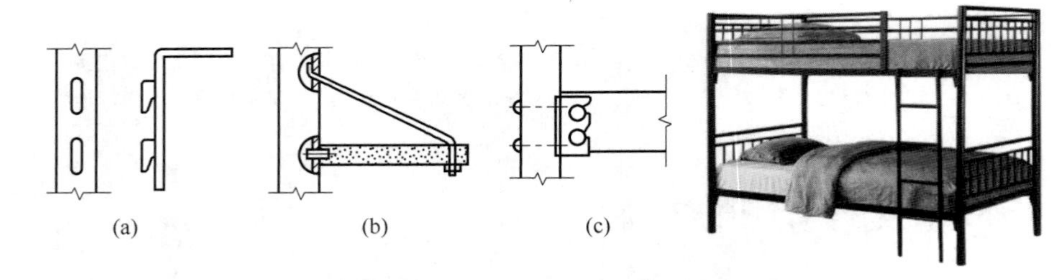

图 6-24　挂接类型及使用挂接结构的金属床
（a）双挂钩挂接　（b）斜支撑挂接　（c）床挂钩挂接

6.2　塑料家具

塑料是以单体为原料，通过加聚或缩聚反应聚合而成的高分子化合物，其抗形变能力中等，介于纤维和橡胶之间。塑料家具是指主体构件材料为塑料的家具。

6.2.1　常用材料

6.2.1.1　通用塑料

（1）聚乙烯（PE）

由单体乙烯聚合而成的聚合物，乳白色蜡状半透明材料，比水轻、易燃、无味、无毒，机械强度不高，但抗冲击性能好，属于热塑性塑料，易于加工成型。有良好的化学稳定性，耐酸碱性能较好，耐热性不佳，电绝缘性能好。在家具制造中，常用低密度聚乙烯。

（2）聚氯乙烯（PVC）

由氯乙烯单体在过氧化物、偶氮化合物等引发剂作用下聚合而成，属热塑性塑料。其中，软质聚氯乙烯坚韧柔软，具有弹性体性质；硬质聚氯乙烯强度、刚度、硬度较高，韧性较差，抗冲击强度很低，属于脆性材料；聚氯乙烯能耐大多数酸碱、有机溶剂和无机盐溶液，热稳定性差，对光敏感。

（3）聚丙烯（PP）

聚丙烯为丙烯单体经过聚合得到的高聚物，属于热塑性塑料。相对密度较小，光泽性和着色性好，机械强度、刚度、硬度在通用塑料中较高，具有优良的抗弯曲疲劳性、耐化学腐蚀性和耐热性，但低温脆性大，且耐候性差，易老化。

（4）聚苯乙烯（PS）

聚苯乙烯由苯乙烯单体通过自由基聚合而成，品种包括通用性聚苯乙烯和可发性聚苯乙烯（聚苯乙烯泡沫）。其主要性能为：表面有光泽、无味、无毒，相对密度小，常温下是透明的坚硬固体，透光率可达88%～90%，脆性大，无延展性，易出现应力开裂现象；化学稳定性好，但不耐氧化酸；热导率小，受温度影响不显著，耐候性不佳。

（5）ABS

ABS是丙烯腈（AN）、丁二烯（Bd）、聚乙烯（St）单体接枝共聚而成的三元共聚物，具有三种组分的共同性能（坚韧、质硬、刚性），属于热塑性塑料。外观为浅白色，不透明，无毒、无味，具有很好的着色性和光泽度，力学性能优良，最突出的是抗冲击性能好，强度、抗蠕变性和耐磨性较好；耐化学性较好，但耐候性较差，在紫外线或热作用下易氧化降解。

（6）酚醛树脂（PF）

酚醛树脂由酚类化合物与醛类化合物缩聚而成，其中以苯酚与甲醛缩聚而得的聚合物最常使用。其强度和弹性模量较高，长期受高温后的强度保持率高，但性脆，抗冲击性能差；兼有耐热、耐磨、耐蚀的优良性能；绝缘性能良好；吸水后易膨胀和出现翘曲。

（7）环氧树脂（ER）

环氧树脂是分子中含有两个以上环氧基团的一类聚合物的总称，是环氧氯丙烷与双酚A或多元醇的缩聚产物，属于热固性塑料。在室温下容易调和固化，对金属、塑料、玻璃、陶瓷等具有良好的黏附能力；具有较高的机械强度和韧性、优良的耐酸碱以及有机溶剂性能；具有突出的尺寸稳定性和良好的电绝缘性能。

（8）氨基树脂（AF）

氨基树脂是含有氨基或酰胺基团的化合物与醛类化合物缩聚的产物。主要包括脲醛树脂（UF）和三聚氰胺甲醛树脂（MF），都属于热固性树脂。其性能分别为：①脲醛树脂：容易固化，表面硬度较高、耐刮伤、易着色，耐弱酸弱碱，可制成表面粗糙度低、色彩鲜明的制品；但受潮容易发生变形和裂纹，耐热性较差。②三聚氰胺甲醛树脂：具有较好的耐碱性和介电性能，可在沸水条件下长期使用；其制品的表面硬度高，耐污染，可以自由着色。

（9）聚氨酯（PU）

聚氨酯是指分子结构中含有许多重复的氨基甲酸酯基团的一类聚合物。根据组分不同，可制成热塑性和热固性聚氨酯。具有优异的弹性，耐撕裂性优于一般橡胶，耐油、耐磨、耐化学腐蚀，黏附性好，吸震能力强，能制成各种彩色制品。轻质聚氨酯泡沫塑料即海绵，韧性好，回弹快，吸声性好；半硬质泡沫塑料耐磨性与橡胶相似，能隔热、吸声、减震；硬质泡沫塑料具有可锯、可刨、可钉的特点。

（10）有机玻璃（PMMA）

有机玻璃是以丙烯酸及其酯类聚合而得到的聚合物，由于其透光性好，可与普通硅酸盐无机玻璃比拟，故俗称有机玻璃，质量轻，为刚性无色透明材料，具有很高的透光性，力学性能较好。但质脆，易开裂，表面硬度低，易刮毛和划伤；耐热性一般，易燃；电绝缘性和耐候性较好。

6.2.1.2 常用工程塑料

（1）聚酰胺（PA）

聚酰胺是聚合物大分子链中含有重复结构单元酰胺基团的聚合物总称，俗称尼龙，主要由二元酸与二元胺或氨基酸内酰胺经缩聚或自聚而得。制品坚硬、表面有光泽，为白色至淡黄色；具有优良的力学性能，拉伸强度、刚性、抗冲击强度和耐磨性都较好；具有良好的化学稳定性；但热变形温度较低，耐候性一般，若长期暴露在大气环境中会变脆，力学性能明显下降。

（2）聚碳酸酯（PC）

聚碳酸酯指分子主链中含有（—O—R—O—CO—）链接的热塑性树脂。无毒、无味、无臭；透明、呈轻微淡黄色，具有优良的力学性能、较高的尺寸稳定性；但耐磨性、耐疲劳性较差；具有一定的抗化学腐蚀性、很高的耐热性和耐寒性，且电绝缘性和耐候性较好。

（3）聚甲醚（PPO）

聚甲醚是一种无侧链、高密度、高结晶度线性聚合物，具有优良的综合性能：表面光滑且有光泽，着色性好；吸水性小，尺寸稳定性好；力学性能好，具有高弹性模量、硬度和刚度；抗疲劳强度、耐磨性和自润滑性均较好；室温下耐化学性能优良；热变形温度较高，但热稳定性不好；化学稳定性和电绝缘性能优良。

（4）聚苯醚（PPO）

聚苯醚又称为聚亚苯基氧，是一种线性、非结晶型聚合物，综合性能优良。具有较高的刚度、硬度、拉伸强度和抗冲击强度；耐化学药品性能优良，良好的耐热性和阻燃性能；优异的电绝缘性能和很好的耐沸水性能。

（5）热塑性聚酯

热塑性聚酯是由饱和二元酸和饱和二元醇缩聚得到的线性高聚物。常用的热塑性聚酯有聚对苯二甲酸乙二醇酯（PET）和聚对苯二甲酸丁二醇酯（PBT）。其中，聚对苯二甲酸乙二醇酯为无色透明或乳白半透明的固体，具有较高的拉伸强度、刚度和硬度，但也有一定的柔顺性和良好的耐磨性、耐蠕变性，并可以在较宽的温度范围内保持良好的力学性能，耐候性佳。聚对苯二甲酸丁二醇酯为乳白色结晶固体，无味、无臭、无毒，制品表面有光泽，具有优良的电绝缘性。

（6）聚四氟乙烯（PTFE）

聚四氟乙烯是氟塑料中最重要的一种，是分子中含有氟原子的一类高分子合成材料。聚四氟乙烯的分子链规整性和对称性极好，是一种结晶聚合物。其自润滑性极好、化学稳定性好、耐温性能优异、电性能优良、介电损耗小、耐候性能优良。

（7）双酚 A 型聚砜（PSU，简称聚砜）

简称聚砜，是一类在分子主链上含有芳香基和砜基的非结晶型塑料，是由异亚丙基、醚基、砜基和亚苯基连接起来的线性高分子聚合物。具有优良的力学性能，其抗拉强度和弯曲强度都高于一般的工程塑料，但抗疲劳性差；同时，化学稳定性极好，耐热性能优良，耐辐射性能优良，但耐候性和耐紫外线性能差。

（8）有机硅

有机硅树脂是以硅-氧键为主链，侧基为有机硅与硅原子相连的交联型半无机高聚物。其主要性能为具有很高的耐热性、耐寒性、耐药品性和电绝缘性、憎水性，耐候性也非常突出，即使在紫外线强烈照射下也不会变色，但机械强度较低。

6.2.2 基本结构

塑料家具大部分为壳体结构，其结构的设计即为塑料壳体零部件的设计。零件的壳体结构设计应保证壁厚尽可能均匀，相邻壁厚有差异时，一定要平缓过渡，转角处要有适当的过渡圆角，同时应使用加强筋来增加强度和刚度。

（1）过渡圆角结构设计

如图 6-25 所示，原设计在零件的转角处无圆角过渡，易产生应力集中，影响结构强度。当在零件的转角处采用了圆角过渡，既可有效地防止应力集中，又能提高零部件的强度。如图 6-26 所示塑料椅子就采用了过渡圆角设计，不仅在造型上使产品变得相对柔和，更重要的是有利于脱模。

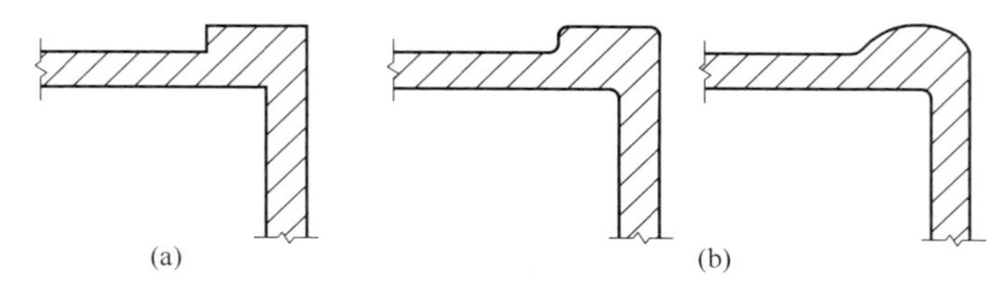

图 6-25 转角部位的过渡圆角设计

（a）原设计 （b）改进后的设计

图 6-26 圆角在塑料家具设计中的应用

（2）加强筋与脱模角

对于强度与刚度要求较高时，通常不是用简单地增加壁厚的办法来增加强度，而是要对零件的整体或某一局部采用加强筋。在塑料家具结构设计时还要充分考虑方便脱模，即要设计脱模角。如图 6-27 所示，脱模角a=2°～5°，过渡圆角半径 R=(0.5～2)T，但不得小于 0.5mm，加强筋的高度H<(2～3)T，加强筋的厚度 B=(0.5～1)T，B=0.5T 时为最佳，两个加强筋的间隔 L>2B。如图 6-28 所示塑料方凳，由于设有加强筋，即使承受较重的载荷时也不会损坏。

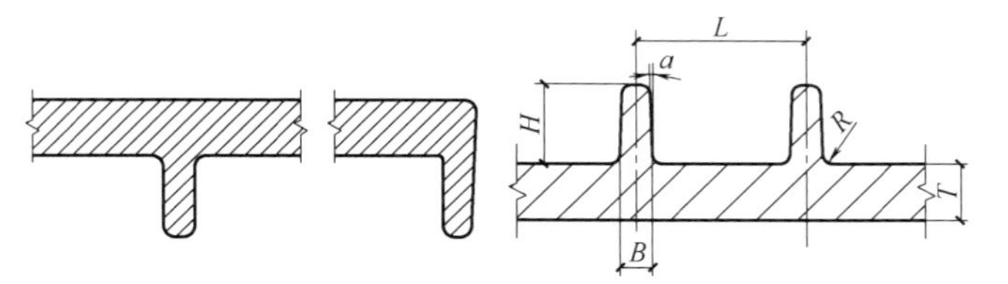

图 6-27 加强筋和加强筋的设计

图 6-28 加强筋在塑料凳子设计中的应用

6.2.3 常用连接方式

塑料家具零部件之间的接合方法有：胶接合、螺纹接合、卡式接合、插入式接合、热熔接合、金属铆钉接合、热铆接合等，也有一次成型的整体结构。

6.2.3.1 整体结构

对于一次成型的塑料家具，没有零部件之间的连接，因此为整体结构，如图 6-29 所示。这类家具的力学强度较高，生产速度快。同时，为了便于脱模、提高生产效率，一般使用组合模具，因此模具的成本相对较高。

图 6-29 整体成型的塑料家具

6.2.3.2 胶接与熔接

（1）胶接合

塑料的胶接合是用聚氨酯、环氧树脂等高强度胶黏剂涂于接合面，将两个零件胶合在一起的方法。绝大多数工程塑料都可以用胶黏剂进行粘接，是热固性塑料唯一的粘接方法。如图 6-30 所示塑料椅子，为了降低生产成本，可以将椅腿单独成型，然后使用胶接的方法与座面接合在一起。

图 6-30 采用胶接方式连接成型的塑料家具

（2）热熔接合

热熔接合又称焊接，是热塑性塑料家具构件连接的基本方式。热熔接合是利用热塑性塑料加热熔融的特性，在高温下（95～260℃）处于胶接流态，在接触压力的作用下冷固后获得一定强度的接合方法，是一种不可拆卸的连接方法，如图6-31所示。根据热能的不同，塑料焊接的方法可以分为热气焊、超声波焊、摩擦焊、发热工具焊、高频焊和激光焊等。

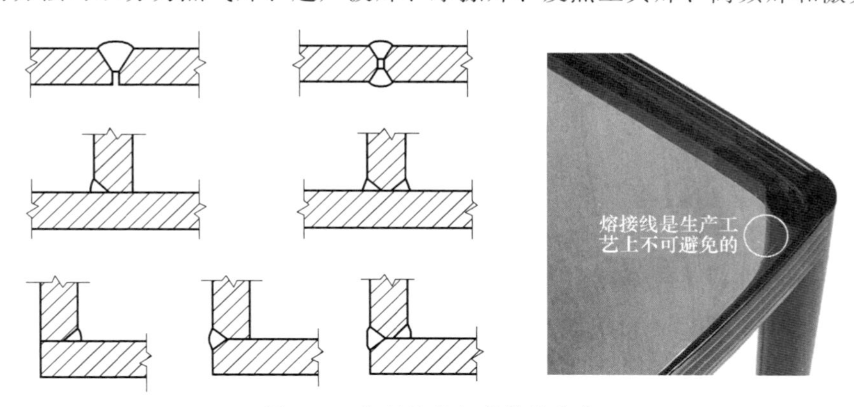

图6-31　塑料构件间的热熔接合

6.2.3.3　螺纹接合

螺纹接合是塑料家具中常用的接合方法，通常有直接螺纹接合、间接螺纹接合、自攻螺纹接合三种。直接螺纹接合是在塑料零件上直接加工出的螺纹接合方法。设计外螺纹时应注意螺纹不要延伸至支承面的相连处，以免端部螺纹脱落。如图6-32所示，要求$E>0.2$mm，$F>0.5$mm。设计内螺纹时应在螺纹孔口留有一个台阶形的孔穴，螺纹不要延伸到孔的内部，要求$M>0.2$mm，$N>0.5$mm。

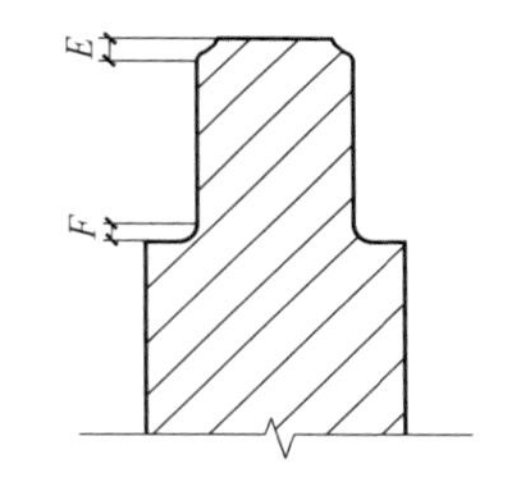

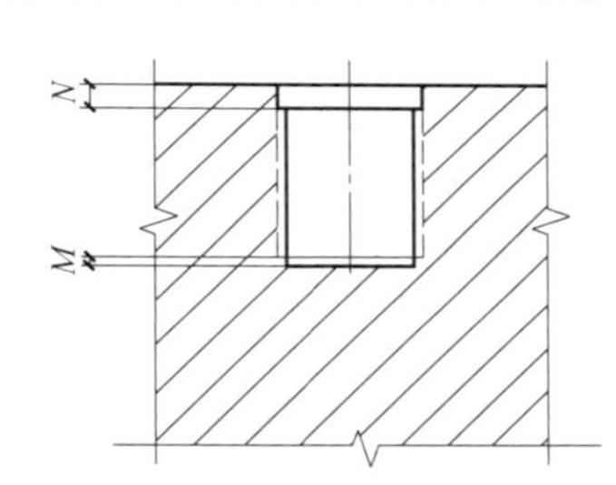

图6-32　直接螺纹接合

间接螺纹接合是指通过金属的螺杆（螺钉）与螺母紧固两个塑料零件的方法，如图6-33所示，塑料零件可以通过独立的螺杆（螺钉）与螺母接合或是内嵌的螺钉与螺母接合。

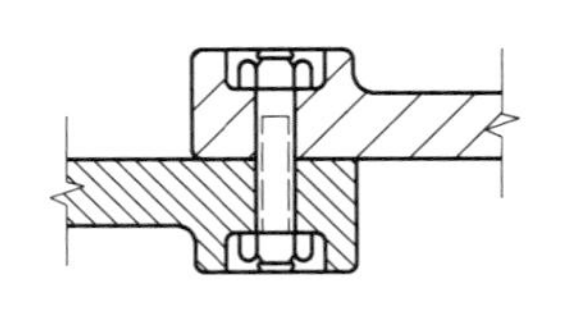
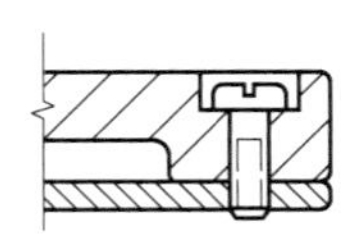
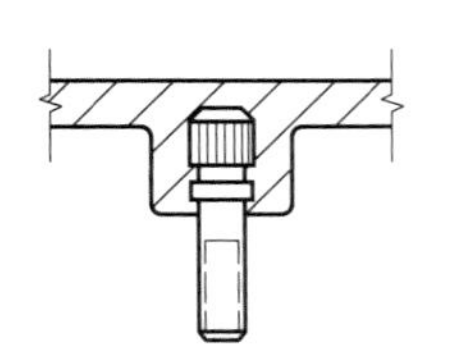
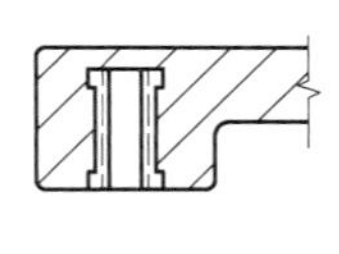

图6-33　间接螺纹接合

自攻螺纹接合是指通过自攻螺钉拧入被接合零件的光孔内，自攻螺钉的齿尖扎入光孔壁，实现紧固接合，如图6-34所示。

图6-35呈现了利用螺丝（螺钉、螺杆等）将塑料构件与金属支架连接在一起的实例。

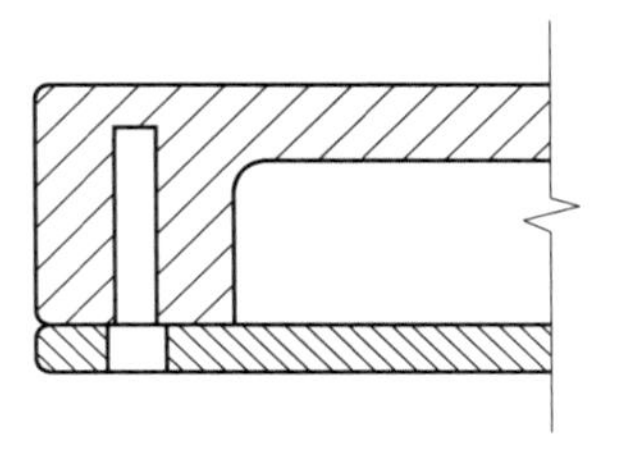
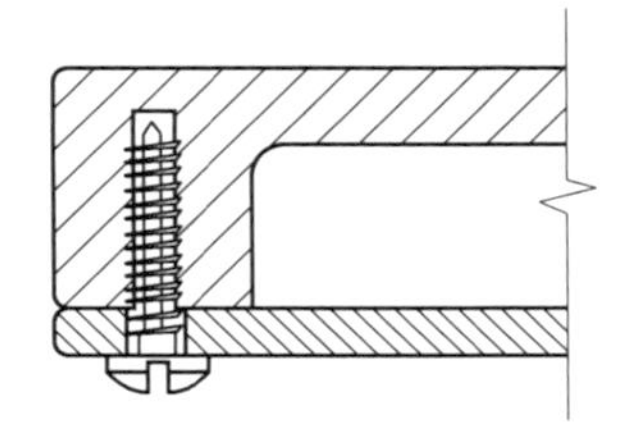

图6-34　自攻螺纹接合

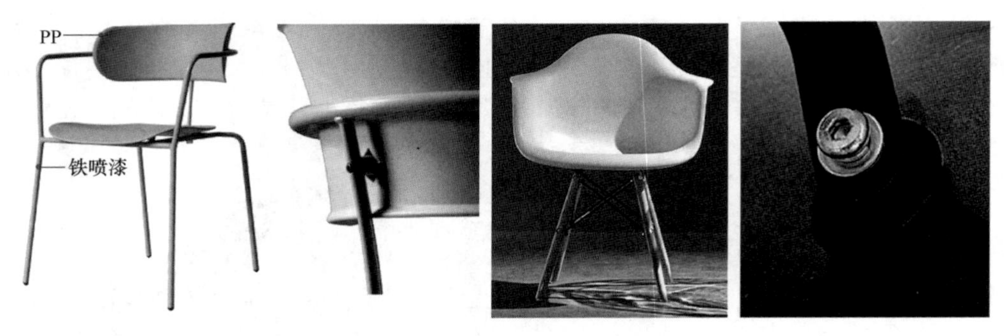

图 6-35　用螺钉（杆）将塑料构件与金属支架固定在一起

6.2.3.4　卡扣式接合

卡扣式接合是将带有倒刺的零件沿箭头方向压入另一个零件，借助塑料的弹性，倒刺插入凹口内，完成连接。如图 6-36 所示塑料椅子座面与金属支架之间就是通过卡扣来连接的。

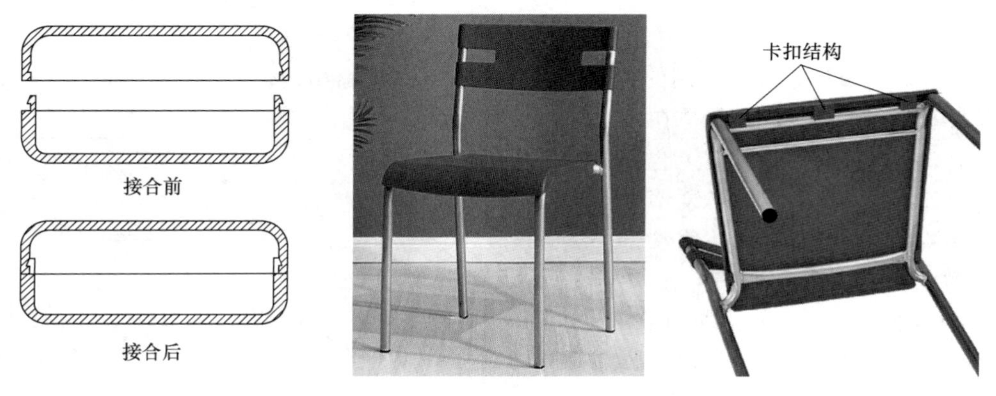

图 6-36　塑料家具中的卡扣式连接

6.2.3.5　插入式接合

插入式接合是将金属构件（或木质构件）插入塑料零部件的预留孔内，金属构件与塑料零部件上的孔之间采用过盈配合，以便获得较大握紧力。如图 6-37 所示塑料椅子腿部的接合就采用了插入式结构，并通过锁紧螺钉防止脱落。

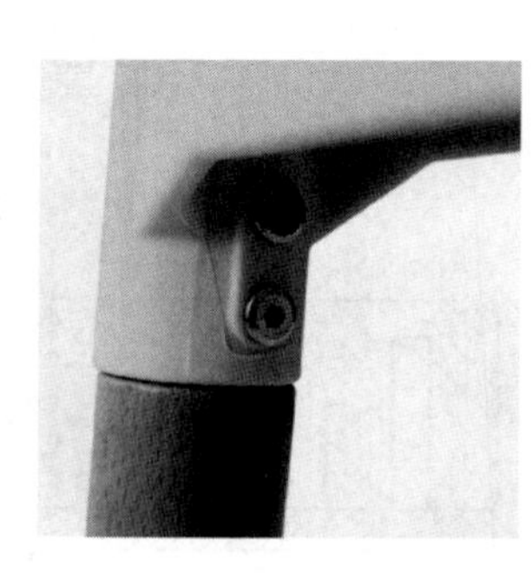

图 6-37　塑料家具中的插入式结构

6.2.3.6 金属铆钉接合

金属铆钉接合是将两件或两件以上的构件连接在一起的方法。连接时会选用比工件长的铆钉，将其插入工件预先加工的洞中，由于铆钉的长度大于被连接构件的总厚度，因此，尾部会高于工件一小段，使用工具将尾部凸出部分锤平，这样便将构件固定在一起了，如图6-38所示。铆钉固定后两侧都有凸起的部分，因此可以承受和铆钉平行的张力负载。

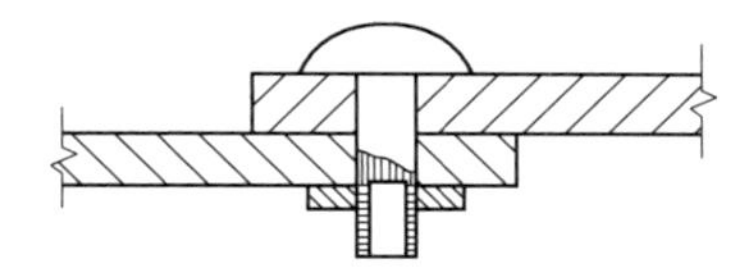
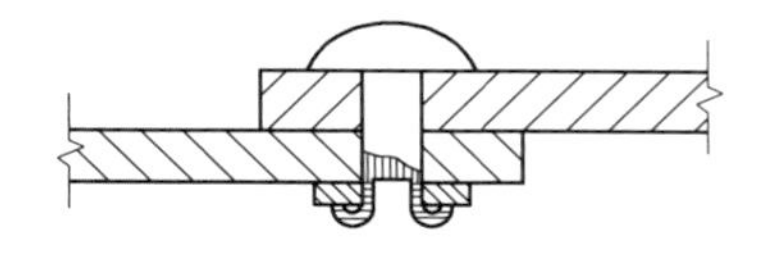

图6-38 塑料构件间的金属铆钉接合

6.2.3.7 热铆接合

热铆是通过高温将需要连接的构件变性乃至融化后连接在一起的方法，如图6-39所示。由于加热后铆钉的塑性提高、硬度降低，钉头成型容易，所以热铆时所需的外力比冷铆要小；同时，在铆钉冷却过程中，钉杆长度方向的收缩会增加板料间的正压力，当板料受力后可产生更大的摩擦阻力，提高了铆接强度。热铆常用在铆钉材质塑性较差、铆钉直径较大或铆接力不足的情况下。

总之，金属和塑料都是常用的设计材料，在家具中使用广泛，除了单独用来制造金属和塑料家具之外，还能与其他多种材料搭配使用，使家具产品变得色彩斑斓。

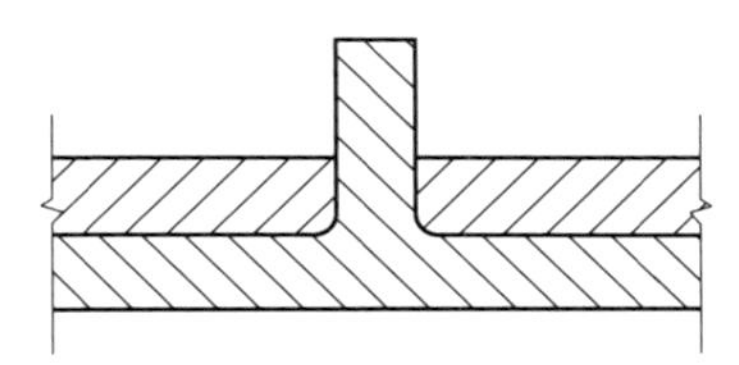
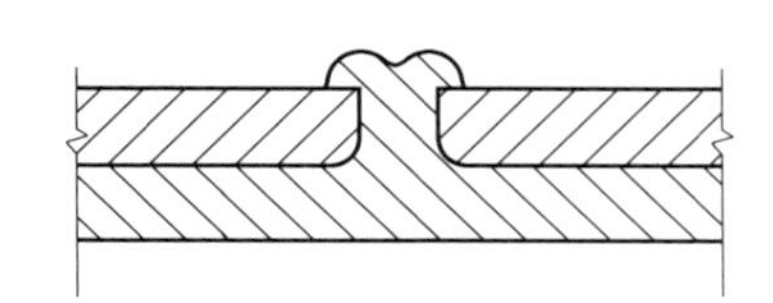

图6-39 塑料构件间的热铆接合

第7章
竹、藤家具结构

竹类植物属于禾本科的竹亚科，生长周期短，是一种分布地域较广的速生材料。传统的竹家具主要以原竹为基材，利用竹竿通直、柔韧性好的特性，通过弯曲、缠绕、编制等方法来制作家具与器物。随着现代材料制造技术的发展，出现了以竹为基材的竹集成材、竹重组材、竹质人造板等多种新型竹质材料。以这些材料制成的竹家具既保留了竹子彩色淡雅、纹理顺直的固有特性，又具有材性稳定、便于工业化生产的特点。目前，在家具制作中常用的竹材主要有圆竹、竹篾、竹片、竹集成材、竹重组材等。

7.1 竹家具及其结构

竹材具有良好的强度、韧性、弹性和弯曲性能，因此，可以充分利用竹材的这些特性，采用剖、冲、刨等工艺，辅以编织等技术来制作家具。常用于制作家具的原竹竹种有毛竹、刚竹、慈竹、桂竹、青皮竹和茶杆竹等。常用竹材有原竹、竹集成材、竹重组材。

（1）原竹

原竹是指竹子经采伐、截根和除枝梢后保留圆形而中空有节的竹材竿茎。原竹不仅是实用的商品，还具有相当的观赏性，让人有回归自然的惬意，还能感受到扑面而来的中国传统文化气息。常见的原竹家具有竹椅、竹桌、竹床、竹花架、竹衣架、竹屏风等。

（2）竹集成材

竹集成材是一种可用于制造家具的新型竹基材料，是将圆竹加工成一定规格尺寸的矩形条状板片，再进行防腐、防霉、防蛀、干燥、涂胶等工艺处理后组坯、胶压而成的竹质板材或方材。竹集成材具有幅面大、变形小、尺寸稳定、强度大、刚度好、耐磨损等优点，且保留了竹材物理力学性能优良、收缩率低的特性。在制作家具时，可以采用实木与人造板家具的加工工艺。

（3）竹重组材

竹重组材是将竹材疏解成通长的、相互交联并保持纤维原有排列方向的疏松网状纤维束，经防腐、防蛀、干燥、施胶、组坯，并通过具有一定断面形状和尺寸的模具成型胶压而成的板材或方材。竹重组材的表面纹理富于变化，外观美丽。通过碳化处理和混色搭配制成的重组竹，在色泽、纹理、材性等方面与红木类似。竹重组材家具结构既可以采用传统的榫卯结构，也可以采用现代的连接件，并具有良好的接合性能和表面涂饰性能。

竹基复合材料是以竹材为原料，利用现代材料制造技术制成的高性能竹基材料。目前常见的竹基复合材料有竹集成材、重组竹等。利用竹基复合材料制造家具时要熟悉材料本身的特点，如重组竹在尺寸上有高档实木的特点，故可以采用榫卯结构。而对于类似于人造板的竹集成材则可以采用木质人造板的结构，如使用金属五金件来连接与支撑家具制品。竹基复合材料家具结构在此不再详述。

7.1.1 原竹家具结构

原竹家具主要是指以原竹为基材制成的家具产品，其最大的特点在于能够较好地保存竹子最原始的天然特征。原竹家具的结构要基于竹子的基本特性来实现，如柔韧、中空等。因此，原竹家具的结构在很大程度上有别于其他基材家具的结构，如中空的弯曲构件以及这些构件之间的接合技术就是实现原竹家具功能的重要因素。

7.1.1.1 弯曲结构

竹材的弯曲构件是组成原竹家具框架结构主要部件之一，是采用一定的加工工艺将竹段弯曲成竹家具的骨架。常见的方法有加热弯曲法和开凹槽弯曲法。

（1）加热弯曲法

原竹的加热弯曲法是指在一定温度下对竹材施加一定的外力将其弯曲成符合设计曲度的方法。加热的方法有火烤热弯、油浴热弯、蒸汽热弯和灌砂热弯等，其中火烤热弯法最为常见，如图7-1所示。加热弯曲法加工便捷、生产效率高、生产周期短，既可保持竹材的天然美，又能使竹材的强度基本不变，特别适用于小径竹材的加工制作。

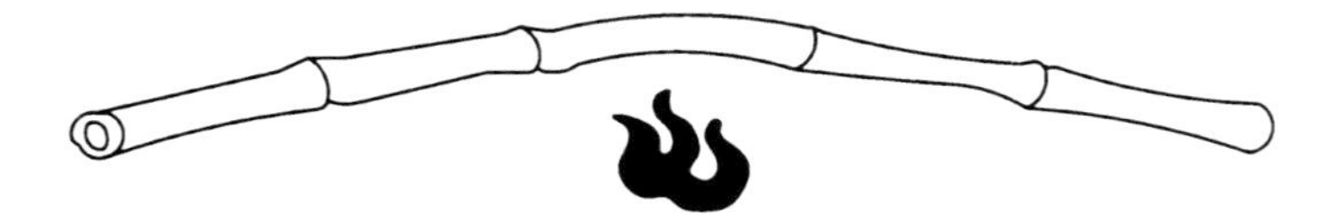

图7-1 火烤热弯法

（2）开凹槽弯曲法

开凹槽弯曲法是根据不同的弯曲要求，在竹段上计算出待开凹槽的尺寸、画线定位、铣出凹槽，并将凹槽部位加热弯曲，再把预制竹段或圆木棒填入凹槽、夹紧、冷却成型。由于原竹是中空的，因此其结构也独具特色。原竹常见的开凹槽弯曲方式有并竹弯曲、方折弯曲、锯三角槽口弯曲等。

① 并竹弯曲结构：如图7-2所示，弯曲部件称为“箍”，被包部件称为“头”。制作并竹弯曲构件时，被弯曲部件构件的直径$D \geqslant 4/3R_{头}$。同时，并竹弯曲构件还有单头、双头和多头之分。开料尺寸为：

凹槽深度：$D/2 \leqslant h \leqslant 3D/4$

凹槽弧段半径：$R=r=h$

凹槽长度：$L=2\pi r+4(n-1)r$，n为“头”数

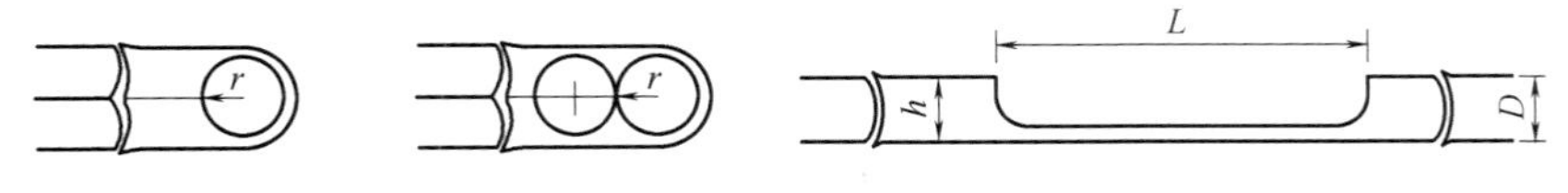

图7-2 并竹弯曲

② 方折弯曲结构：方折弯曲结构的类型很多，若成品为正三角形则为“三方折”，若成品为正六边形则为“六方折”，若折成某一角度α，则称为“α角折”，如图7-3所示。开料尺寸为：

凹槽深度：$h \leqslant r+r\sin(\alpha/2)$

凹槽弧段半径：$R=r$

凹槽长度：$L=2\pi r-\alpha\pi r/180°$

折角：$\beta=90°+\alpha/2$

③ 锯三角槽口弯曲结构：在原竹段弯曲部位的内侧，均匀锯切三角形槽口，然后用火烤加热弯曲部位后将竹段向内弯曲，冷却定型后即可得到弯曲构件。此法多用于弯曲大径原

竹，其不足在于竹段强度在弯曲后会受到一定的影响，且加工工艺要求高。锯三角槽口弯曲结构可分为角圆弯曲结构和正圆弯曲结构。

a. 角圆弯曲结构：将竹段弯曲后成某一角度 α 所构成的原竹弯曲构件，如图 7-4 所示，常见于沙发扶手、圆角茶几面外框框架等部位。开料尺寸为：

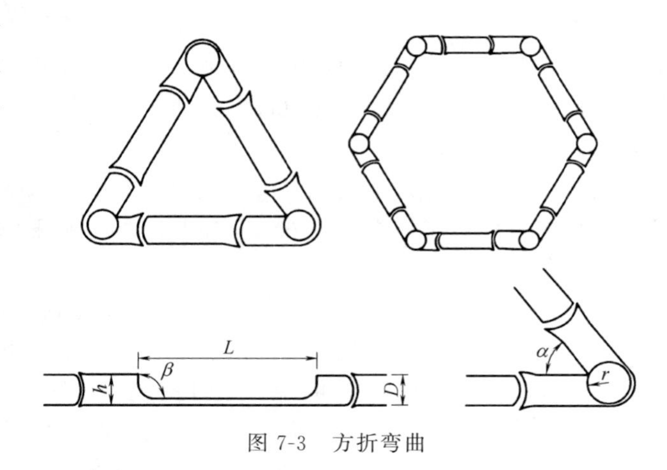

图 7-3　方折弯曲

弯曲部位长：$P=\alpha\pi R/180°$

开口深：$D/2\leqslant h\leqslant 3D/4$

开口宽：$L=2\pi h/180°n$

开口间距：$l=\alpha\pi r/180°n$，其中 n 为开槽数

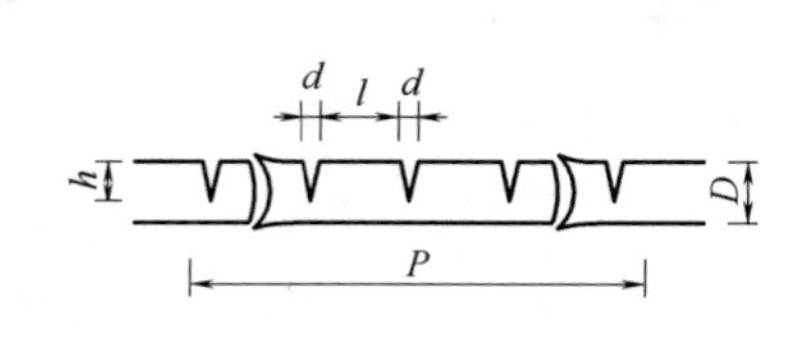

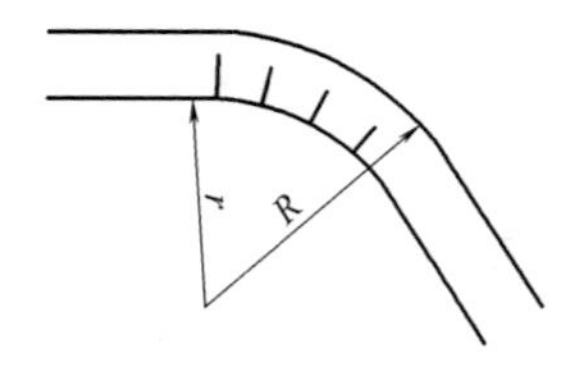

图 7-4　角圆弯曲

b. 正圆弯曲结构：把竹段弯曲成正圆形，如圆椅座板、圆桌面等构件，一般正圆弯曲构件多有外包边以减小构件在使用过程中的变形，如图 7-5 所示。开料尺寸为：

外包边料长：$L=2\pi R+$接头长

外包边料净长：$L_{净}=2\pi R$

开口深：$D/2\leqslant h\leqslant 3D/4$

开口宽：$d=2\pi h/n$

开口间距：$l=2\pi r/n$，n 为开槽数

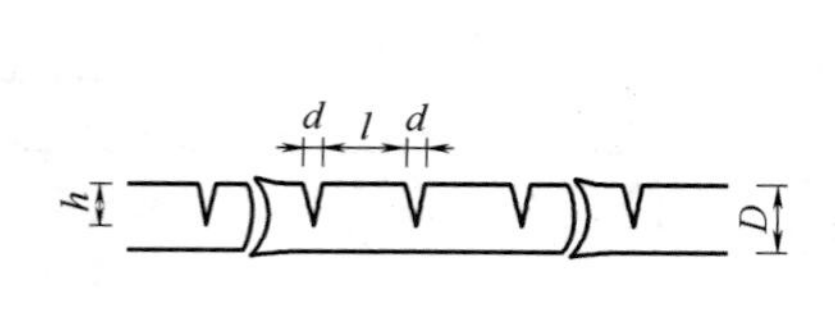

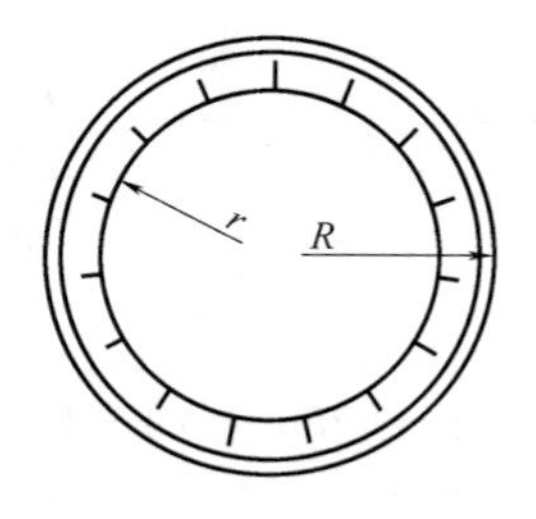

图 7-5　正圆弯曲

7.1.1.2　直材的接合

在原竹家具构件中，除了原竹弯曲构件外，还需要一些由圆竹或竹片所构成的直型构件一起接合构成原竹家具的骨架。在直型构件中，一般常用的有圆棒接、丁字型接、十字型接、L 型接、并接、嵌接、缠接等接合方法。

（1）圆棒连接

圆棒连接是把预制好的圆木芯涂胶后塞入两个需要被连接的等粗竹段空腔中，若端头有

节隔，需要打通竹节后再接合，如图 7-6 所示。这种方法适用于延长等粗的竹段或闭合框架的两端连接。

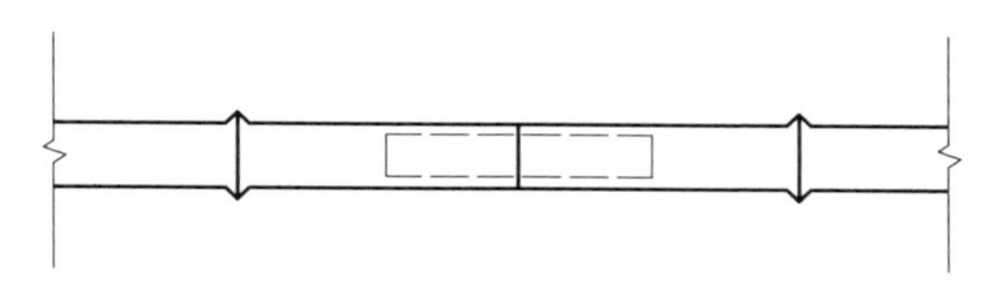
图 7-6 圆棒连接

（2）丁字、十字型连接

可实现同径和不同径竹段之间的相接。具体方法为在一根竹段上打孔，将另一根的端头做成企口形，把预制好的木芯涂上胶黏剂后插入连接。对于直径不同竹段的连接，一般是在较粗的竹段上打孔，孔径的大小与被插入的竹段直径相同，涂胶后插入连接。丁字、十字连接如图 7-7 所示。

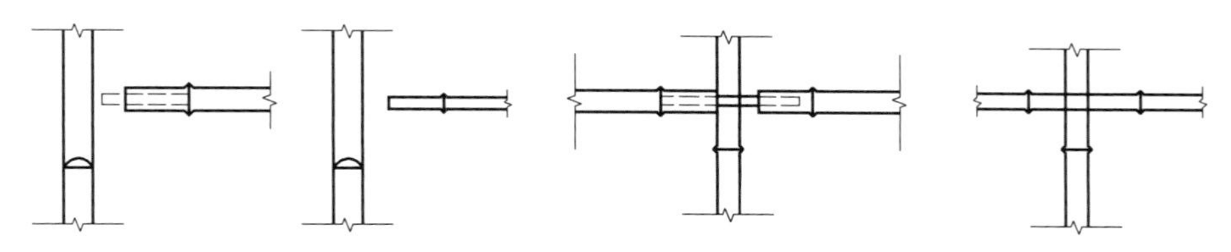
图 7-7 丁字、十字连接

（3）L 型连接

将两根直径基本一致的竹材削成需要的角度，并保持端面的平滑完整，再将事先按照需要角度准备好的圆木芯涂上胶黏剂后塞在两根竹竿的连接端，如图 7-8 所示。L 型连接不仅可以进行 90°直角连接，还可实现其他角度的连接。

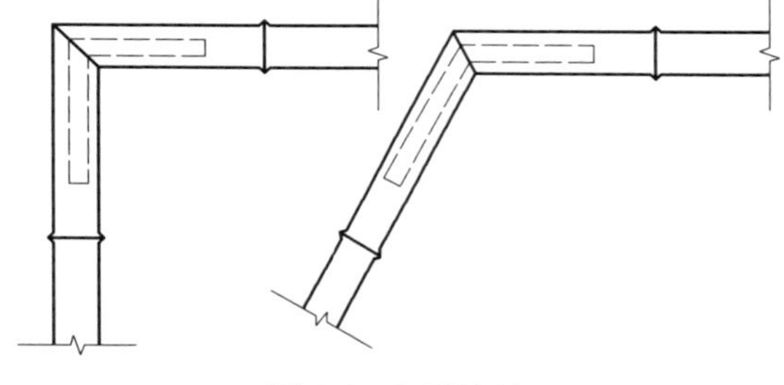
图 7-8 L 型连接

（4）并接

选择直径较小的原竹竿，将竹竿接触面的竹节加工平整，以此来减少缝隙。将处理好的竹材紧密平行摆放在一起，在合适的位置打孔，再将木螺钉、螺栓、钢丝、纤维绳等穿入孔中使其连接在一起，如图 7-9 所示。

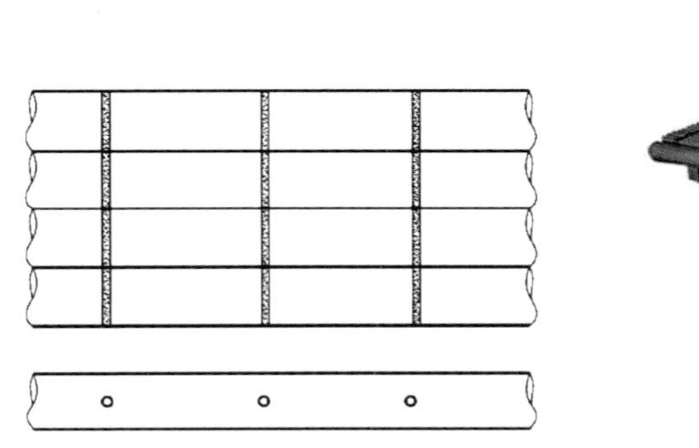

图 7-9 并接示意图及应用

（5）嵌接

嵌接是竹家具面层骨架和水平框架常用的接合方式，具体为一根竹段弯曲环绕另一竹段一周之后将两个端头接合在一起。操作时选用直径基本相同的竹段，取弯曲竹段的两个端头纵向削去一半，围绕另一竹段弯曲一周之后，再与保留的另一半对接而成，如图 7-10 所示。

（6）缠接

在竹材的接合处利用藤皮、塑料带、竹篾等进行缠绕，目的是增加竹材接合的牢固程度，如图 7-11 所示，这是竹、藤家具中最常见的一种连接方法。

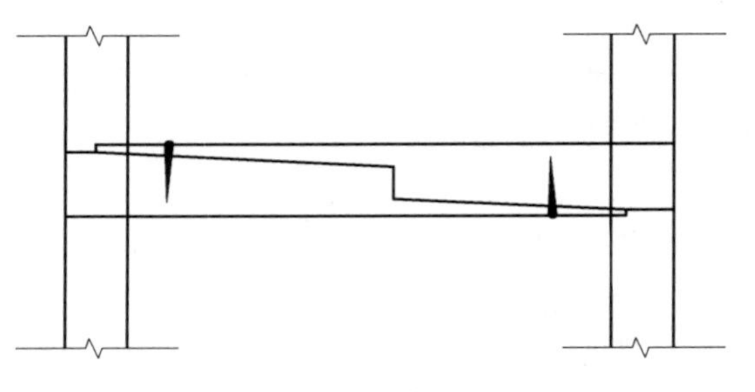
图 7-10　嵌接

7.1.2　竹片家具结构

竹片家具是指主体由竹片所构成的家具。竹片家具不仅能够保留竹材的基本特征，同时能充分发挥竹片弹性与柔韧性好的特点。如图 7-12 所示，椅子不仅造型新颖，也方便实用。

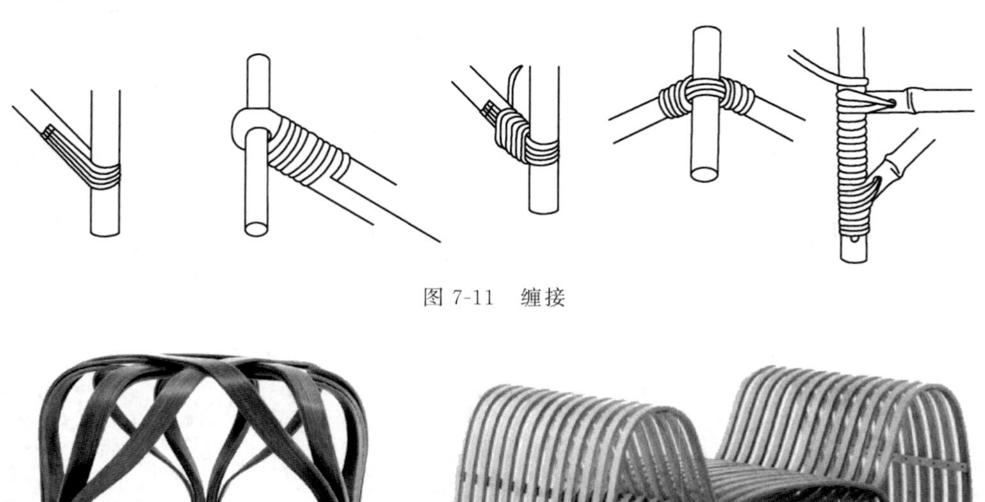
图 7-11　缠接

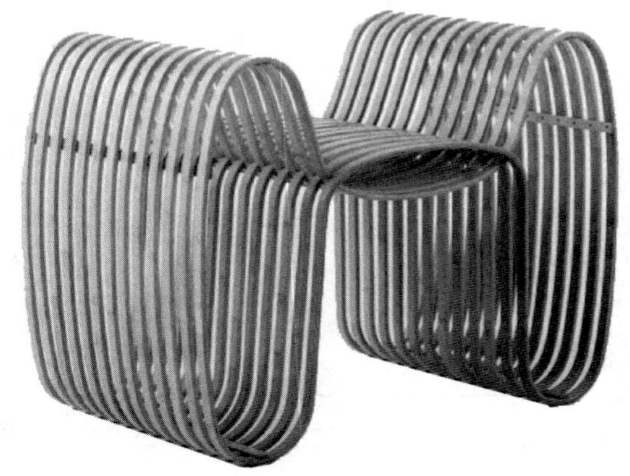
图 7-12　竹片家具

7.1.2.1　常见竹片家具构件与结构

（1）竹条拼面与竹排拼面

① 竹条拼面：竹条拼面是在竹质框架相对应的两边打上相应的孔洞，在竹条上制作榫头，涂胶后将竹片一根根平行插入而成。同时，两端需要采用竹销钉加固，如图 7-13 所示。常见的榫接合方式有圆榫接合、方榫接合、双圆榫接合、半圆榫接合、尖头榫接合等。如果竹条过长，还需要在竹条下增加横撑，并在横撑和竹条上打孔，再使用绳索或是竹钉将竹条固定于横撑上。这一类构件主要用于竹质坐具和柜体的侧板等地方。

② 竹排拼面：将大直径的竹材劈成所需尺寸，除节后对两端进行细劈，被细劈后的竹

条在端部处于不完全分离的相连状态；再由竹条排列成竹排，然后在竹排的背面避开节子横向锯口，锯口深度为竹条厚度的2/3，并向一个方向纵劈50mm左右，在锯口处嵌入竹篾进行连接，如图7-14所示。竹排拼面多用于大型竹桌、竹床等板件。

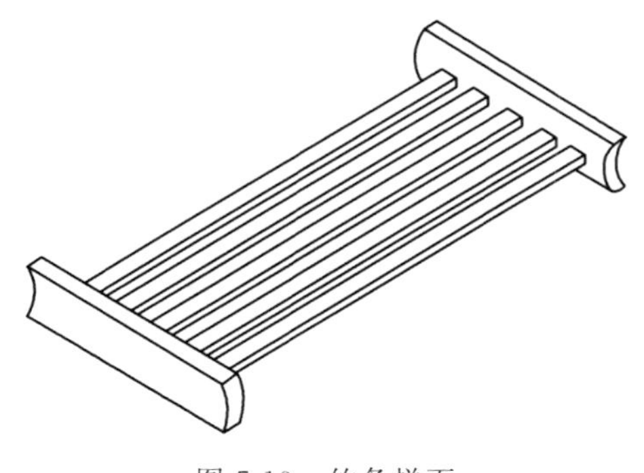

图7-13 竹条拼面

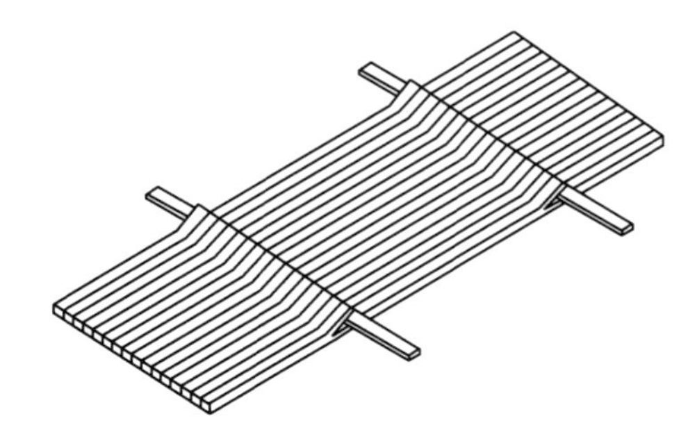

图7-14 竹排拼面

（2）竹帘板和麻将块

① 竹帘板：竹帘板是将竹材加工成断面为矩形的竹条，并将接合面竹节削平，用直尺在其背面画上“W”形线，在竹片上按照画线方向钻孔，再用铁丝或尼龙绳固定，如图7-15所示。竹帘板一般选用直径在80mm以上、厚度在5mm以上的厚壁大径竹材。除了用竹片之外，竹帘板还可以使用直径为6mm左右的圆竹。竹帘板常用作一般的层板和椅类的座板、靠背板与竹条席子等。

② 麻将块：麻将块是选用大径厚壁竹材加工成宽约20mm、长35mm的竹块，砂去四边棱角，竹块中心线部位打“十”字或“＝”字孔，再用弹性和韧性好的绳子穿结而成，如图7-16所示。麻将块常用于制作麻将块沙发垫、麻将块席子等。

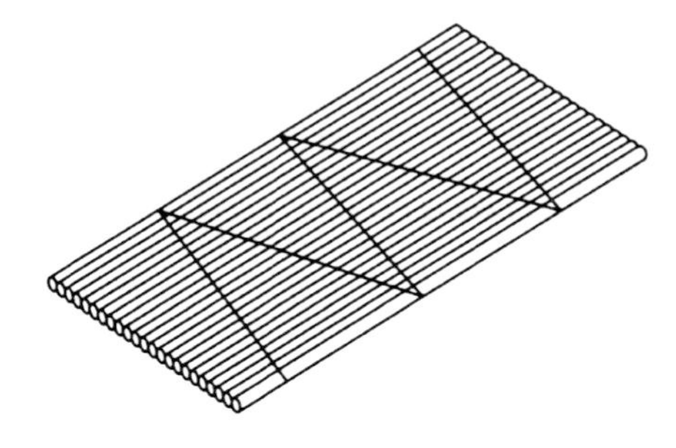

图7-15 圆竹片竹帘板

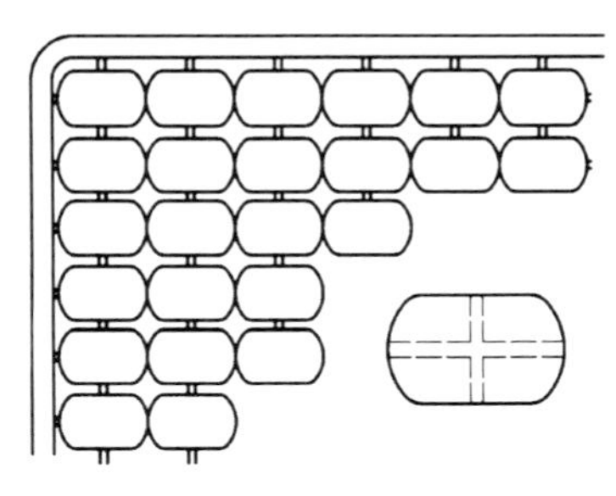

图7-16 麻将块

7.1.2.2 竹片家具的装配

竹质家具的装配结构是将加工好的零部件按照要求组装成一个完整的家具。常见的装配结构有打孔，销钉和压条装配。

（1）销钉接合

① 圆钉与螺钉接合：主要是用圆钉与螺钉将竹制构件连接在一起的方法。为了方便铁钉和木楔钉钉入而防止竹材破裂，需在竹材上用钻孔，然后再钉合，如图7-17所示。

② 竹销钉接合：在销钉接合中，除了使用机制圆钉与螺钉外，还可以就地取材，直接利用竹子制成的竹销来连接与锁紧。竹销钉的做法是将老竹子的竹青部分削成前端尖细后部稍粗的长形圆锥状竹销钉，把竹销钉打入孔洞中，再把多余部分削平即可。也可用铁钉或木

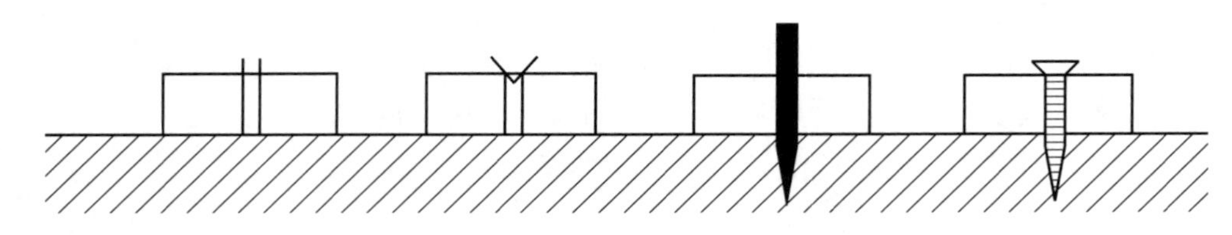

图 7-17　打孔与钉接合

螺钉代替，但方形竹销钉可以更有效地防止松动，如图 7-18 所示。

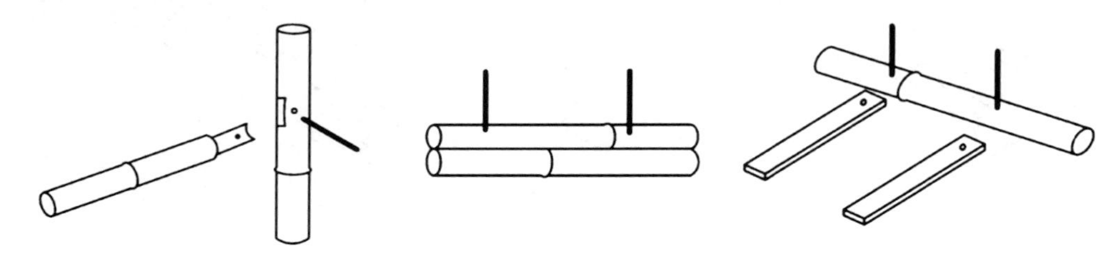

图 7-18　竹销钉接合

（2）压条接合

压条是用于固定板面竹条端头的宽竹片，常用毛竹竹片削制而成。竹质家具的板面通常是安放在框架上的，中间有托撑支撑。压条则用于夹住板面竹条端部使之平齐而不翘起，如图 7-19 所示。它不仅具有固定作用，还具有增强结构的功能。

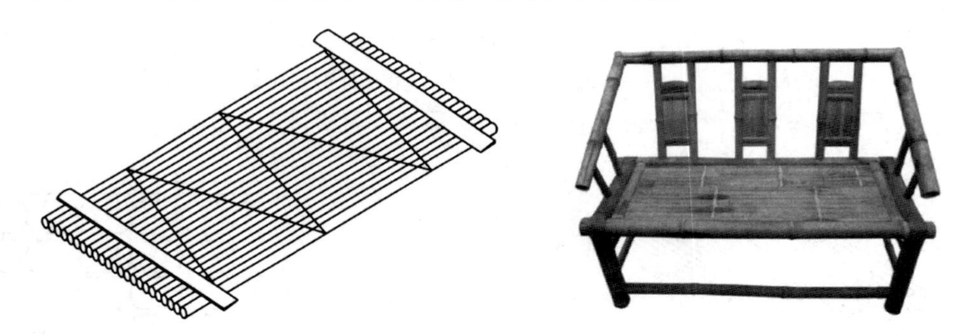

图 7-19　压条接合

（3）缠接接合

缠接接合是在竹制构件的接合处利用藤皮、竹篾等进行缠绕以此来增加竹材接合的牢固程度，如图 7-20 所示。此法多用于框架与框架的部件装配中，能增加竹家具的稳定性和强度。

（4）胶黏剂接合

竹家具的框架，面层或竹编织的缘口在装配时，有关部位需涂胶黏剂进行加固。常用的胶黏剂有：动物胶、聚醋酸乙烯树脂胶（乳白胶）、脲醛树脂胶等。

（5）活动结构

活动结构用于竹家具中需要转动或滑动部位的装配。转动的部件在转动交叉部位打孔，用金属件连接作为轴。在竹子上打孔或者在竹子端头开槽，把预制好的金属杆、竹段或木条穿过孔洞或者嵌入端头槽中，形成滑动部件，常见的有竹子折叠床、竹子躺椅、竹框架滑动门等。如图 7-21 所示活动结构竹质家具，虽然可以折叠，但主要还是依靠金属折叠连接件来完成的。

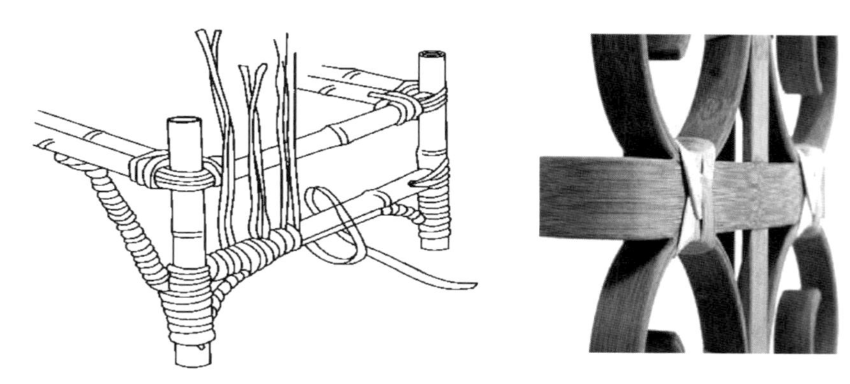

图 7-20　缠接接合

图 7-21　活动结构竹质家具

（6）板式部件结构

板式结构的竹质家具主要是指用竹集成材制成的家具，其结构与木质人造板板式家具结构类似，请参见板式家具结构部分，在此不再赘述。

实际上，对于任何一件家具产品来说，一般都是集几种不同的结构于一体。如图 7-22

图 7-22　使用多种结构与工艺的原竹椅子

所示原竹椅，简洁、质朴，但在结构上也有方折弯曲、锯三角槽口弯曲、丁字和十字型连接、竹条拼面、竹销钉接合、压条接合等多种结构。

7.2 藤家具及其结构

藤家具是以藤材为主要基材制作而成的一类家具，也是史上古老的家具之一。藤条质地牢固、韧性很强，加之热传导性能差、冬暖夏凉等优势，适合制作家具。按照使用藤材的不同，可分为藤皮、藤芯、原藤条、磨皮藤条等家具类型。如图 7-23 所示呈现了不同类型与风格的藤家具。

图 7-23　不同类型与风格的藤家具

藤材作为一种质轻的天然材料在家具制作中应用很广，它不仅可单独用于制造家具，而且还可以与木材、竹材、金属配合使用。在竹家具中又可以作为辅助材料，用于骨架着力部件的缠接及板面竹条的穿连。同时，藤材柔韧，因此可利用藤条、藤芯、藤皮等来编织各种式样的图案，用于靠背、座面等部位。常见的藤家具有藤椅、藤床、藤箱、藤屏风等。藤家具常用的藤材种类主要有棕榈藤、青藤和其他藤类。

（1）棕榈藤

棕榈藤属于木质藤本植物，性能优良，是藤家具最主要的用材。棕榈藤柔韧、耐水、抗拉强度大，具有一定的弹性，主要用作编织品。由于棕榈藤比较柔软，在制作家具时一般需要结合支撑结构起增强作用；也可作为辅助材料用于家具骨架受力部件的缠接及板条的穿连。

（2）青藤

青藤是我国特有的野生植物资源，也是我国藤家具的主要生产原料之一。青藤的茎为实心，干后表皮为米黄色，制成的家具光滑悦目。

（3）其他藤类

其他藤类包括葛藤、紫藤、鸡血藤等。其弯曲性能和编制性能都与棕榈藤相似，但品质较棕榈藤弱，多用于藤家具的编织。

7.2.1 藤家具框架与结构

7.2.1.1 藤家具骨架

藤家具多采用框架作为支撑，在骨架的基础上附设其他装配结构。根据框架材料的不同，可以分为藤框架、竹框架、木框架、金属框架以及几种材料的组合等，其中竹框架和藤框架使用较多。藤家具的框架结构不仅决定家具的外观造型，而且还是家具主要受力部分。因此，框架结构的合理性直接影响家具的强度、稳定性和外观造型。如图 7-24 所示金属框架则多用于户外藤家具。

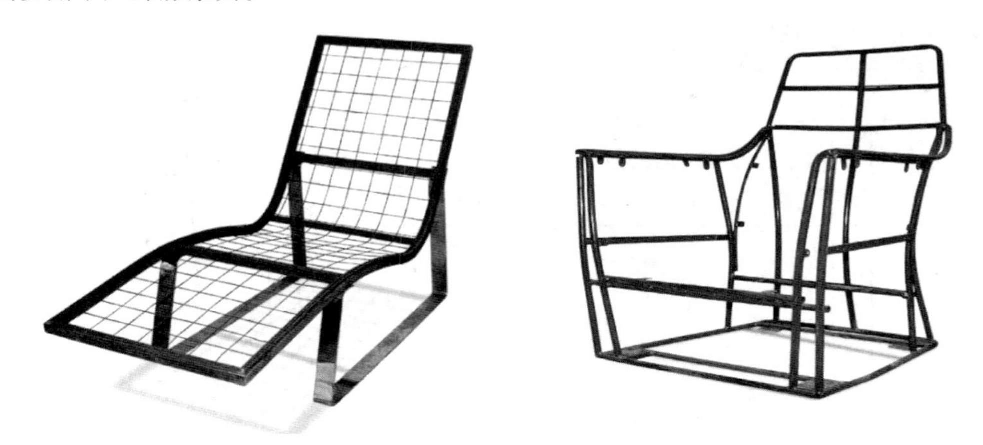

图 7-24 户外藤家具的金属框架

7.2.1.2 藤家具框架连接方式

制作藤家具框架的材料有多种，不同材料的框架在结构方面也不一样。金属框架多为焊接，实木框架榫卯结构和胶接合居多，而以竹和藤材料为框架的藤家具框架又有其自身的特点，常见的连接方法有：钉接合、木螺钉接合、榫接合、胶接合、连接件接合、包接、缠接等。目前，钉接合和木螺钉连接是应用最广泛的结构连接方法。由于木材、金属等材料的连接方式在其他章节中有详细介绍，在此主要介绍以藤材为主的藤家具框架结构及连接方法。

（1）钉接合

钉接合主要用于藤条的拼宽、接长、横材与竖材的角部接合（如 T 字接、L 型接、十字接、斜撑接、U 字接和 V 字接）等，如图 7-25 所示。常见的金属钉包括圆钉、射钉和 U 型钉等，钉接时常用胶黏剂加固。钉连接方法简单易行，但加工过程中尽量在藤条收尾处留出一定长度，防止钉接时藤条发生劈裂而影响美观与牢固性。

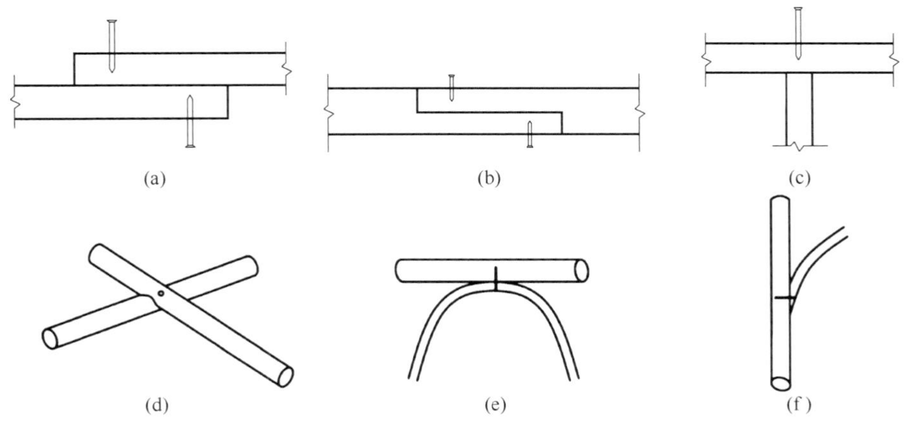

图 7-25 钉接合
(a) 拼宽 (b) 接长 (c) T 字接 (d) 十字接 (e) U 字接 (f) 斜撑接

（2）木螺钉接合

木螺钉接合用于横竖材的角部接合，连接时需要预钻孔，如图 7-26 所示。常用的木螺钉有盘头木螺钉、沉头木螺钉。木螺钉连接方便、强度较高，是现代藤家具制造应用较多的连接方式。用木螺钉连接的藤家具构件具有一定的拆装性，但拆装次数有限。

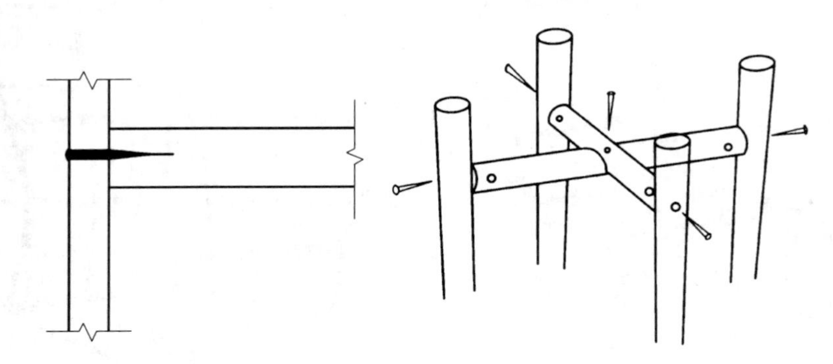

图 7-26　木螺钉接合

（3）榫接合

榫接合主要用于藤条的接长（端向对接）、两肩的 T 字接或 L 型接、横材与竖材的接合、十字接、交叉接、构件弯曲对接等，如图 7-27 所示。榫接合的方式主要有企口榫和圆棒榫，接合时需与胶黏剂接合或钉接合配合使用。榫接合的强度较高，外观效果好，但工艺过程较复杂。用圆棒榫接长和弯曲对接是现代藤家具制作中广泛应用的方法。

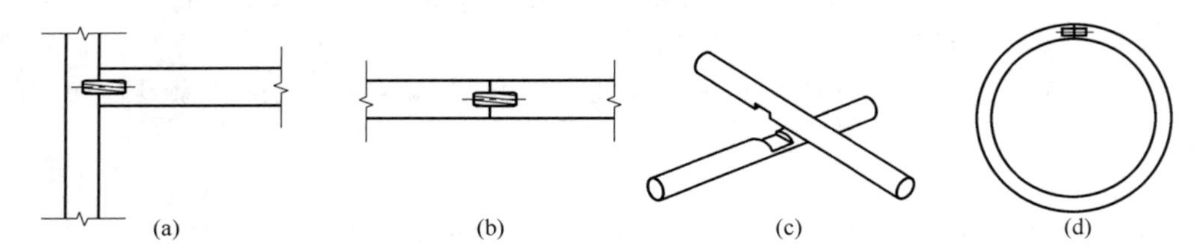

图 7-27　藤家具构件的榫接合

（a）T 字接　（b）接长　（c）十字接（企口接）　（d）弯曲对接

（4）胶接合

胶接合一般是与其他方法配合使用，是一种辅助连接方法。通常使用胶合性能好、符合环保要求的乳白胶。

（5）包接接合

包接接合是将一段藤材（横材）弯曲环绕另一段藤材（竖材）一周后再将其端头与主体藤材（横材）连接（可用胶和钉或竹销钉固定）的方法，常用于 T 字连接部位，如图 7-28 所示。这种方法在连接之前需将藤材（横材）一端锯去或削去一半，以便将弯曲环绕后的端头连接部位固定平整。

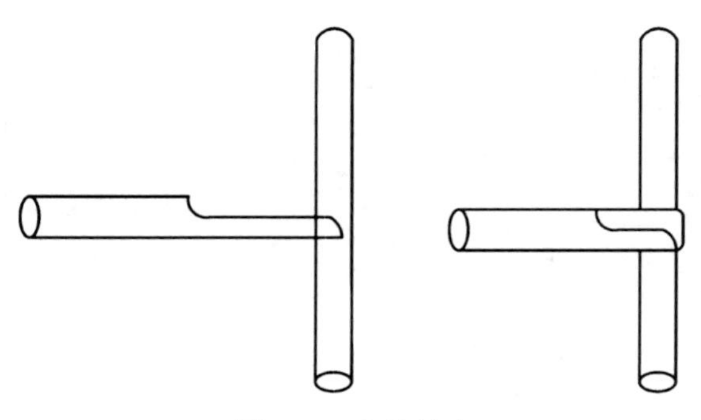

图 7-28　包接接合

（6）缠接或包角接合

缠接法主要用于连接与固定藤家具的骨架及构件，主要是在其他连接方法的基础上对结构起加固作用。缠接材料有藤皮、牛皮及纤维材料等。缠接结构常用于骨架的T字型接、十字型接、斜撑型接、L型接等。

① T字接：T字接一般有两种结构，一种是在横材上钻孔，藤皮通过小孔将接合处缠牢，如图7-29（a）所示；另一种是不在横材上钻孔，用钉子（多用射钉）先把包裹在接合处的藤皮（或细藤芯）端头固定，再用藤皮将钉和藤皮端缠住，如图7-29（b）所示。

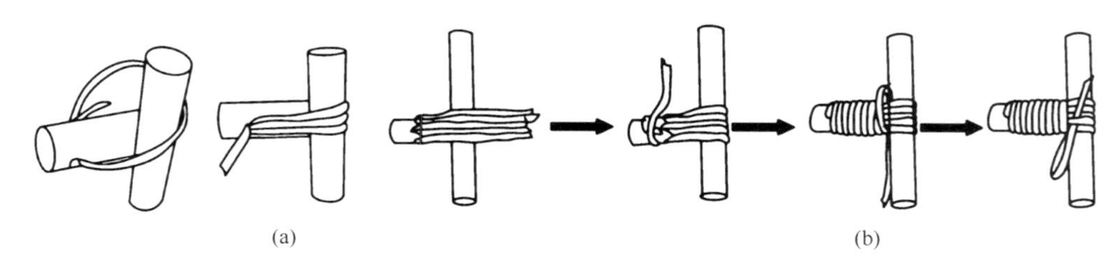

图7-29 藤家具的T字缠接法

（a）T字钻孔缠接法 （b）T字钉子固定缠接法

② 立体T字角接合：立体T字角接合与T字接基本相同，先用钉固定藤皮（或细藤芯）端部与水平材，再用藤皮（或细藤芯）将水平材上的钉和端头固定，如图7-30所示。

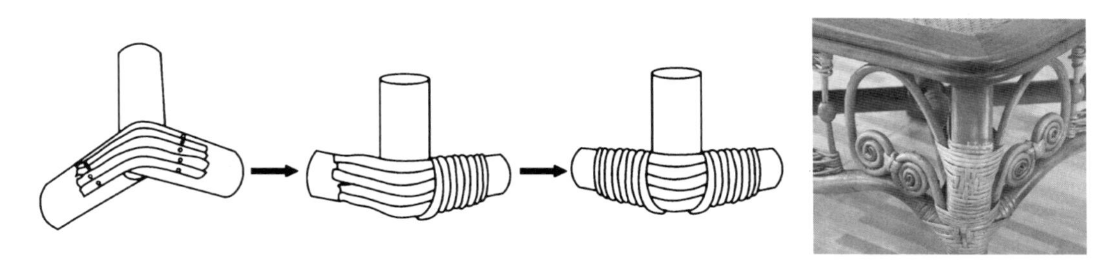

图7-30 立体T字钉子固定缠接

③ 十字接：十字接的连接结构由于缠接方法的不同，可分为沿角线方向缠接、沿对角和平行方向混合缠接两种，后者可获得更大的接合强度与稳定性，如图7-31和图7-32所示。

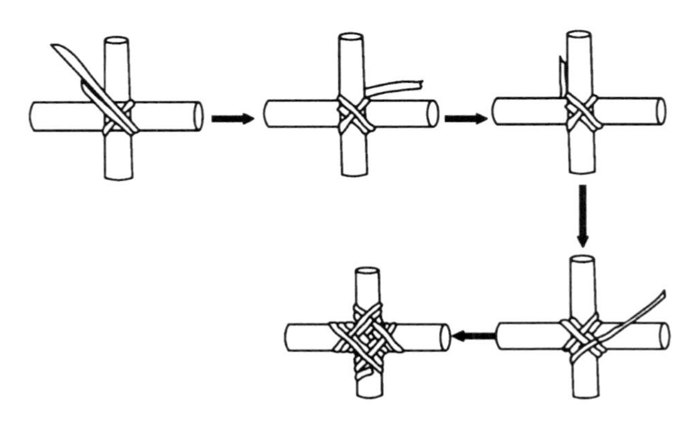

图7-31 十字对角缠接

除上述缠接方法外，还有斜接撑缠绕（图7-33）、U型接合缠绕（图7-34）、L型接合缠绕（图7-35）等。

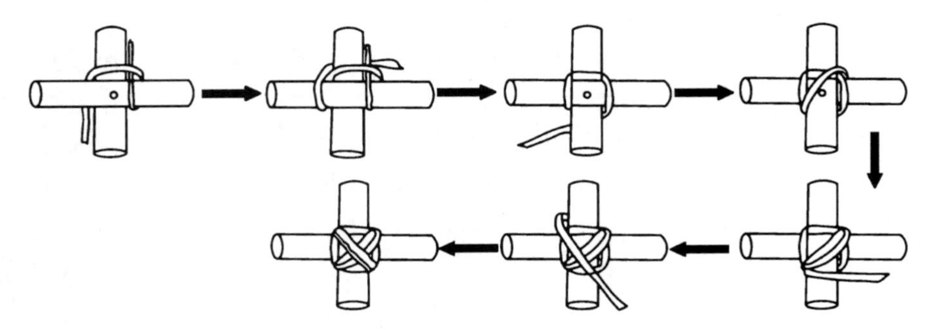

图 7-32　十字对角和平行缠接

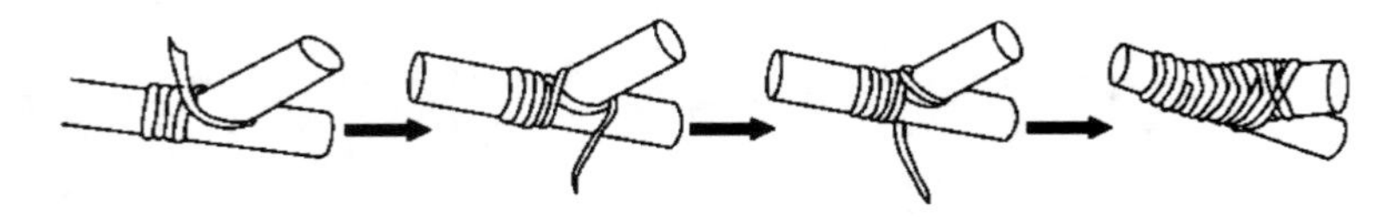

图 7-33　斜接撑缠绕法

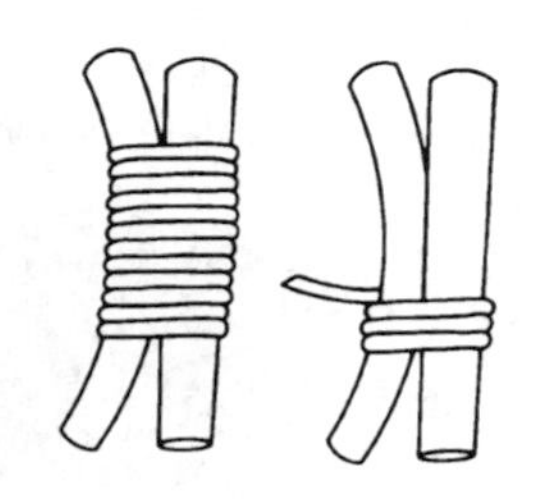

图 7-34　U 型接合缠绕法

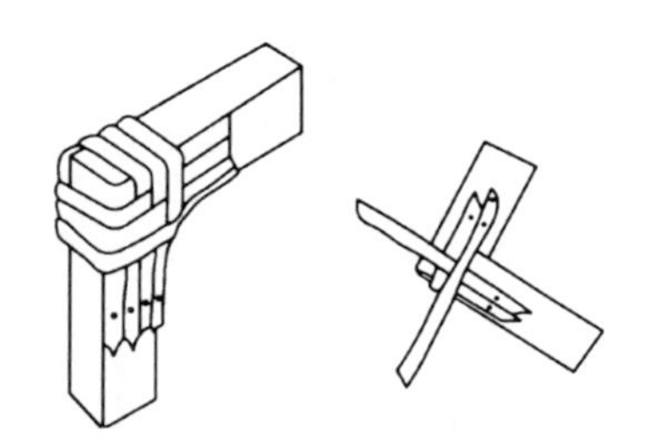

图 7-35　L 型接合缠绕法

7.2.2　藤家具编织结构

在藤家具中大量使用藤皮、藤芯、藤条或竹篾等编织结构来构成家具的面和体。常用的有单独编织法、连续编织法和图案编织法。

（1）单独编织

单独编织是用藤条编织成结扣和单独图案。结扣用于连接结件，图案用在不受力的编织面上。如图 7-36 中所示，就是用藤皮或藤条编织出单独的结扣与图案。

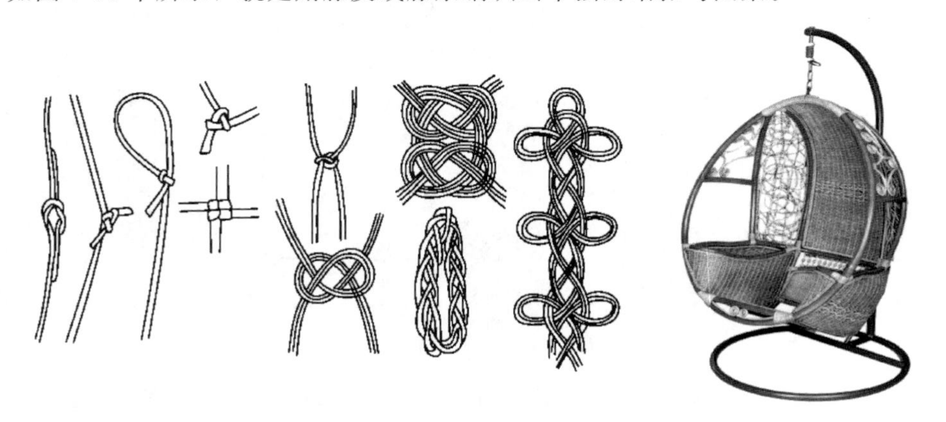

图 7-36　单独编织法及应用

（2）连续编织

连续编织是以藤皮或细藤芯为基材，采用四方连续构图的方法编织成面，用作椅凳等家具受力面及其他储存类家具的围护结构。其中，使用藤皮、竹篾、藤条编织的称为扁平材编织；采用圆形材编织的称为圆材编织。在连续编织中，有一种采用穿结法编织，即用藤条或芯条在框架上作垂直方形或菱形排列，并在框架构件连接处用藤皮缠接，然后再以小规格的材料在适当间距作各种图案形穿接，如图7-37所示。

图7-37 连续编织及应用

（3）图案编织

在藤编中，图案编织是指用圆形藤材编织构成的各种形状和图案，安装在家具的框架上，起到装饰作用及对受力构件的辅助作用，如图7-38所示。

图7-38 藤家具常用的编织图案及应用

7.2.3 藤家具座面结构

在众多的藤家具产品中以坐具居多，座面结构有框架结构、支撑板结构和绷带结构。一般情况下，表层的编织面均非主要受力部位，更多的是起装饰作用。

（1）框架结构

框架结构是指使用木（金属、塑料、竹）构件制作框架，以采用榫接合的木质框为例：先在木质框上钻孔，再用藤皮和细藤条进行编织，如图7-39所示。编结形式有实心和通透型两种。

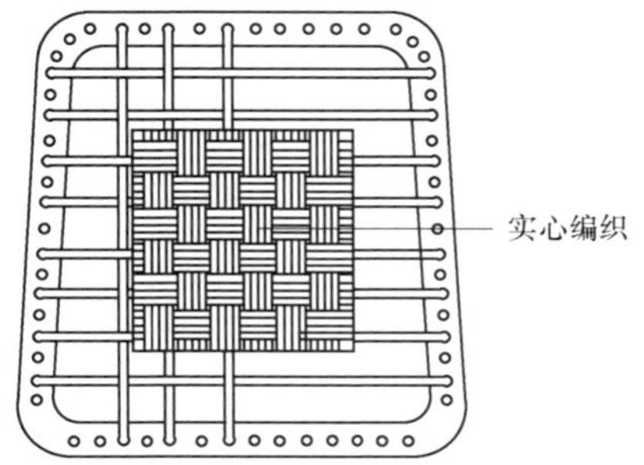

图7-39 框架结构

（2）支撑板结构

支撑板结构是在塑料板、木板等材料的边缘打孔，再用藤条或藤皮接合底板编织形成面层，面层与板之间有棕丝等填充物，如图 7-40 所示。

（3）绷带结构

绷带结构是在一些木质与金属骨架的藤家具座面结构中，为保证造型需要，利用绷带作为受力结构。绷带固定于框架，以绷带为基础，利用藤皮或藤条编织面层，如图 7-41 所示。

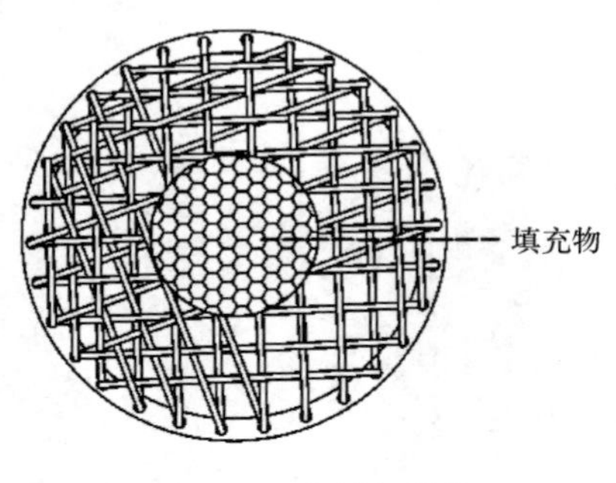

图 7-40　支撑板结构

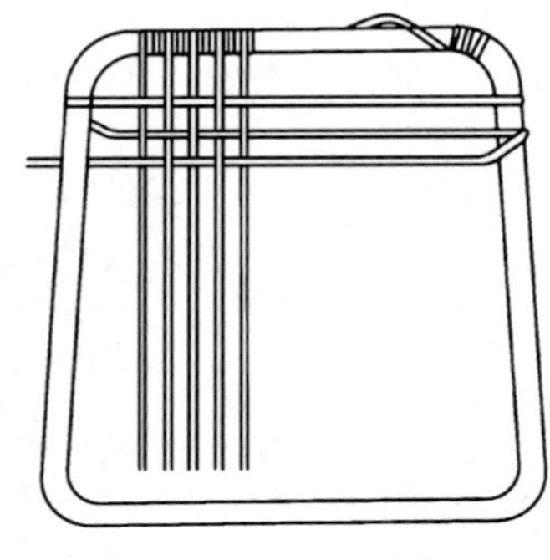

图 7-41　绷带结构

7.3　竹、藤编织图案构成与结构

7.3.1　常见竹、藤编织图案

竹、藤家具图案纹样的构成是靠线材的曲折盘旋和编织缠绕形成的，在竹、藤家具中主要有结饰和各类图案纹样。

（1）结饰

结饰在竹、藤家具中主要用作竹篾、藤条和藤皮的接长、编织收尾及装饰，多用于家具边角部位，并主要以装饰形式出现。常见的结饰有平结、女结、单圈扣结、蝴蝶结、菱形结、方形结、梅花结、环式结、花圈结、旋式花结、球式结、挂结、总角结、纽扣结、蝉结、吉祥结、袈裟结、十字结、酢浆草结、万字结、平安结、双线结、蛇结、团锦结、太阳结、藻井结、玫瑰花结、四盘线结、双联结、双套结等多种，如图 7-42 所示为一些常见的结饰纹样。

（2）面层图案纹样

在竹、藤家具的面状构成中，装饰图案纹样是重要的组成部分。面层图案的类型多样，从编结起首的形式来说，就有圆形、方格形、人字形、多角形、边缘起首法等；从编织材料来说，有圆材（细藤条、藤芯）编、扁材（藤皮或竹篾）混合编；从编织方法来说，有连续编、穿插编、编与结混合；从图案纹样的图形编织类别来说，有圆形编插类、方格形编插类、三角孔编插类、蛇眼编插类、胡椒形编插类、人字形编织类、箩筐式编织类、立体方块编织类、编结组成类等。表 7-1 和图 7-43 列出了一些常见的面层纹样类型及图案。

（3）框体缠接纹样

在竹、藤家具框体长形构件（方形、长方形或圆形断面）的表面常用缠扎纹样装饰，既可以增加强度，同时能够使家具纹样、材料质地整体协调，更能起到美化和装饰作用。常用的缠扎纹样有素缠、单筋缠、双筋缠、飞鸟缠、雷文缠、交错缠、箭矢缠、结花缠、侧结

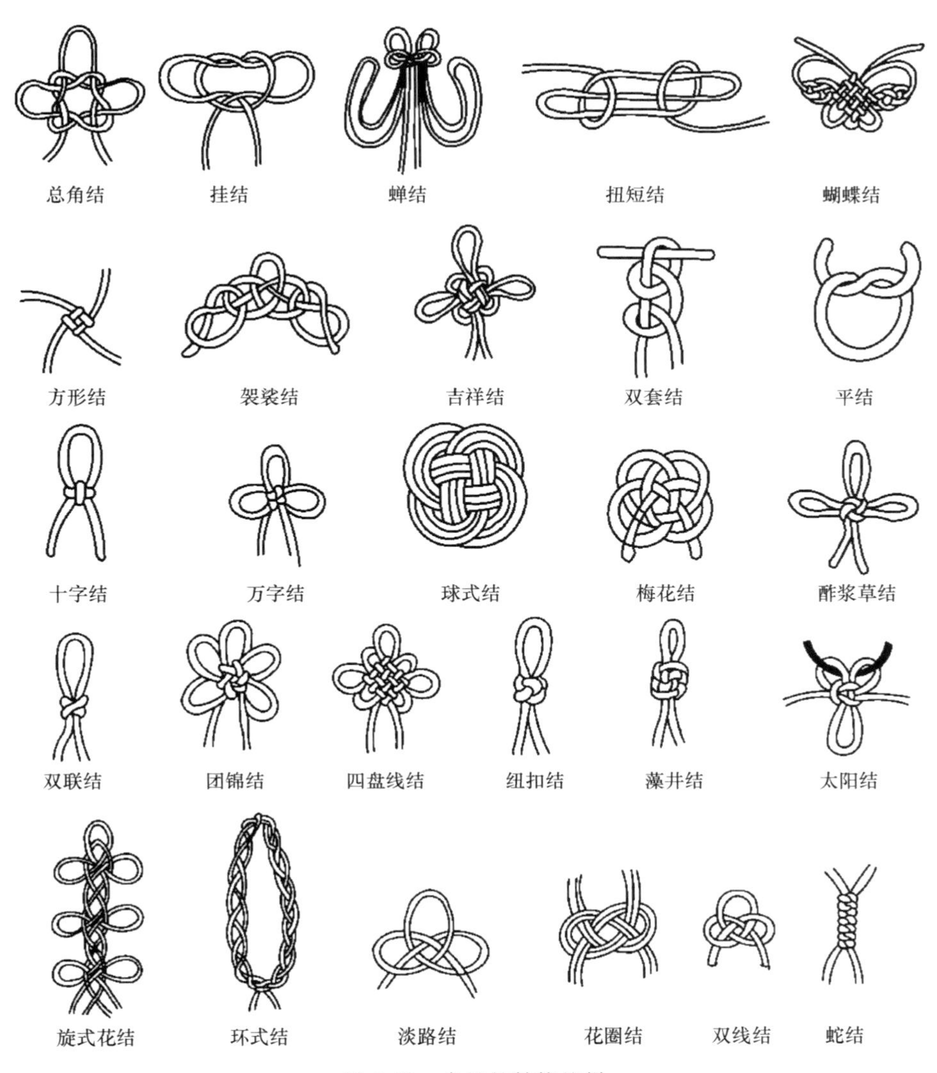

图 7-42 常见的结饰纹样

缠、留筋缠（夹藤缠）、菱形缠（素棱缠、间棱缠及蛇腹缠）等。如图 7-44 所示为几种常见的框体缠接纹样。

表 7-1 常见编织图案纹样类型

分　类	纹样类型
圆形编插类	米字纹、井字纹、田字纹、放射纹、环式纹等
方格形编插类	经纬压一交错纹、经纬压二交错纹、两一相间纹、三一相间纹、方孔加强编插纹、方孔穿插编、菱形纹、八角编插纹等
胡椒形编插类	胡椒形编插纹、胡椒孔单条穿插纹、浮菊式编插纹、车化式编插纹、桔梗花式编插纹、龟甲形编插纹、胡椒套叠穿结纹等
人字形编织类	人字形对称纹、人字形对称连续纹、图案纹样、文字纹等
篓筐式编织类	双经错一篓筐纹、绞丝式篓筐纹（绳形纹）、箭羽式篓筐纹（绳形相对纹）、穿插式篓筐纹、盔甲式篓筐纹（绳形辫子纹）、中国式篓筐纹、栅栏式篓筐纹等
编结组成类	横栅式编结纹、四孔相错编结纹、反正部分编结纹、涡卷式编结纹、蛛网式编结纹、联花式编结纹

米字纹
三角孔纹
胡椒纹
胡椒纹
蛇眼纹
胡椒穿孔纹
胡椒穿孔纹
方格纹
二一相间纹
方孔穿插纹
三一相间纹
八角孔眼纹
嵌套胡椒纹
车花纹
浮菊纹
菱形纹
胡椒穿插纹
桔梗花纹
桔梗花纹
胡椒套叠穿结纹
立体方块纹
人字纹
福字纹
人字对称连续纹

图 7-43　面层图案纹样

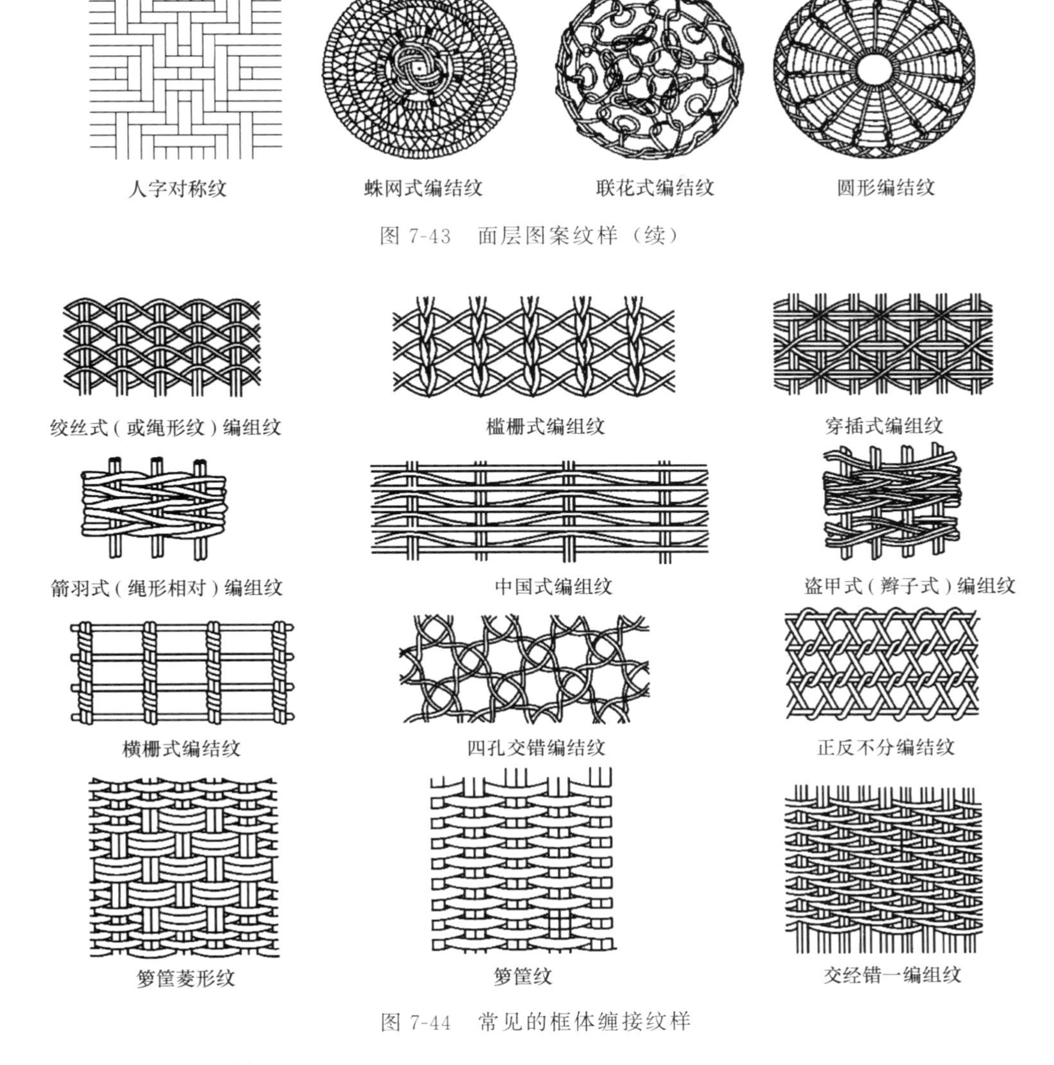

图 7-43　面层图案纹样（续）

图 7-44　常见的框体缠接纹样

（4）结构缠接纹样

缠接纹样除了起装饰作用之外，还是竹、藤家具连接结构的一部分。其在家具的造型上属于可变化要素，通常以点的形式出现，尤其是不同色彩的缠接纹样，能够起到极强的装饰作用。竹、藤家具中常见的缠接纹样有素缠纹、绑扎纹、缠绑混合纹、留筋缠扎纹、横竖素缠纹、交错缠接纹等，其中，交错缠接的装饰作用较强。如 7-45 所示列出了几种常见的结构缠接纹样。

（5）包角纹样

包角是竹、藤家具角部的一种装饰，使连接结构得以掩盖，同时又加以美化，也加强了家具角部结构。当角的结构及构件形式不同时，包角样式也随之改变。对圆形构件，有两面包角和三面包角；对方形构件，有人字形包角和方格形包角。如图 7-46 所示为几种常见的包角纹样。

（6）收口纹样

竹、藤家具通过收口纹样的运用，能使编织纹样收分有敛、边部圆滑顺畅、过渡自然，

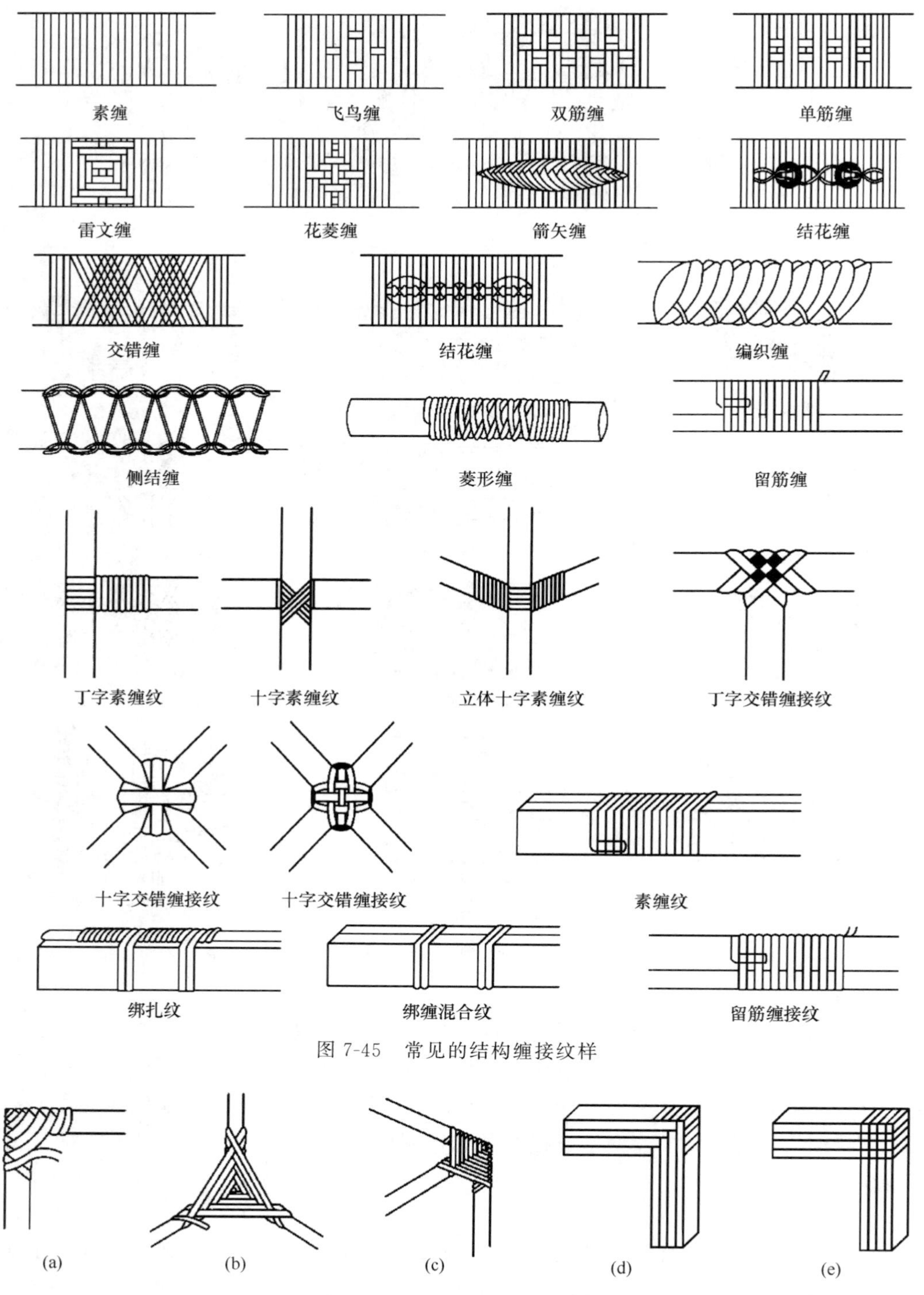

图 7-45　常见的结构缠接纹样

图 7-46　常见的包角纹样

（a）双面包角　（b）（c）三面包角　（d）人字形包角　（e）方格形包角

同时也能丰富家具的造型形象。常见的收口纹样形式有开边收口、闭缘收口、综合收口及人字形收口。开边收口又包括连续开边收口纹样、间一开边收口纹样、间二开边收口纹样；闭缘收口包括压一闭缘收口纹样、压二挑一闭缘收口纹样、压二挑二压一闭缘收口纹样；综合收口包括双层闭缘收口纹样、连锁收口纹样、加强卷边收口纹样、环式穿插收口纹样、闭缘编组收口纹样、双层穿插收口纹样。如图 7-47 所示列出了几种常见的收口纹样。

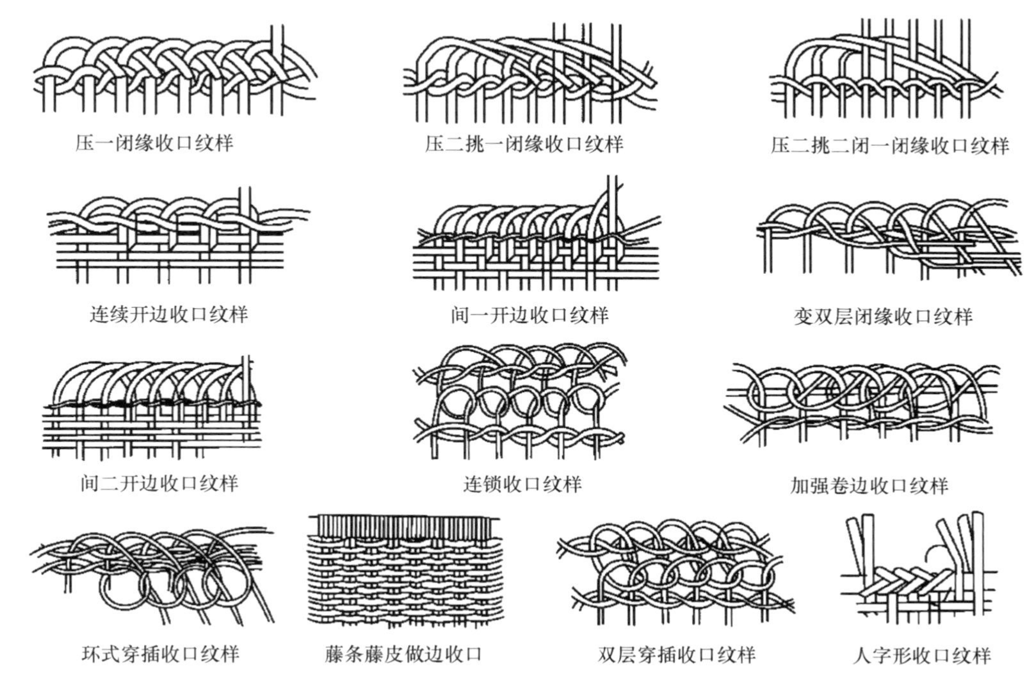

图 7-47 常见的收口纹样

（7）线脚装饰纹样

在竹、藤家具中，为打破单调感，会用到线脚装饰。常见的线脚装饰纹样有一字纹、绳形纹、人字纹等，如图 7-48 所示。

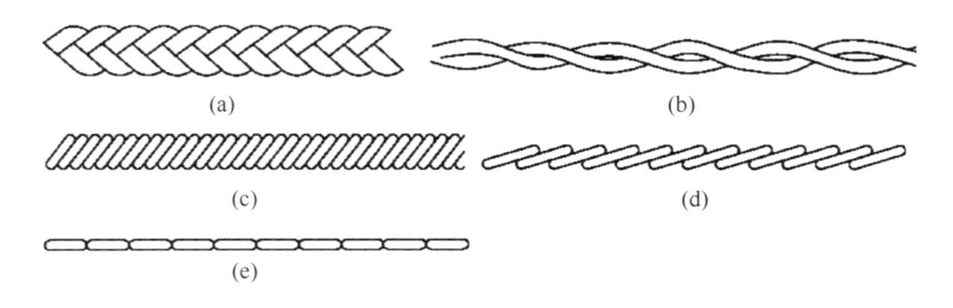

图 7-48 线脚装饰纹样

（a）人字纹 （b）绳形纹 （c）一字连续纹 （d）一字斜压纹 （e）平一字纹

7.3.2 竹、藤编织结构

编织作为竹、藤家具制作的重要环节，是制造竹、藤家具必不可少的工艺方法，也是竹、藤家具装饰的重要手段。通过编织能够产生形式、风格不同的花纹，使竹、藤家具产生独特的装饰效果。编织材料截面形状不同，其编织的装饰效果也有差异。常见的有人字形编织、十字形编织、三角孔编织、双重三角编织、六角眼编织、回字形编织、梯形编织、圆口编织、菊底编织等。

(1) 一挑一编织

先将经材排列好，纬材按 1/1 编织，一条藤皮（竹篾）在上，一条在下进行交织，编法极为简单，如图 7-49（a）所示。可演变成各种试样，如 4/4 编法，如图 7-49（b）所示，两一相间编法，如图 7-49（c）所示，或 3/3，2/2 编法。

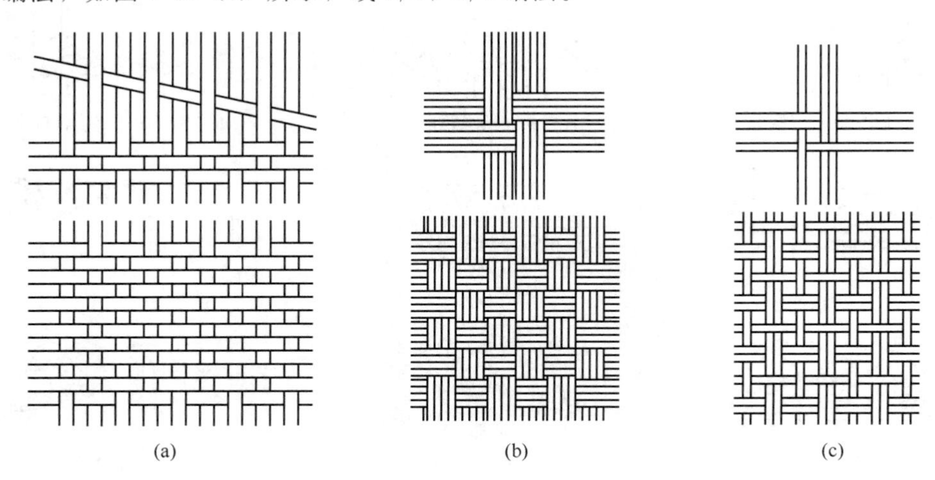

图 7-49 一挑一编编织法

(a) 1/1 编织法 (b) 4/4 编法 (c) 两一相间编法

(2) 斜纹编织

此编法是当横的纬材第二条穿织时，必须间隔直的一条，依二上二下穿织，第三条再依间隔一条，于纬材方面呈步阶式的排列，如图 7-50（a）所示。除挑二压二方式也可采 3/3［图 7-50（b）］、4/4 的编织方式［图 7-50（c）］。

图 7-50 斜纹编织法

(a) 2/2 编织法 (b) 3/3 编法 (c) 4/4 编织法

(3) 三角孔编织

三角孔编织法是用三条篾依次交叉叠加，中间间隔角度相等，然后加入六条篾穿插叠加，以此类推，如图 7-51 所示。

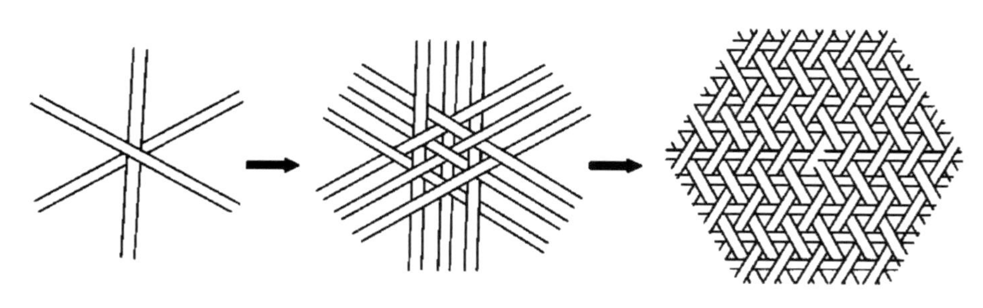

图 7-51 三角孔编织法

(4) 双重三角编织

双重三角编织法以六条藤皮（竹篾）起编，而后增加六条，了解藤皮（竹篾）之间的构成关系后，逐渐增加，如图 7-52 所示。

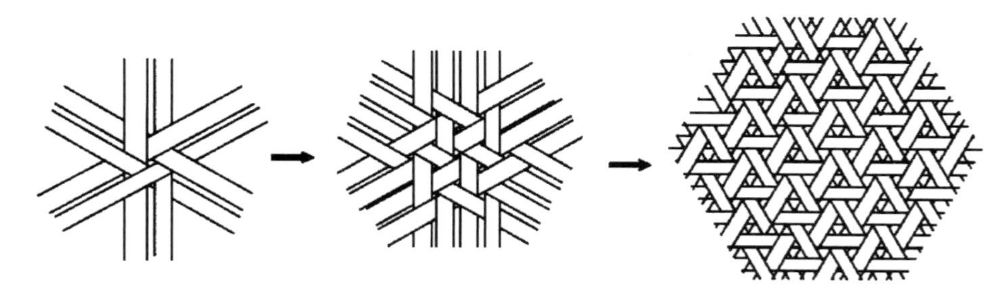

图 7-52 双重三角编织法

(5) 六角眼编织

六角眼编织法是用三条藤皮（竹篾）起头，再用三条藤皮（竹篾）穿插，然后再用六条藤皮（竹篾）叠加，篾条之间两两平行，互相交织、挑压，形成六角形的空心图案，如图 7-53 所示。

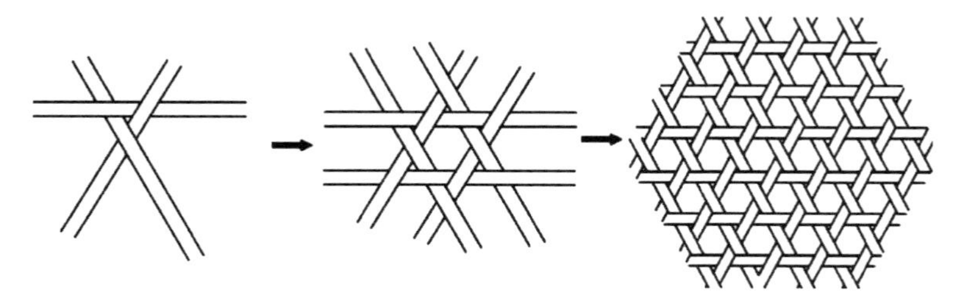

图 7-53 六角眼编织法

(6) 菱形编织

菱形编织法是将四片经篾交叉，在交叉口编入纬篾，即呈菱形图案，如图 7-54 所示。

(7) 梯形编织

梯形编织法是将经材排列好备用，第一条纬材以六上二下编织，第二条纬材用五上三下，第三条纬材以四上四下，第四条纬材以三上五下，第五条纬材以六上二下编织，即成梯形步阶式图案，以五条纬材为单位，依序增加编成，如图 7-55 所示。

(8) 圆口编织

圆口编织法是先以四条藤皮（竹篾）为一个单位，依序重叠散开，再增加四条，编织时

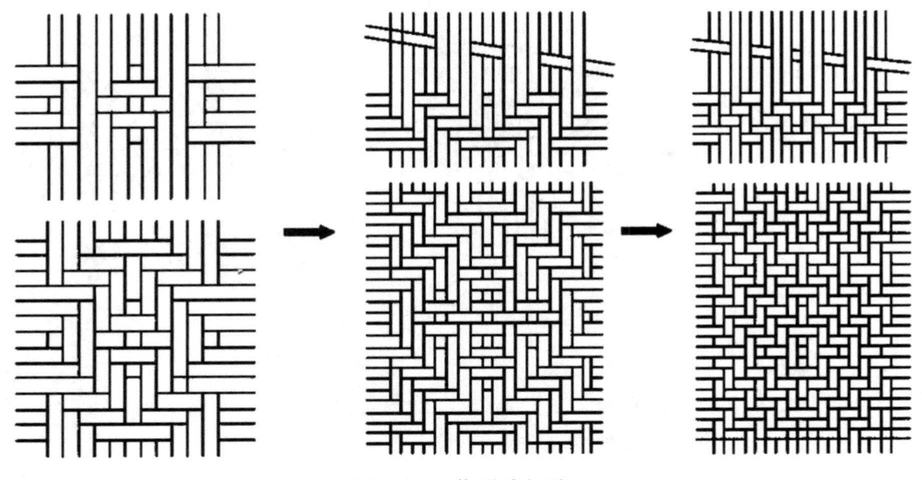

图 7-54　菱形编织法

图 7-55　梯形编织法

注意其交织顺序，然后逐渐增加，如图 7-56 所示。

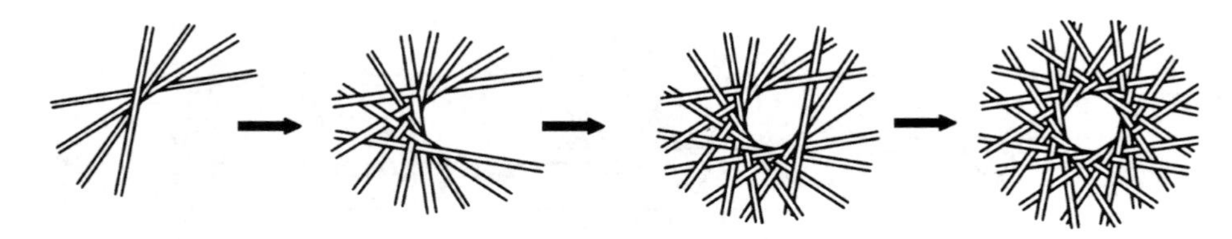

图 7-56　圆口编织法

（9）菊底编织

菊底编织法是八条藤皮（竹篾）以中心点为主，排成放射状，如菊形；再以篾丝做一上一下绕圆编织。在第二圈开始处，先做一次二上于第一、第二藤皮（竹篾）之上，然后再做一上一下绕编，第三圈开始是在第二、第三藤皮（竹篾）处做二上，以此类推，如图 7-57 所示。

（10）收口编织

收口编织是指在面层编织完成后，将剩余的经线加以处理的方法。可将剩余的藤皮（竹篾）进行绕扎处理，也可另外用藤皮（竹篾）进行绕扎处理，以加强面层的张紧度，防止松弛。在实际生产中，有时为了加强收口的强度，用小径级藤条或竹篾做加强条，如图 7-58 所示。

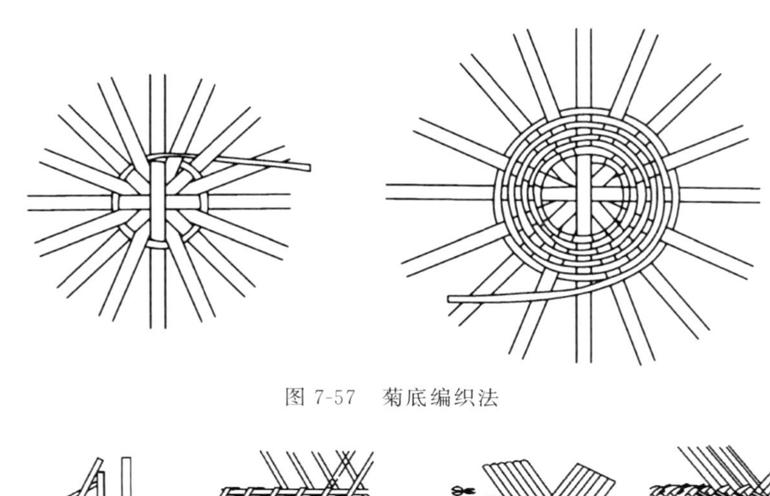

图 7-57 菊底编织法

图 7-58 收口编织法

7.4 竹家具新型结构

随着现代加工技术的发展，在发挥传统技艺的基础上，新颖的竹、藤家具结构不断得到应用。以竹家具为例，如套接、榫接、注塑增强等均得到了应用。

（1）套接结构

套接结构是通过套筒内壁与竹竿的紧配合来实现连接的一种方法。拆卸时，仅需松开套筒内径调节结构，抽出竹竿即可。因此连接强度高，拆装方便，生产时可进行批量化生产，储存和运输便捷，可降低空间的占用，节省成本。维护方便，仅将损坏的部分进行更换即可。常用的有一字型、L 型、T 型与十字型等几种。

① 一字型套接连接：一字型套接连接多用于将竹竿接长，分台阶式一字型套接连接和外裹式一字型套接连接件。一字型套接连接特别适合连接竖直方向上的零部件（如高柜的立柱、架子床的立柱），此时竹竿零部件所受的力可从竹竿间由上往下传递，连接件基本上不受力，所以经接长的部件可承受较大载荷。连接方式如图 7-59 所示。

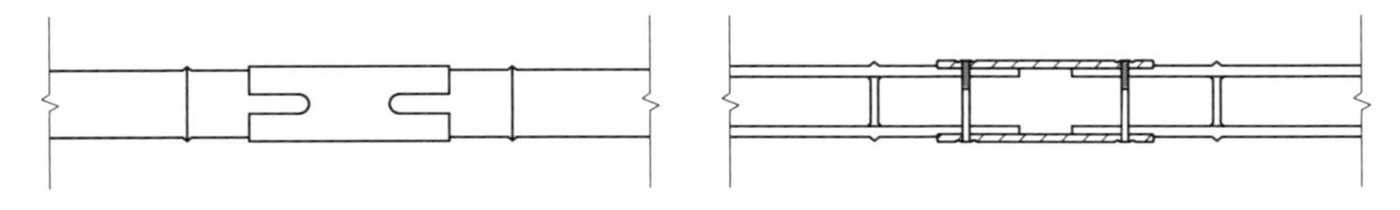

图 7-59 一字型套接连接件

② 弯头式套接连接：弯头式套接连接用于连接两个相互垂直（或呈一定角度）的竹竿之间的连接，有台阶式套接连接件和内套式连接两种，可用于扶手部件的连接、靠背椅靠背

的立梃与搭脑的连接等处。连接方式如图 7-60 所示。

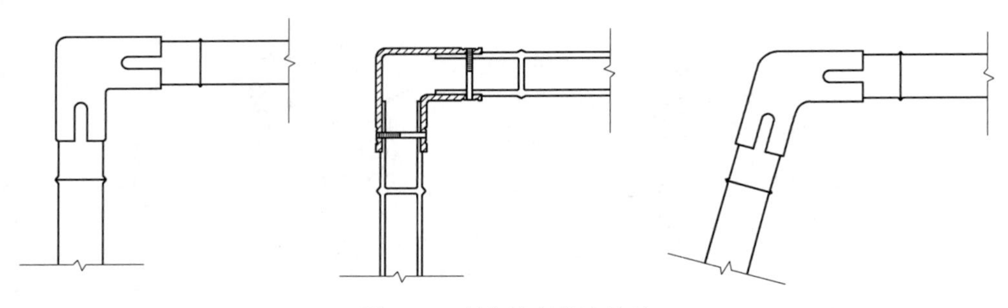

图 7-60 弯头式套接连接件

③ 丁字、十字型套接连接：丁字、十字型套接连接用于将三个或四个竹竿连接成丁或十字形部件。用于桌、几、案、台等腿与横撑的连接、床梃和床屏的连接等，如图 7-61 和图 7-62 所示。

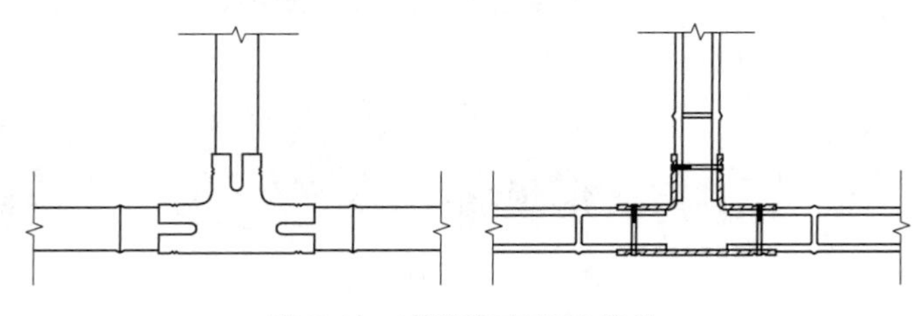

图 7-61 丁字型套接连接件

（2）螺栓-螺母连接

连接件由圆柱螺母、紧固螺栓等组成。使用时，先将圆柱螺母装于竹竿腔内，接合时，紧固螺栓一端穿过另一竹竿的螺孔，对准圆榫式螺母旋紧，另一端对准圆柱螺母的螺孔旋紧即可，如图 7-63 所示。针对竹材是中空的，采用如图 7-64 所示的塑料膨胀头螺栓连接结构也不失为一种牢固、快捷的连接方法。

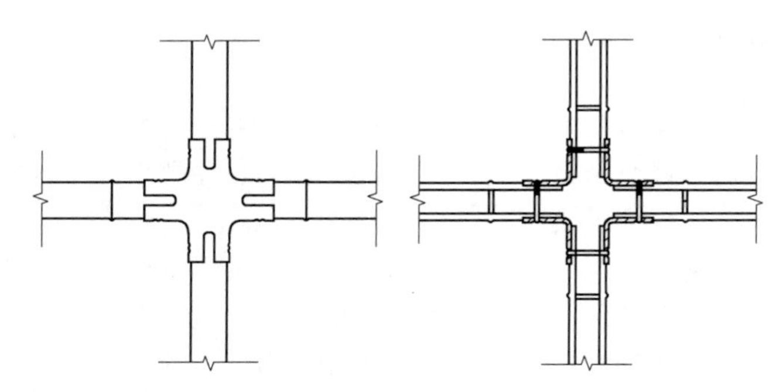

图 7-62 十字型套接连接件

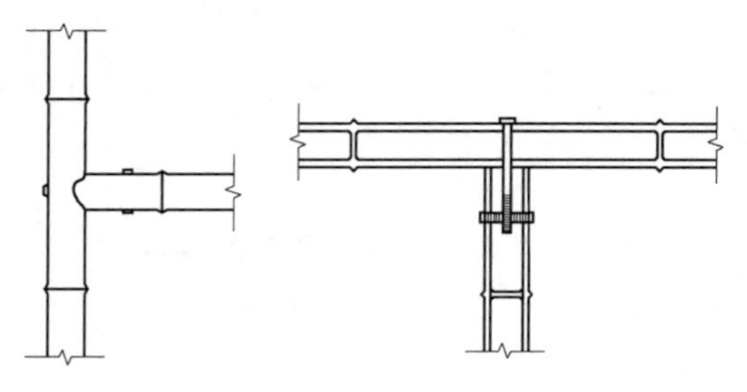

图 7-63 圆柱螺母连接结构

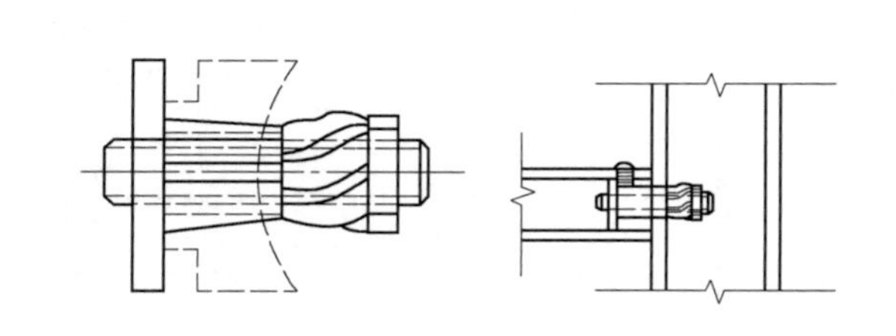

图 7-64 塑料膨胀头螺栓连接结构

（3）榫接合结构

① 双肩竹榫贯通连接：双肩竹榫接合方式即将用作横撑的圆竹端面等分成两个榫头，

将桌腿或椅腿相对应开两个榫孔，如图7-65所示。常用在桌腿与横撑、椅腿与横撑的接合处。该连接结构制作简单，外观简洁，稳固性较好。

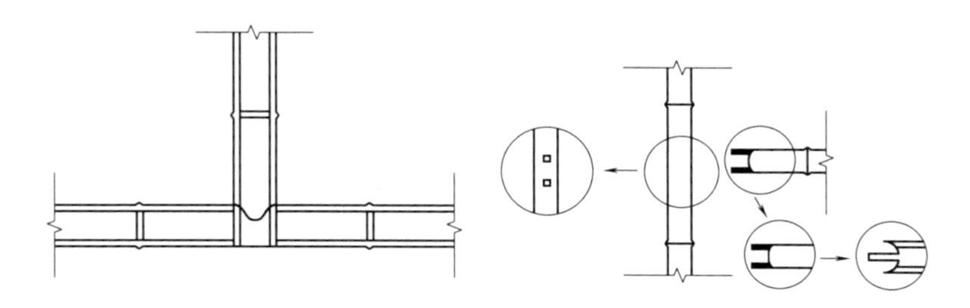

图7-65 双肩竹榫贯通连接

② 插入榫连接：插入榫接合连接是将预制的木质插件（榫）置于竹竿腔内实现紧密配合而将两个构件连接在一起，如图7-66所示。同时，这种木质插件（榫）隐蔽性好，对圆竹家具整体的外观没有任何影响，依然能够保留其清新、自然、朴质的风格。

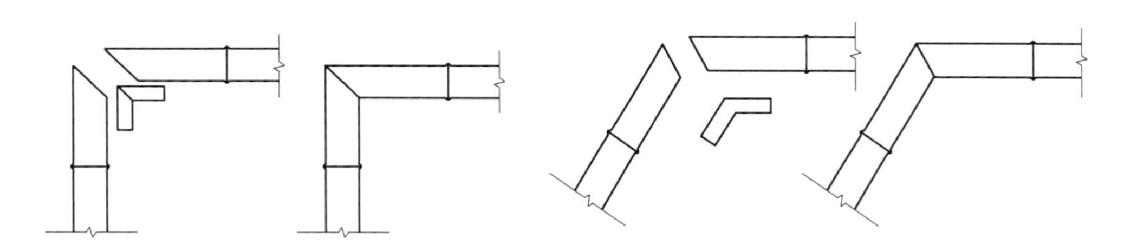

图7-66 插入榫连接

（4）注塑增强结构

注塑增强结构是采用建筑中的“CFST钢管混凝土”技术，对圆竹连接结点进行局部注塑以增加强度，常用的注塑材料包括橡胶、树脂、塑料、混凝土等。通过注塑后的竹材，可以根据家具的需要设计出很多新的结构，如榫结构（包括丁字榫、夹头榫等），如图7-67所示；五金件连接件结构（包括偏心连接件、三合一连接件、预埋五金件）等，如图7-68所示。

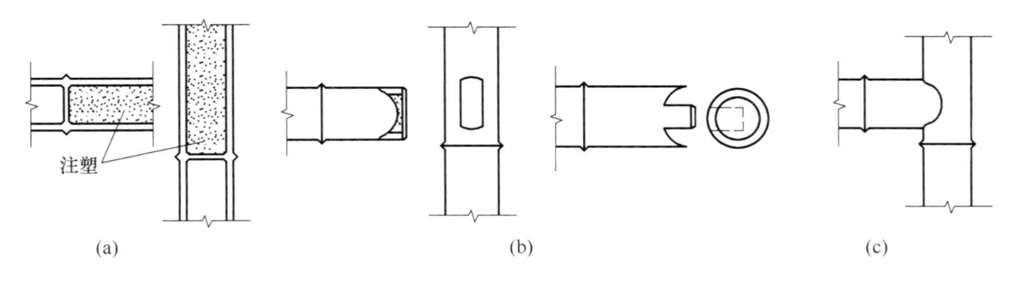

图7-67 局部注塑丁字榫结构

（a）局部注塑示意图 （b）制榫 （c）装配图

竹材与藤材在柔性、韧性等方面有着相似的特点，因此在家具制作方面也有共性。可以充分利用其柔性好、韧性强的特点，进行各种编织、缠绕、捆扎技法来构建竹、藤家具。同时，也需要根据竹材中空、藤材质轻的特点有针对性地开展新型结构的研究与探讨。

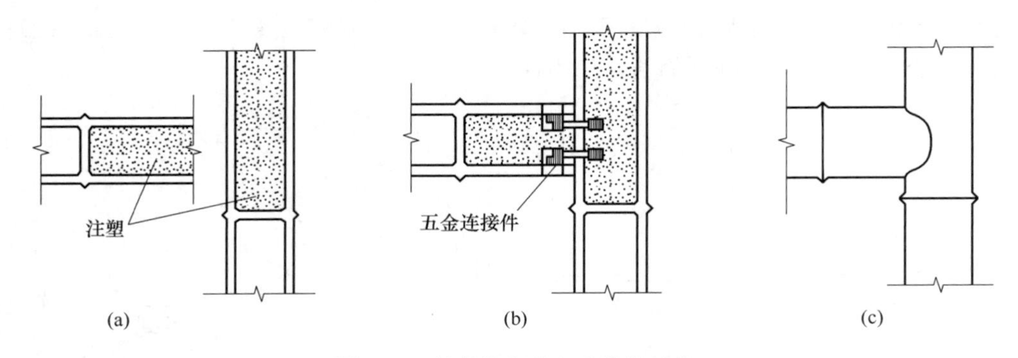

图 7-68　局部注塑偏心连接件结构

（a）局部注塑示意图　（b）剖视图　（c）装配图

第 8 章
玻璃与纸质家具结构设计

玻璃和纸都是工业化的产物，也是常用的设计材料，具有鲜明的个性与特点，在家具设计中充分发挥其特性可达到与众不同的效果。

8.1 玻璃家具

玻璃家具是指采用高硬度的强化玻璃单独或与其他材料搭配所制成的家具。高硬度强化玻璃坚固耐用，能承受常规的磕、碰、击、压的力度，完全能承受和木质家具一样的重量。玻璃家具以独有的晶莹剔透、清新明朗的特点而闻名，逐渐成为代表简洁和时尚的新宠。

8.1.1 家具用玻璃

家具中最常见的玻璃材料，主要是平板玻璃和热弯玻璃两大类，通常是家具的平面部分用平板玻璃，曲面特殊造型部分用热弯玻璃。

8.1.1.1 平板玻璃

平板玻璃是指未经其他加工的平板状玻璃制品，也称白片玻璃或净片玻璃。平板玻璃是玻璃中产量最大、使用最多的一种，用途有两个方面：3～5mm 厚的平板玻璃常直接用于门窗采光、保温、隔声等，8～12mm 厚的平板玻璃可用于隔断、围护等。

（1）普通平板玻璃

普通平板玻璃也称为窗玻璃，因其透光、隔热、降噪、耐磨、耐气候变化而广泛用于门窗、墙面、室内装饰等；有的还具有保温、吸热、防辐射的特性。家具中使用普通平板玻璃主要是镶嵌门体、各种柜门、餐桌茶几的台面等。

（2）钢化玻璃

钢化玻璃又称强化玻璃，是平板玻璃的二次加工产品：将普通退火玻璃切割成要求的尺寸后加热至软化点，再快速均匀冷却而成。经过钢化处理的玻璃，表面形成均匀的压应力，内部形成张应力，抗压强度是普通玻璃的 5～6 倍；抗弯、抗冲击强度有很大提高，分别是普通玻璃的 4 倍和 5 倍以上；热稳定性好，在受急冷急热时，不易发生炸裂，为普通玻璃所不及。因此作为家具材料使用时，常用作餐桌和茶几等的台面、门及淋浴房隔断等。

（3）磨砂玻璃

磨砂玻璃俗称毛玻璃、暗玻璃，是普通平板玻璃、磨光玻璃、浮法玻璃经机械喷砂、手工研磨或化学腐蚀（氢氟酸溶蚀）等方法将表面处理成均匀的毛面。磨砂玻璃粗糙的表面使光线发生漫反射，只能透过一部分光线而不能透视，透过的光线柔和不刺眼，常用于需要隐蔽的浴室、卫生间、办公室的门窗和隔断。

（4）花纹玻璃

花纹玻璃是将平板玻璃经过压花、喷砂或者刻花处理后制成的，根据加工方法的不同可分为压花玻璃、喷砂玻璃和刻花玻璃等，具有形式多样、色彩丰富的特点。花纹玻璃经过处理后的雾面效果具有朦胧美感，在空间分隔中使用最为适宜，如餐厅与客厅之间的屏风，卫生间中的淋浴房等，可以实现不同风格的装饰效果。

8.1.1.2 热弯玻璃

热弯玻璃是为了满足现代建筑的高品质需求，由优质玻璃经过热弯软化，在模具中成型，再经退火制成的曲面玻璃。和钢化玻璃一样，热弯玻璃需要提前定制，根据需求提前切割好尺寸，再经过相应的加工处理。民用热弯玻璃主要用作玻璃家具、玻璃水族箱、玻璃洗手盆、玻璃柜台、玻璃装饰品等。

8.1.2 玻璃家具结构

8.1.2.1 一体成型

为了有效展示玻璃的晶莹剔透，同时也为了实现曲面造型，部分玻璃家具使用热弯玻璃而形成一体结构。如图 8-1 所示茶几就是采用热弯工艺来完成的，造型独特，结构简单。

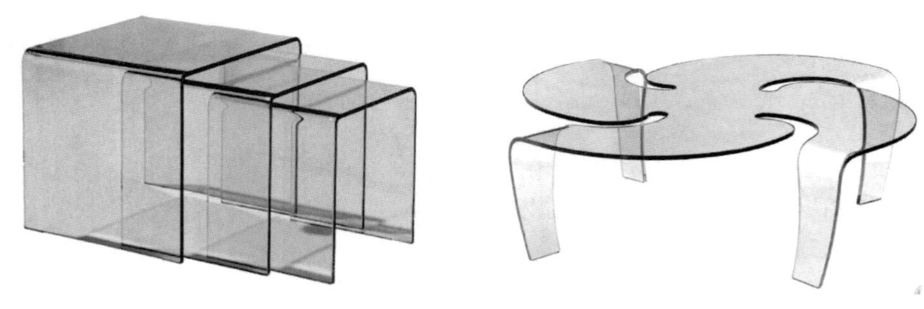

图 8-1 一体成型的热弯玻璃家具

8.1.2.2 胶接合

通过胶黏剂将玻璃构件接合在一起是玻璃家具连接的重要方式之一。常用的玻璃胶黏剂有光敏树脂、有机硅树脂、环氧树脂等，有透明和不透明之分，可根据需要选用。其中的光敏树脂具有固化速度快、胶合强度高、透明性好，且能够实现玻璃与异质材料之间的胶合而备受家具企业的青睐，但施工时需要紫外光源。如图 8-2（a）所示茶几台面与不锈钢支撑之间的胶合就是采用这种方式来连接的。而使用如图 8-2（b）所示玻璃专用有机硅树脂（常称为玻璃胶）进行胶合，方便、快捷，但固化需要较长的时间，且胶膜的透明度较光敏树脂低。

(a)

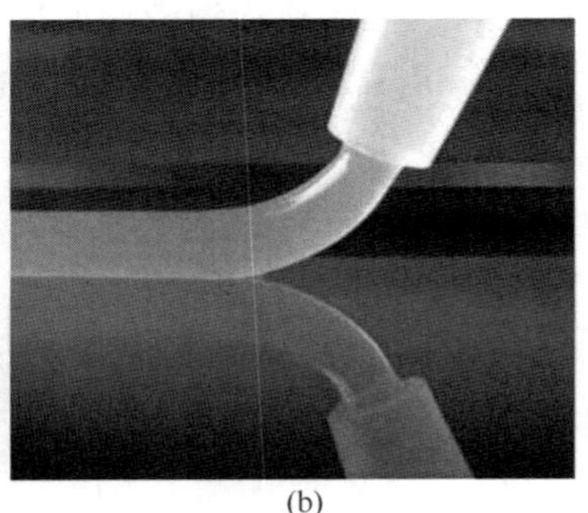

(b)

图 8-2 玻璃家具的胶接合方式

8.1.2.3 连接件接合

连接件接合是采用各种特制的专用连接件对家具零部件进行接合，从而装配成产品。这种方法接合的家具除了接合强度高之外，还可以拆装且不影响接合强度，更能够简化家具的结构和生产工艺，便于包装、储存、运输等。玻璃家具常用的连接件有直角式、插挂式和活动式三种。常用的玻璃家具连接件如表 8-1 所示。

表 8-1 常用的玻璃家具连接件及其装配方式

类型	名称	简图	装配图	说明
直角式	H 型			用于玻璃板之间的平面连接
	L 型		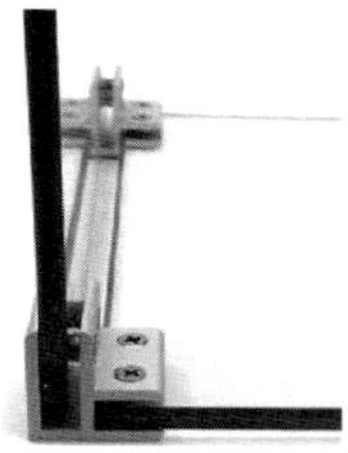	用于玻璃板之间的垂直连接

	T 型			用于 3 块玻璃之间的连接
		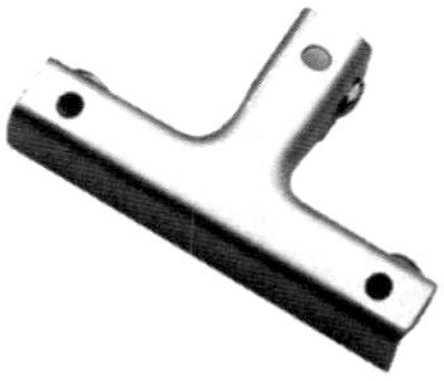	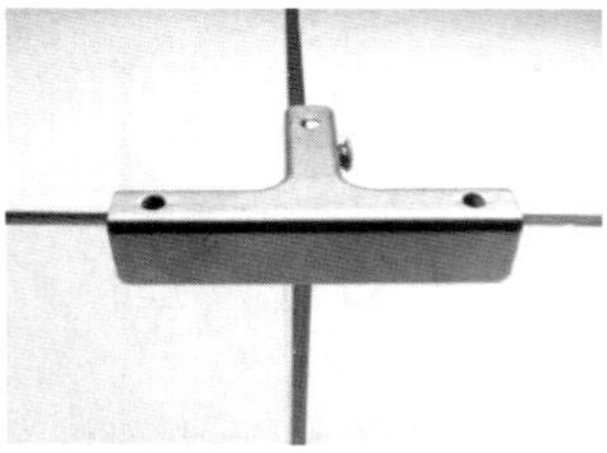	
	十字型			用于玻璃展柜、玻璃酒柜等玻璃构件之间的连接

续表

类型	名称	简　　图	装　配　图	说　　明
直角式	十字型			用于玻璃展柜、玻璃酒柜等玻璃构件之间的连接
	F 型			可将玻璃固定于墙壁或柜体，作置物架或隔层
插挂式	一字型		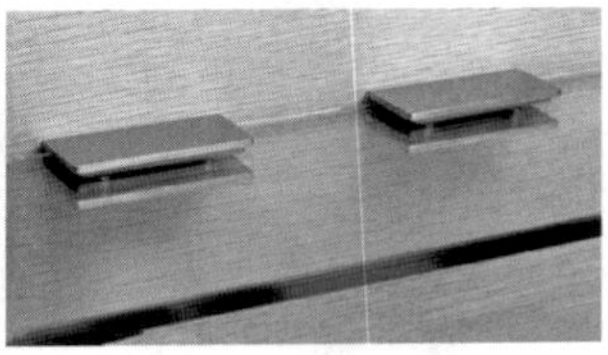	用于柜体层板和墙面玻璃的固定
	支撑夹			用于玻璃屏风的支撑
活动式	铰链		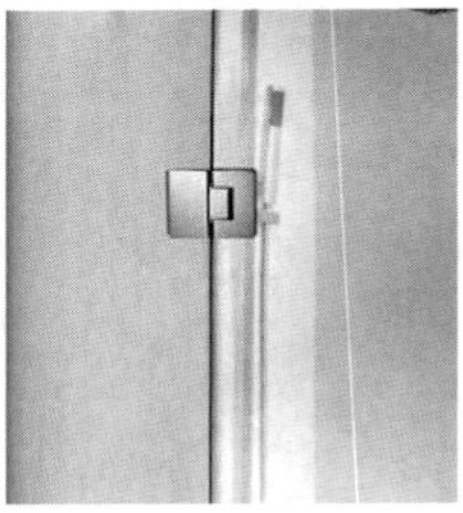	用于玻璃门的开合，可实现 90°双向开启
	可调节式		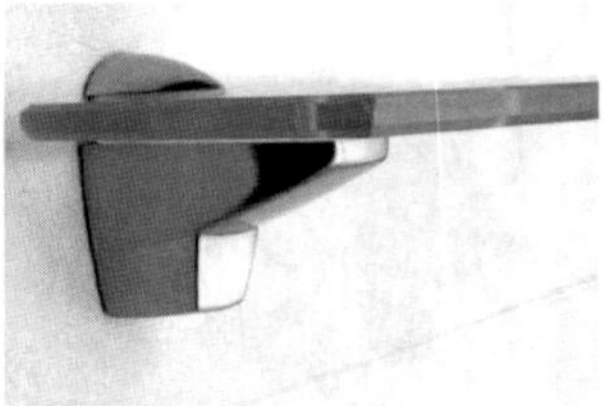	用于柜体层板和墙面玻璃的固定，可根据玻璃厚度调整夹层厚度

8.1.2.4 其他结构

玻璃与木材、金属等材料搭配可以形成不同造型与风格的家具。

（1）镶嵌结构

先将玻璃制成所需的形状与规格，然后镶嵌在预先定制的框架中，这是玻璃与其他材料配合使用时最常见的结构。木材和金属都可作为框架材料：与木材搭配，淳朴自然；与金属配合，富丽高雅。如图8-3所示玻璃家具便体现出了上述特点。

图8-3 玻璃与木材的镶嵌搭配

（2）平置结构

将经过磨边、抛光处理后的玻璃构件平整放置在预先制作好的框架上所构成的玻璃家具。这种结构多用于玻璃台面与底座的接合，在一般情况下需要使用胶黏剂或是塑料吸盘以防止滑动。如图8-4所示玻璃家具便属于此类。

图8-4 玻璃台面平置于底座上的玻璃家具

（3）夹持结构

在玻璃上钻孔，然后通过特定的连接件将玻璃夹持而构成家具，多用于桌台类的家具。如图8-5所示玻璃桌就是采用了这种结构，简约时尚、别具一格。

图8-5 采用夹持结构的玻璃桌

8.2 纸质家具

纸质家具是指主材为纸质材料的家具，是一种新型的生态家具。1922 年英裔美国人 Marshall Burns Lloyd 发明制造了以纸绳为主要制作材料的纸质家具，这也许是纸质家具的雏形；1963 年，彼得·默多克（Pete Mauroch）设计了以牛皮纸作为基材的著名“Spotty”（圆斑）儿童椅。美国建筑大师弗兰克·盖里（Frank·Gery）采用瓦楞纸设计的“Easy edge”组合系列家具，颠覆了传统的家具设计思路；日本建筑大师阪茂（Shigeru Ban）设计的纸筒家具成为纸家具的代表之作。

与传统的木质、金属和塑料家具相比，纸质家具优点在于质轻环保、可循环利用、易降解。但由于纸张本身的强度有限，耐水性较差，因此通常需要经过增强与防水处理。常见的瓦楞纸家具就是使用与包装物流领域的纸箱工艺区别不大的瓦楞纸，表面覆以承重力较好的牛皮纸、采用巧妙的结构来实现较大的承重。

8.2.1 分类与典型结构

8.2.1.1 纸质材料

在环保越来越受到关注的今天，设计追求的不仅仅是创造经济效益，更多考虑可持续性和绿色设计的可能性。纸作为一种绿色环保家具材料对环境无污染，而且即使废弃后也可以全部回收再利用，这使得它在现代家具设计领域具有广阔的发展和探索空间，相比于其他材料具有极大的优势。

纸质材料，一般来说包含纸和纸板两类。从形态上，纸质材料可分为纸张、纸板、纸管、纸绳和纸纤维等。在这些形态中又可进行定义与细分：一般把定量在 220g/m^2 以下或厚度在 0.1mm 以下的称为纸，而超过的则称为纸板或板纸。同时，纸和纸板的本质区别还在于其结构形式的不同：纸只有一层，而纸板一般为三层结构，即面层、芯层、底层，有的还有衬层和覆贴薄膜等。

纸的性能主要指其结构、物理、机械、渗透、光学、表面、印刷以及其他特殊性能。其中结构性能与纸的质量、规格和组成成分有关；物理性能主要是指纸的定量、厚度、紧度和尺寸稳定性等；机械性能主要是指纸的抗张强度、伸长率、耐破度和戳穿强度、耐折度、撕裂度、挺度等。

8.2.1.2 纸家具的优缺点

（1）纸家具的优点

① 质量轻巧、方便储运：与木材、金属等传统材料家具相比，纸家具质量轻，便于组装与携带。

② 造型多变、彰显个性：在造型上，纸家具无论款式设计还是色彩运用都能与实木家具、竹藤家具媲美。可根据不同消费群体需求，有针对性地开展设计，这在造型和个性上均会有所突破。同时，纸兼具木材及纺织物的质感，因此纸家具也给人舒适、惬意的感受。

③ 材质特殊、绿色环保：纸家具完全可采用可循环再造的纸，裁切后只需要简单的组装和黏合便能成型，因此具有极佳的环保性能，且实际使用效果能与其他材质的家具相媲美。

（2）纸家具的不足

① 结构与造型相对简单：不像木材或金属以及其他家具材料一样容易加工成细致弯曲

的造型，而是以大面积板状与块状造型为主，复杂的造型需随着纸质材料性能的改善而解决。

② 强度有待加强：作为以天然植物纤维为基材的纸，虽有很多优良特性，但也有一些局限与不足。在强度方面、抗冲击及安全性方面还需要进一步加强。

③ 性能有待提高：除强度之外，其耐水性、稳定性、阻燃性等方面还存在明显不足。

8.2.1.3 纸质家具分类

（1）按照造型与工艺分类

根据纸质材料不同的性能、造型方式等，纸质家具可分为：纸浆模塑家具、纸板家具、纸叠艺术家具（皱纸家具）等几种。

① 纸浆模塑家具：将废纸、植物纤维等制成浆料后注入模型中，热压、干燥脱模后得到的家具产品。

② 纸板家具：以瓦楞纸板、蜂窝纸板等具有良好力学性能的厚纸板为基材制成的纸质家具。

③ 纸叠艺术家具（皱纸家具）：是以富有弹性的纸质材料（如皱纸等）为基材的纸质家具。

（2）按照纸质材料分类

按照使用纸质材料的不同形态，纸质家具可分为：纸板家具、纸编家具和蜂窝纸家具。

① 纸板家具：主要由纸板经过穿插、折叠、层叠等方式制成的家具。此类型家具形式较丰富，纸板多样的种类决定了造型结构的多样。

② 纸编（纸绳或纸藤）家具：主要由纸绳（或纸藤）通过缠绕、编织等工序制成的家具。一般是在不同材质框架上加入纸编形式，或在纸绳中加入特殊材质保持其稳定性。

③ 蜂窝纸家具：将蜂窝纸进行裁切、组合等方式制成的纸质家具。

8.2.1.4 纸质家具的典型结构

首先，一个合理的结构应该是安全的，安全性主要体现在稳定、结实、平衡和具有良好的装配性等方面，除了处理结构与力学上的安全外，设计时应注意避免形态上的危险因素，如尖角、利边或一些足以构成伤害的间隔。在满足安全性的前提下，应该再结合结构的必要性和经济性一起考虑。另外，合理的家具结构除了保证其形态稳定和强度足够外，还应有合适的加工工艺。根据设计方法和生产工艺不同，常见的纸质家具在结构上可分为层叠结构、穿插结构（插接结构）、折叠结构等。

（1）层叠结构

层叠纸家具的结构是将众多相同或不同的部件进行粘接或内部钉接，然后层层叠加形成。层叠纸家具可采用瓦楞纸板、工业纸板，也可以使用蜂窝纸板，甚至报纸等。如图8-6所示层叠结构纸家具产品，不仅有固定式的，也有由多层蜂窝纸胶合而构成的可拉伸结构，美观实用，且具有很强的艺术效果。

（2）插接结构

插接纸家具的主要基材为强度较大的纸板，如瓦楞纸板或工业纸板。其结构特征在于将纸板部件通过十字穿插方式进行接合与固定，以获得不同的形态，实现美妙的曲面造型。穿插结构具有结构稳定、坚固的特点。同时，穿插纸家具具有很好的可拆装性、待组装性的特点：装配简便，可快速自行拼插，并能采用平板式包装，便于运输，利于回收再利用。如图8-7所示座椅与茶几就是由纸板穿插而成。

图 8-6 层叠纸家具

图 8-7 插接纸家具

（3）折叠结构

折叠结构纸家具是利用纸的刚性、韧性、易折性，根据组合需要设计插接缝隙和折叠压痕，经过模切压痕后，将各部件板材按照要求进行折叠、插接和组合，最终实现具有较强的承重性以及结构美感的家具，如图 8-8 所示。折纸家具在使用之前，可以折叠成平板状进行堆码和运输存储。具有成本低、适合批量生产、结构变化多等优势，便于展览、会场等场所使用，同时也易于使用者自己进行拆装以及后期饰面。由于纸板材连接方式的限制，此类家具在牢固性、稳定性等方面有待进一步提升。

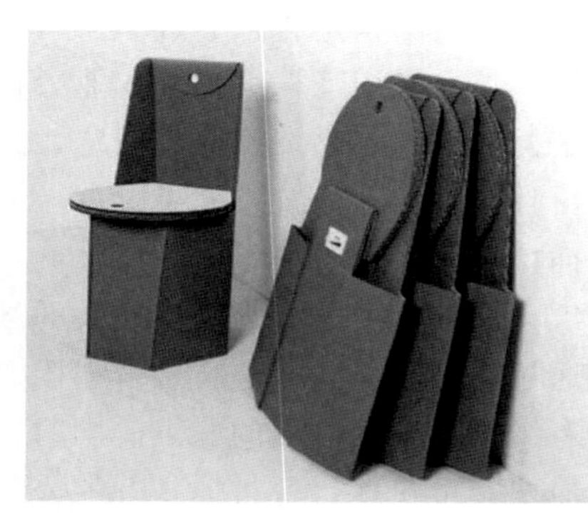

图 8-8 折叠纸家具

（4）模塑一体结构

纸浆模塑制品是以纸浆（如废纸、废纸板、芦苇浆等）为原料按照相应规格、尺寸、结构形式，通过模具由真空吸附后热压成型而成。产品原料和成品弃置后可迅速被生物降解，对环境无污染。纸浆模塑结构质量轻，互换性能好，表面涂饰便捷，能够实现标准化、模块化批量生产。巧妙利用力学原理和合理安排结构支撑筋的设计，成型后的模塑家具具有足够的强度和韧性，但生产工艺比较复杂，对不同性能的家具模塑制件有不同的生产工艺要求。如图 8-9 所示纸浆模塑家具就具有较高的强度和特殊的表面质感。

图 8-9　纸浆模塑家具

按照材料的形态来分，纸家具的结构类型与连接方式如表 8-2 所示。

表 8-2　纸家具的分类

纸家具类型	家具样式	造型结构	连接方式
纸板家具	桌子、椅子、床、展示架	插接、折叠、层叠、组合式	胶合、折叠、穿插、层叠
蜂窝纸家具	椅子、沙发、床	拼装、可伸缩	胶合、粘贴、连接件接合
纸管家具	椅子、桌子、展示架	嵌套式、粘贴、捆绑、折叠	胶合、穿插、连接件接合、捆绑
纸糊家具	椅子、桌子	层叠、粘贴、胶合	骨架＋纸张、骨架＋纸纤维

8.2.2　基于纸质材料的结构设计

8.2.2.1　纸板家具结构

纸板家具的结构形式多种多样，通常有折叠、插接、层叠等。

瓦楞纸是制作纸板家具的良好材料，它是由箱板纸和波纹状的瓦楞芯纸经过胶黏剂粘合而成的多层纸板。瓦楞芯纸大多以草浆为原料，其剖面结构近似三角形，类似桥梁的拱形结构，与箱板纸接合形成的瓦楞纸板具有较大的刚性和承载能力，并且由于存在中空的空隙而富有弹性，具有较好的缓冲防震性能。

瓦楞纸凭借其繁多的品种和多样的加工方式，在家具设计及家具模型制作中相对其他纸质类材料使用最多。家具中所用的瓦楞纸板通常要对其进行防水、防火等方面的处理。常用的方法如幕帘式涂敷法，将熔融的合成树脂或石蜡混合物从料斗口中成膜状流下，涂覆在水平运行的瓦楞纸板上，纸板表面形成一层树脂膜或蜡膜，使纸板具有良好的防水、防潮功能。

（1）纸板材料

常用于制作纸板家具的纸板性能与用途如表 8-3 所示。

表 8-3 用于制作纸板家具的纸板性能

序号	名称	纸板状态	主要用途
1	单楞双面瓦楞纸（三层）		两层纸面中间夹心一层瓦楞纸，用来包装日常用品，方便运输
2	双楞双面瓦楞纸（五层）		两张瓦楞纸板中间夹一张纸芯，用于包装大件易损产品。由A、B两层组成：A层放在纸箱内包裹住物品，减少压力，用来缓冲；B层放外侧，可印刷，以提高装饰性
3	瓦楞双面瓦楞纸（七层）	三瓦楞纸板（七层瓦楞纸板） triple-wall corrugated fiberboard	由三层瓦楞纸芯、每两张中间夹一张纸芯黏合而成，主要用来包装重型大件产品
4	工业纸板		与纸张相比，纸板厚度更厚重，也更大，常见的有三种：草纸板、灰底白纸板和黄纸板。在书刊、画册等加工中多用灰底白板纸；草板纸刚性强、硬度高；黄板纸表面光滑、质地坚硬

（2）纸板折叠家具结构

根据华夏折纸分类，民间折纸单体基形包括：正方形、长方形、三角形、菱形、梯形、锥形、多角形、条带形等。折叠基形主要包括：夹体、叠体、多联叠体、链排体等。折纸艺术中的折纸基形与折叠基形可作为家具造型设计中的造型基本单元，折纸基形与折叠基形的组合可作为造型丰富与变化的基础。

① 预制压痕折叠：为了规范折叠形态，纸板类折叠家具需要将折痕根据产品的形状与结构模压在纸板上。如图 8-10 所示储物箱，就是预先在纸板上预压出折痕，在装配时只需按照压痕进行折叠即可，具有存储运输方便、组装快捷等优点。

② 折纸结构：折纸艺术也常常应用于现代家具设计之中，可从折纸艺术的特点与折叠结构出发探讨家具造型变化、色彩视觉效果、材料性能与结构创意，与传统模式的家具设计形式对比强烈，为现代家具设计注入新的创意活力。折纸家具的特点为占用空间少、成本低、结构组合多，充分利用纸张的刚性、韧性、易折性对纸张进行适当的模切、压痕、表面优化等处理，最终形成造型美观、功能合理的折纸家具。如图 8-11 所示折纸椅子，构思源

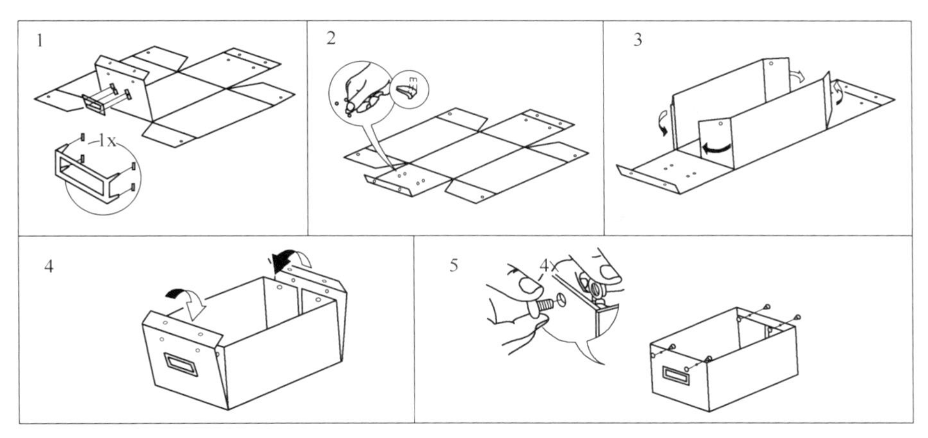

图 8-10 储物箱折叠组合过程

自蜘蛛网，借助建筑参数化设计思路，通过重构座椅形式来诠释和演绎折纸艺术风格，并利用纸模型工具快速建构产品原型，这不仅有利于探索新的审美与构成形式，还为家具产品的折叠设计提供了新的思路。如图 8-12 所示儿童折纸家具，一张普通的纸板，通过巧妙的折叠就能构成家具，这种结构的演绎与延伸就能产生新的折叠结构。

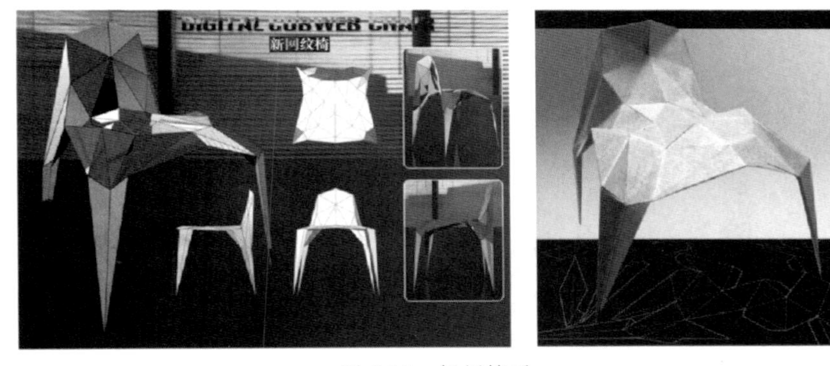

图 8-11 折纸椅子

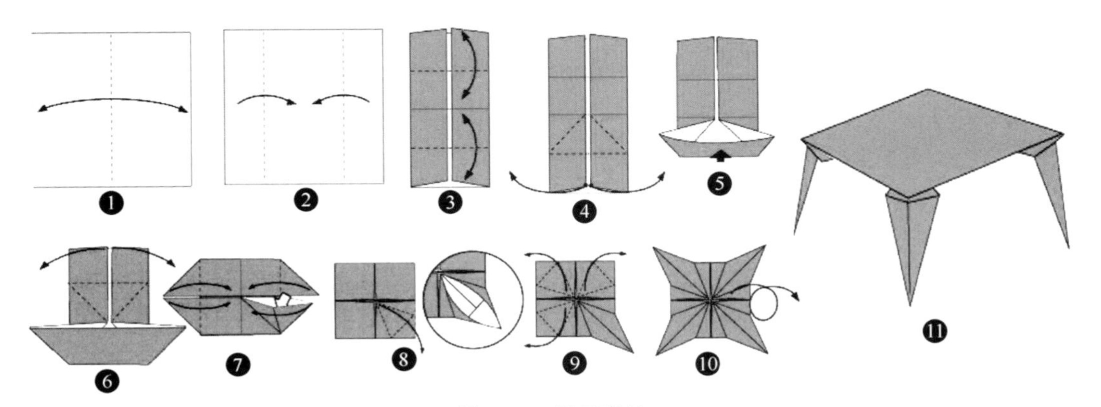

图 8-12 折纸家具

③ 单元折叠与组合：将某种折纸基形或折叠基形作为单元，直接重复折叠来形成某种装饰效果，或从折叠基形出发，直接模拟某种折纸形态，使家具造型更具生命力，更生动有趣，有几何美感，产生直接的视觉效果，明确表达折纸风格，如图 8-13 所示置物架和方凳，

就是先制作出相同的结构单元，然后再组合在一起而构成家具。单元的折叠需要根据设计方案，将各部件用合适的瓦楞纸板裁出所需形状和尺寸，根据组合单元的需要进行层叠或模切压痕或裁切接口，然后将各部件进行折叠、插接和组合。这类纸家具的造型灵活多样，可以充分利用单元的折叠、插接、层叠等结构的造型优势，设计最具有结构创新的空间。但由于瓦楞纸板间连接方式有限，这类家具在处理牢固性、稳定性方面要有所侧重。如图 8-14 所示 Lazerian 工作室受蜂窝结构启发用纸板做的椅子就是将相同与不同的单元通过折叠、插接和多种方式综合完成的产品。

图 8-13　由折纸单元所组成的纸家具

图 8-14　组合式纸家具

（3）纸板层叠家具结构

纸板层叠结构是根据造型方案的设计放样模切出单元大样，然后根据厚度需要将若干个单元按照一定的秩序排列，通过胶黏剂或五金连接件将这些单元固定连接而获得立体形态的纸质家具，适合于大机器生产或简单手工制作。相对其他结构形式来说，层叠类纸质家具产品造型随意方便、结构稳定牢固、承重量大，能制作出优美曲线造型；不足之处是材料消耗大，家具成型后不能拆装变化，笨重，不宜搬运，用胶量大，或是需要连接件连接。如图 8-15所示椅子由弗兰克・盖里设计，使用了多层瓦楞纸胶合而成。如图 8-16 所示纸板框架则是用螺杆将多层纸板连接固定而成，可以通过不同的组合来形成多种搭配形式。

（4）纸板插接家具结构

纸板具有较好的强度，因此可充分利用纸板的纵向承载强度高和多维度组合后整体强度增强的特性，将纸板相连接处裁出接口，然后插接在一起，而无须胶接或钉接等外界连接方

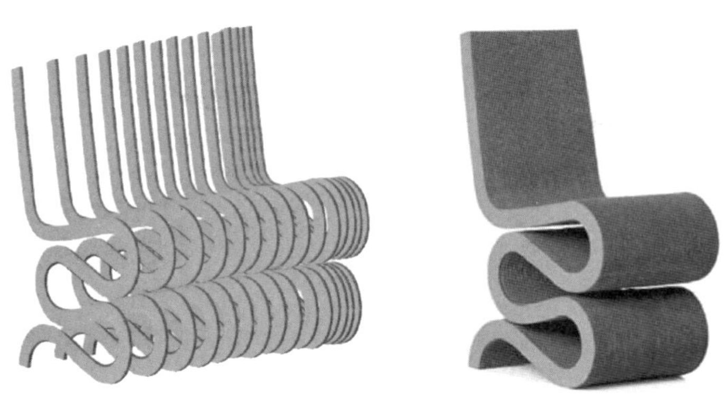

图 8-15 弗兰克·盖里设计的层叠式纸家具

图 8-16 用螺杆连接的多层纸板框架

式，仅通过相互钳制就可构成家具的立体形态。其结构性强、操作简单、易于拆装、回收。插接方式的制作过程是按照构思方案所设计的每个断面形状和尺寸切出所需断面材料，并在相连接处裁出缝隙，然后按照一定的方式插接而成，如图 8-17 所示。通过断面形状的改变和插接件间的灵活组合，可以获得多种形态的曲线造型和丰富的视觉韵律感。同时，插接方式使得家具结构简单、拆装方便、运输便利。

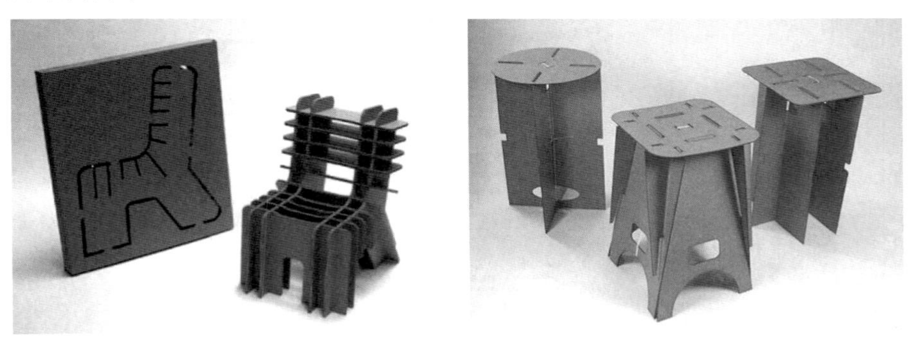

图 8-17 由纸板插接而成的纸家具

8.2.2.2 纸绳家具及其结构

英国伊德鲁姆家具公司在 1995 年推出的纸绳家具，其形态上与藤材相似，造型简约、典雅，通过将纸绳与木材、金属等承重性较好的材料进行接合，用精美的编织技法对细节进行处理，使产品成为外观与强度同时具备的新型家具。

纸绳的强度可以与藤材媲美，由于纸绳本身具有韧性，使用时易与身体的脊柱弯曲形状吻合，舒适度较高。从材料的表面上来看，纸绳家具的编织技法与材料的形态都与藤质家具相似，但材质上更加细腻，从而更具有表现力与亲和感。纸绳家具的结构主要体现在两个方面：框架结构与编织技法。在框架结构方面，一般多由木质、金属等材料制成，可视为一种固定的结构。而在编制技法方面则纷繁多样，可按照竹、藤家具的编织方法与技巧进行。

色彩选择也尤为重要，可以用近色、对比色、同色渐变等表现出丰富的图案形状，还可以根据掌握的编织技法运用抽象或者具象的造型方式来变换。此外，由于纸绳本身形态的不同，加之采用不同的编织技法，故能获得丰富多彩的家具形态。表 8-4 列出了几种常见纸绳的形态及特征。

表 8-4　常用纸绳材料的形态及特征

序号	名　称	材质状态	特　征
1	单股纸绳		采用单张纸扭成，可随意弯曲而不松散。规格、色彩可以根据使用的需求进行定制调整。多数用于表面编织和装饰
2	多股纸绳		与麻花相似，由几股相同或不同颜色的单张纸扭制而成，富有立体感。多数用于大面积的经纬编织面上
3	防水纸绳		表面经防水处理，可延长使用寿命。经典的 Y 椅就采用了防水三股纸绳编织
4	并排绳		用多根单股纸绳并排黏合而成，具有韧性较强、密度大等优点，一般用于编织面积大的产品设计中
5	拉菲草纸绳		形如丝带，多种色彩可供选择，宽度在 0.3～1mm。表面光滑，手感柔软。在工艺品、饰品和包装上应用广泛
6	纸绳布		厚度 2～3mm，采用牛皮纸或者防水纸绳编织而成，与传统棉布相比，具有较好的厚度与弹性

纸绳家具的特点是通过线性的编织技法构成所需要的形状与图案。可以从编织的色彩、肌理、质感等与其他的表现形式区分，并且这种表现形式独具一格。按照编织技法，纸绳编织家具可用多种技法，与竹藤家具编织相类似，在此就不再赘述。

8.2.2.3 纸管家具结构

纸管家具是指完全由纸管材料制作或以纸管材料作为主构件，配以木材、人造板材、金属、玻璃、塑料和石材等制作而成的家具。以纸管材料为主要构件的家具呈现出一种别致的轻盈与纯净，再结合其他材料可以组合成既简约又创意十足的家具产品。

（1）纸管的分类与性能

在纸管的实际生产制造中，纸管加工厂可以根据客户要求定制加工出多种形状、规格的纸管，按照截面形式分为圆形纸管、椭圆形纸管、矩形纸管、倒梯形纸管等。根据《GB 126202—2010 纸管纸板》中的规定，纸管按照加工工艺及用途分为 A 类纸管和 B 类纸管。其中 A 类纸管指经分切、螺旋制管、粗切、干燥、精切等工序制得。B 类纸管指经分切、螺旋制管、树脂涂布、粗切、干燥、精切等特殊加工工序制得。家具常用纸管主要有方形纸管和圆形纸管，如图 8-18 所示。通过对原纸重新组合压缩制成纸管，纸管厚度规格有 3～10mm。此外，根据设计要求，可以定制生产出不同规格大小、不同厚度的纸管以供使用，家具常用纸管的规格见表 8-5。

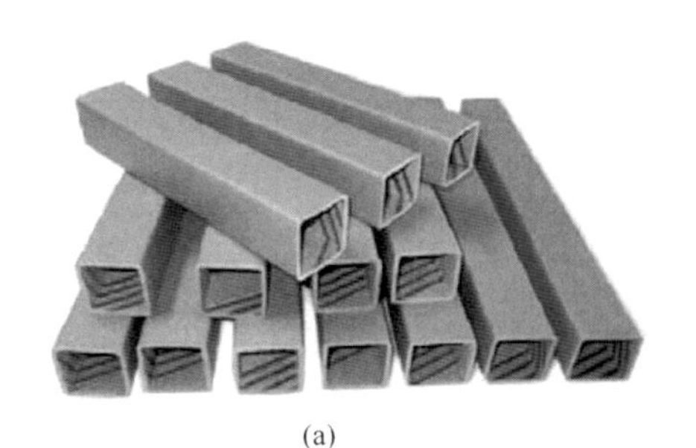

(a)

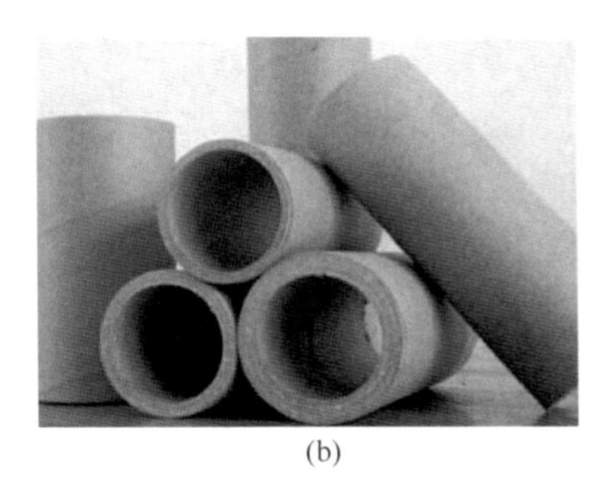

(b)

图 8-18　高强纸管
（a）方形纸管　（b）圆形纸管

表 8-5　家具常用纸管的规格　单位：mm

正方形纸管	长方形纸管	圆形纸管	正方形纸管	长方形纸管	圆形纸管
20×20	40×60	6	50×50	73×120	30
24×24	46×56	10	70×70	75×65	40
30×30	46×76	12	95×95	82×95	50
35×35	60×95	18	—	—	60
40×40	69×102	25	—	—	76

用于制备纸管家具的纸管要具有良好的径向抗压强度，表 8-6 列出了部分径向抗压力。

（2）胶合纸管结构

用胶黏剂将具有一定强度的纸管胶合在框架材料上。如图 8-19 所示，在日本设计师坂茂（Shigeru Ban）所设计的“Carta Series”系列产品中，椅身和椅腿采用山毛榉胶合板制成，椅面铺排纸管，然后用胶黏剂将纸管胶合在椅身和椅腿上，是一件既简约又创意十足的家具产品，这已成为具有代表性的纸管家具之一。

表 8-6 纸管的径向抗压力

直径/mm	壁厚	A 类，≥	B 类，≥
76	5	60°	—
		500	—
	6	600	—
	7	700	—
	8	1000	1000
	9	1100	—
	10	1200	1300
	11	1300	—
	12	1400	1500
	13	1500	—
	14	1600	—
	15	1650	1650
	16	1700	—
	17	1800	—
150	8	700	700
	10	800	800
	12	1000	1000
	14	1200	1200
	15	1250	—
	16	1300	—
250	15	2000	—
300	15	2200	—

图 8-19 “Carta Series”系列产品

（3）插接纸管结构

由于纸管具有较好的承载力，将其插接在其他构件中可形成稳定的结构。如图 8-20 所示产品就是分别将纸管穿插在软木和胶合板构件中所构成的，这不仅在功能上能够满足作为家具的使用要求，在材料上也形成了质感与肌理的对比。

1997 年，坂茂首次尝试将纸管运用在家具设计上，设计的“Paper Tube and Plywood Stool”板凳以胶合板作为环形座面，将 4 支纸管作为凳脚插入其中，外观简洁、明快。同

图 8-20　插接结构纸管家具

时，这种插接还能设计成可拆装结构，方便运输与收纳，如图 8-21 所示。

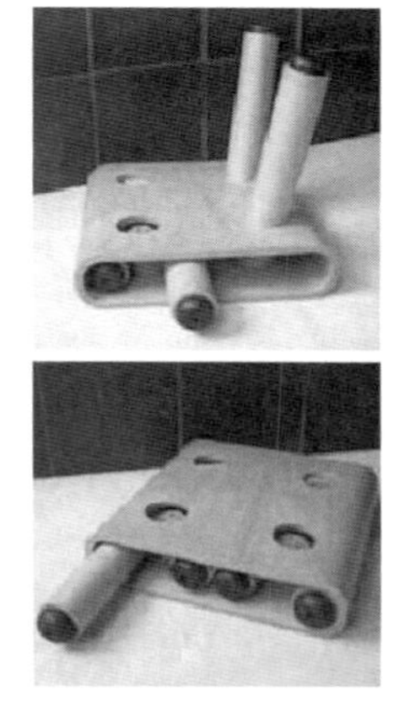

图 8-21　坂茂设计的板凳

（4）穿连纸管结构

纸管相对木材、金属等属于软质材料，易于机加工。穿连纸管结构是在纸管上钻孔，然后用软质的棉线、麻绳、塑料线和金属丝穿连在一起而形成的一种结构，如图 8-22 所示。同时，也可以采用金属、木材、塑料，甚至是小径纸管进行穿插连接。若采用金属杆穿连，还可将其弯曲成所需要的形状。

图 8-22　穿连纸管家具

8.2.3 新型纸质家具结构设计

纸家具的结构是建立在纸基材料基础之上的。纸张作为最基本的纸基材料可以通过多种手段用于纸家具之中，如将其裱糊在金属、木材、竹材等多种基材的框架上制成糊纸家具。而蜂窝纸作为一种新型结构纸基材料也在家具中得到了应用，除了在板式家具中作为空心板的填料用于制造板式家具外，还可基于其特殊的结构形式用于制造蜂窝纸家具和蜂窝纸板家具。

8.2.3.1 糊纸结构

（1）基材

可用于糊纸家具的骨架材料有多种，如图 8-23 所示竹篾网和金属网均可用于制作糊纸家具的框架，其中竹篾不仅质量轻、强度高、韧性好，而且可吸收胶黏剂，能够更好地与纸纤维接合。在使用金属网时要注意选用不锈的金属材料制成的网，否则在使用一段时间后就会有锈迹出现，影响质量与美观。

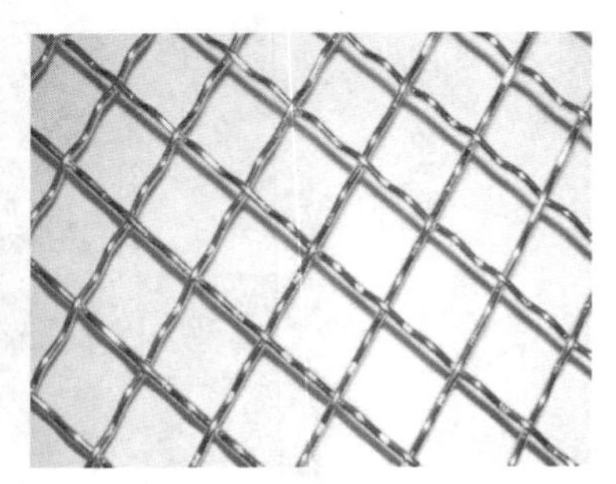

图 8-23 可用于糊纸家具骨架的竹篾与金属网

（2）骨架

糊纸家具是将纸裱糊在具有一定家具形状的骨架上而构成的，骨架一般为金属、木质和竹材等一些纤细、高强的材料。所用纸张按其结构用料分为结构用纸、结构裱纸和表面用纸等。其中结构用纸具有较好的硬度、刚度，质地坚硬、韧性较大、不易变形；结构裱纸则采用韧性较强的牛皮纸；表面用纸的选择范围较广，可选用纸或布等材料，通过一些表面处理形成不同的纹理、材质、色彩等效果。

糊纸家具的结构着重在于其内部结构的处理，同时要便于多种自由曲面的塑造。如图 8-24 所示“Piao 2”（飘 2）椅，就是以竹子为骨架、结合了杭州西兴灯笼的传统手工艺，将

图 8-24 “Piao 2”椅

宣纸裱糊在竹子骨架上干燥后所得到的。在纸与竹的共同作用下，“Piao 2”质量轻、强度高，是目前较轻、薄的纸椅。

8.2.3.2 蜂窝纸家具结构

作为一种新型材料，蜂窝纸不但具有轻、用料少、成本低、强度高、缓冲性能好、吸音隔热等诸多优越性能，还便于回收利用、节能环保，是理想的绿色包装材料。近年来，随着人们环保意识的增强，环保材料逐渐成为人们关注的焦点。用蜂窝纸制作家具也成为一种时尚，但由于蜂窝纸本身结构的限制，使其能够制作生产的家具样式和种类不如纸板家具。

（1）基材

蜂窝纸是使用瓦楞纸、牛皮纸、再生纸为材料，以蜂巢结构为纸板形态，由无数个空心立体的正六边形黏合而成的纸面材料，如图 8-25 所示。用于制造蜂窝纸家具的蜂窝纸是由两层纸板中间夹心蜂窝纸芯黏合而成（六边形蜂窝结构与面纸板平行，可实现大幅度的拉伸），材质较轻且承重性好。在形态上，蜂窝纸家具设计的核心是利用蜂巢结构进行再设计，在视觉上形成节奏与韵律的效果。蜂窝结构可以在一定程度上进行压缩与拉伸，因此，可根据使用情况来改变长度、弯曲度等，进而形成不同形态的家具。

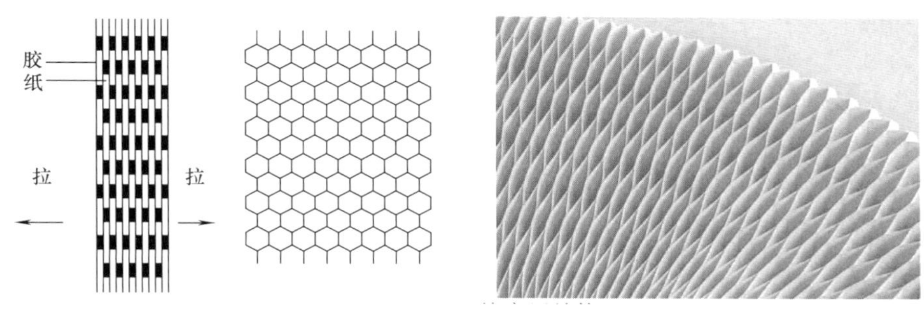

图 8-25 蜂窝纸结构

（2）结构

在结构上，首先按照设计好的造型对相同或者不同构件进行裁切，然后使用胶水对已经裁剪好的模板进行黏合，形成可拉伸或可压缩的家具造型。同时使用一些便捷式的连接方式，以实现快速的组合与拆装，如卡扣、搭扣、穿插、强磁接合等。如图 8-26 所示圆形凳和圆形椅，两块纸板之间就是靠预埋磁铁来连接的。

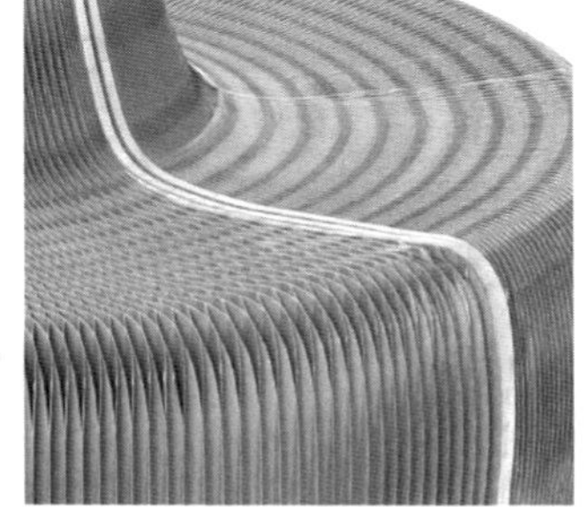

图 8-26 蜂窝纸结构

8.2.3.3 纸质蜂窝板家具材料

（1）基材

纸质蜂窝板家具所采用的结构与蜂窝纸家具的有所不同：六边形蜂窝结构与面板垂直，

如图 8-27 所示。平面抗压强度较好，不可以拉伸。当面板为胶合板或纤维板时，可用作面板、侧板等承重构件。

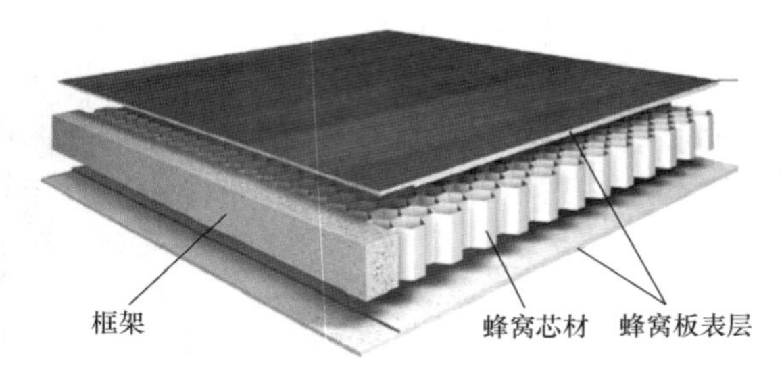

图 8-27　蜂窝纸及蜂窝板

纸质蜂窝板可分为有框和无框两种。其中有框蜂窝板家具的结构与普通板式家具的相同，而无框的则需要专用连接件。

（2）无框蜂窝板家具结构

由于蜂窝板是中空的，要将蜂窝板的优良性能运用于家具中，则需要有合适的连接件将板材连接到一起。德国 Hettich 公司开发的 Hettinject 五金件为纸质蜂窝板家具构件的连接提供了一些新思路。

① Hettinject 嵌入式连接——Expanding socket No. 4 HT：如图 8-28 所示，直接在 3～5mm 厚表板的一侧开孔，嵌入专用螺母，然后用专用螺钉紧固。为了增加连接强度，可以采用二孔固定式结构，此种连接结构主要运用于承重不是很大的连接。

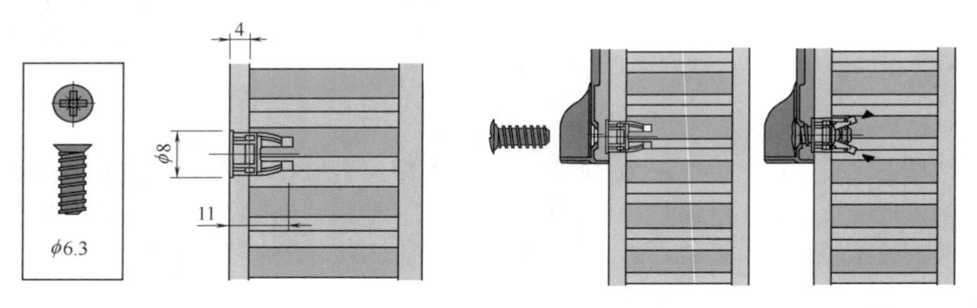

图 8-28　纸质蜂窝板家具用 Hettinject Expanding socket No. 4 HT 嵌入式连接件

② Hettinject 嵌入式连接——VB：VB 系列连接件是针对纸质蜂窝板垂直式连接而设计

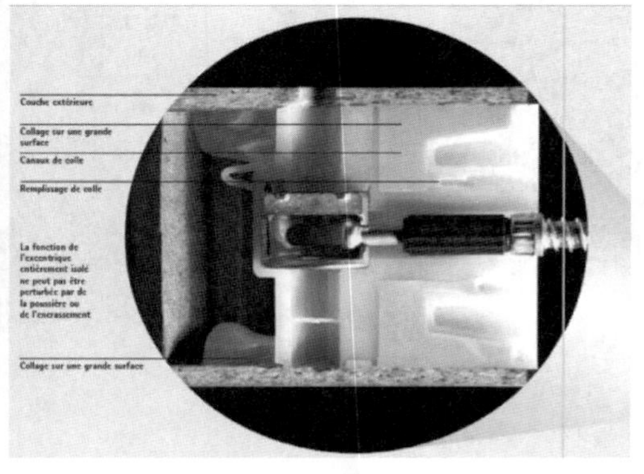

图 8-29　纸质蜂窝板家具用 Hettinject VB 嵌入式连接件

的，如图 8-29 所示。其特点在于隐藏性好，连接强度高。

③ Hettinject 嵌入式连接——ABV HT：采用横向卡扣结构，将蜂窝板件牢牢地连接在一起，构成一个整体，如图 8-30 所示，主要用于两块板的接长与拼宽。

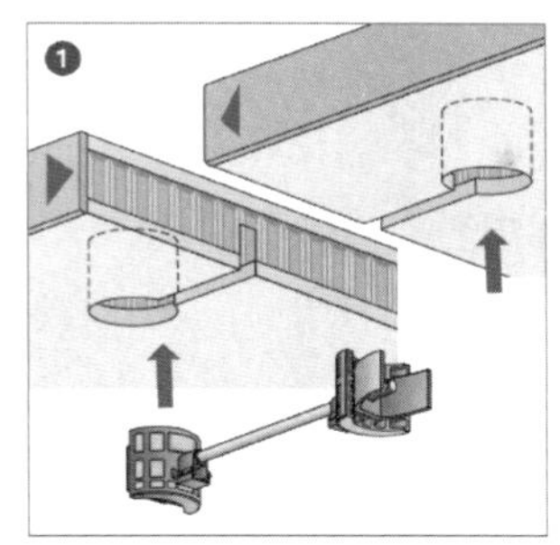

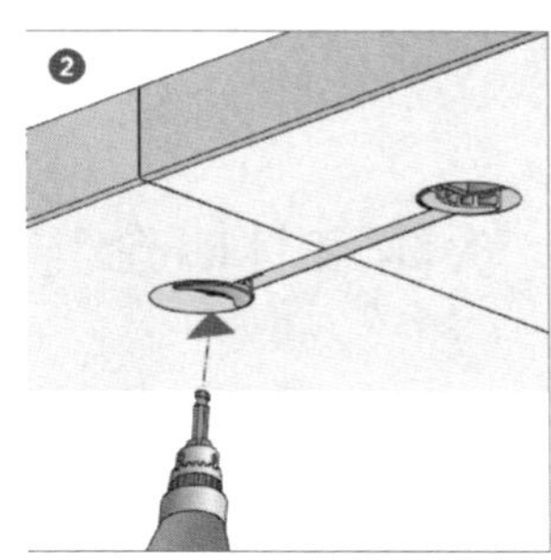

图 8-30 纸质蜂窝板家具用 Hettinject ABV HT 嵌入式连接件

第 9 章 软体家具结构

9.1 软体家具概念与分类

(1) 软体家具的概念

软体家具主要指以海绵、织物和弹簧作为主体的家具。因此，凡支承体含有柔软而富有弹性的软体材料的家具都可称为软体家具。沙发、软椅、软凳、弹簧软床垫、软坐垫以及表面用软体材料装饰的床等均属于此类。

随着消费与审美水平的不断提升，人们对新材料、新技术、新领域的不断探索，现代软体家具也得到了空前的繁荣与发展：生产工艺技术水平不断提高，产品覆盖面逐步扩大，花色品种丰富多样。

(2) 软体家具的分类

软体家具的分类方法有多种，一般可以按照结构、材料、功能来划分，表 9-1 列出了一些基本的分类与相应的特性。

表 9-1 常见软体家具的类型及其特性

分类依据	具体分类	特　　性
按结构分类	内骨骼软包家具	用软质材料将内部框架结构完全包覆，制作成本低，市场占有率较高
	外骨骼软包家具	以外部框架为主体，在局部用软质材料包覆以实现家具的舒适性与美观性，也有很多是内部四周和座面都有软垫或者软包的软体家具，如柯布西耶设计的大安乐椅就是典型的外骨骼软包家具
	无骨骼软体家具	没有骨架结构，依靠填充其他材料作为支撑的软体家具，如充气、充水、聚乙烯泡沫注模、全软垫等无框架式家具
	软骨骼家具	构成软体家具的框架材料具有一定的柔性或可调节性，包括弹性结构软体家具、弯曲木软体家具、框架多处可调节软体家具
按材料分类	皮革类软体家具	以真皮、人造革作为外套材料的软体家具，如牛皮沙发、皮革床等
	织物类软体家具	以布料等纺织材料为外套的软体家具，如布艺沙发等
	塑料类软体家具	用塑料作为主要材料所制成的软体家具，如外壳为塑料的软体椅
按功能分类	软体坐具	以海绵、织物和弹簧为主要材料制成的坐具，具有柔软舒适的特点，主要有软包座椅、沙发、软垫凳等多种
	软体卧具	软体卧具除了坐卧两用的多功能软体家具外，还包括各类软床与床垫
	其他功能软体家具	包括多功能软体家具、软体储物家具、软体家具装置等。同时，随着技术的延伸，还产生了诸如软体箱柜、软体桌、室内软体隔断家具等

大部分软体家具除含有软体部分外，多数还需要有支撑软体的支架。但部分软床垫、软坐垫、充气家具等则无须支架。软体家具的支架材料多以木材、钢材、塑料等为主，其中木质材料因其来源广泛、价格低廉而成为主要用材。如图 9-1 所示分别展示了以钢材、木材为支架的沙发、躺椅，同时也展示了充水和充气的软体家具。

图 9-1 常见的软体家具

9.2 卧具类产品的结构

卧具类家具主要包括床架和床垫，其中组成床架的床头多采用软包结构，以便更舒适地卧靠。而床垫与睡眠质量密切相关，因此床垫的舒适性和实用性显得尤为重要，而这些均与结构相关。

9.2.1 软体床架及结构

9.2.1.1 软体床架的种类

目前，家具市场上的软体床按照包覆面料的材质大致分布艺、皮艺和皮布结合等。

（1）布艺

外部包裹床体部分主要以布料为主，其通过柔软的触感、温暖的气息、缤纷的色彩等方式在居室中营造出一种独有的氛围，让人感受家的温馨，因而广受推崇。在结构上一般是可以拆洗的，但也有少数布料因材质的原因而不能拆洗。

（2）皮艺

床头和人身体直接接触部位采用真皮或环保皮制作而成的软体床，多采用欧式、古典等样式，彰显雍容华贵的风格，营造富丽堂皇的氛围。

（3）皮布结合

皮布结合的软床将布艺和皮艺有机地结合起来装饰床头和床身表面，非常时尚现代。如图 9-2 所示不同风格的布艺与皮艺床就是采用了软包结构。

9.2.1.2 支架结构

软体床的支架包括床头（床尾）与床架两大部分。其中，床头也称床屏、床靠，主要用于倚靠，与人体接触较多，故多采用软包结构，以增加舒适感。床架则主要用于支撑床垫。

图 9-2 软体床

（1） 床头

床头是卧室的视觉中心，虽然很多床头都很富丽堂皇，但结构却较为简单。一般来讲，软体床头的支架主要是由木材通过胶、钉连接而成，铺设中高密度的海绵，最后再附上面料。如图 9-3 所示软包床头结构图：首先用木质材料加工出床高靠背的骨架，然后再进行软包。其中的材料分别是：真皮，公仔棉，高回弹海绵，定型海绵，中软海绵，高弹性筋带，中密度海绵，实木框架，胶合板，高密度海绵。

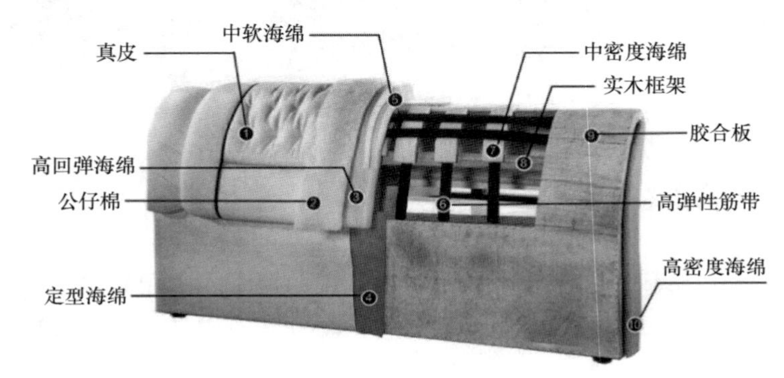

图 9-3 软体床靠背结构细节

（2） 整体框架

床梃将床头与床尾连接，中间加入支撑便构成了床的整体框架。一般来讲，床梃的软包要与床头的相配套，但结构和工艺上要简单许多。主要是将相同材质的面料用胶、钉连接即可。但中间支撑结构则主要有两种形式：横担+床板和排骨支架。

① 实木框架紧固与支撑连接件：床梃与床头之间采用床挂（也称床铰）等五金件连接，如图 9-4 所示展示了常用的金属连接件，虽然部分形状不同，但功能相同或相似，其中的床挂主要用于实木框架的连接。如图 9-5 所示清晰地展示了实木床梃与床头（床尾）之间的连接方式，以及横担与床梃之间的连接。这种连接，通过螺丝的紧固，可以形成一个稳定的整体。

② 板式框架紧固连接：为了降低成本，部分床体的框架采用人造板。与实木相比，人造板的握钉力相对较弱，因此所使用的紧固连接件与实木的相比也有所不同。金属角铁可以有效地实现这一功能，如图 9-6 所示金属角铁可以快速安装、稳固连接。

③ 支撑构件：一般来讲，使用如图 9-7 所示横担的床多需要床板来支撑床垫，而使用排骨支架的则不需要横担。如图 9-7 所示，由多层胶合板制备的排骨支架，不仅安装方便、简洁实用，还具有较好的弹性，更有利于提升睡眠质量。

④ 收纳结构：床垫离地有 240mm 左右的距离，有的甚至更高。为了充分利用空间，有些床垫下设置了箱体结构用于储物。但床垫较重，移动较困难，因此如图 9-8 所示可用于床

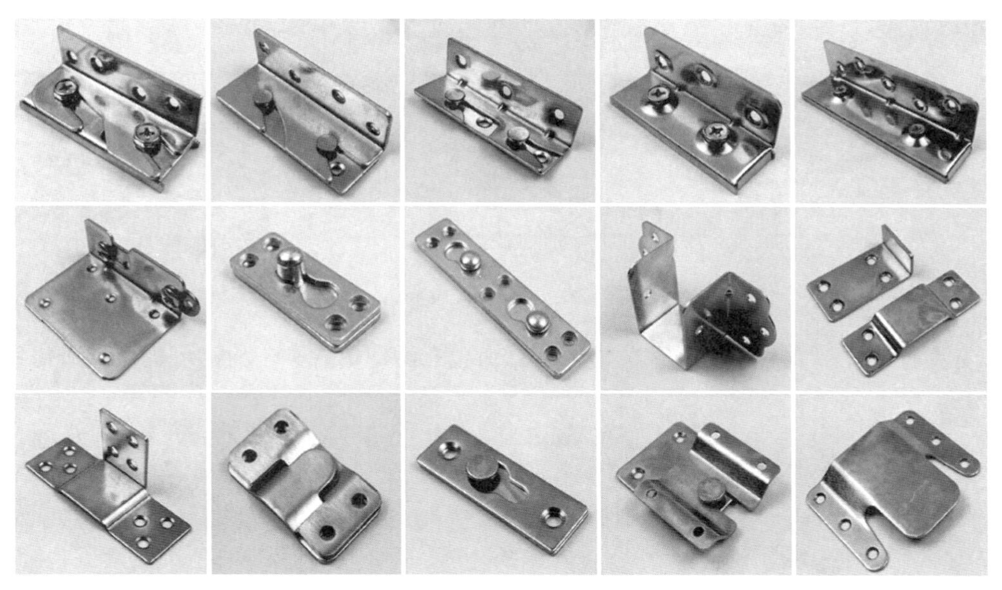

图 9-4　床常用五金配件

图 9-5　床整体框架的连接与安装

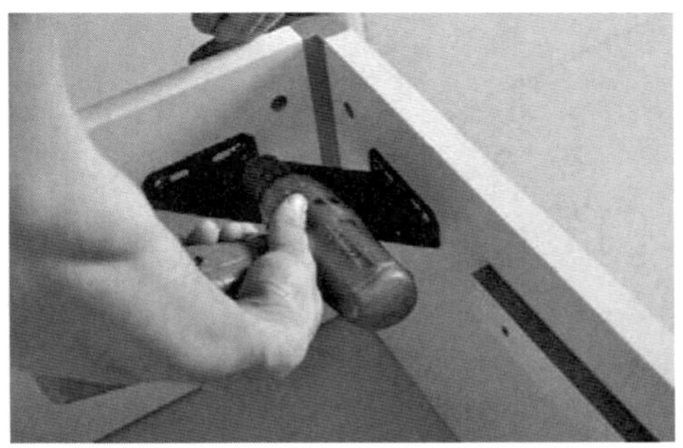

图 9-6　板式框架的紧固连接件及连接

垫升降的液压杆应运而生，其结构简单，易于安装，使用方便，价格适中。如图 9-9 所示为软包床的整体框架结构详图，从图中可见重要的两个部件为实木排骨架和床头。其中实木排

图 9-7　用于支撑床垫的排骨支架

骨架具有弹性，在一定程度上可调节舒适度；而包有海绵的软靠床头则可提供舒适倚靠。

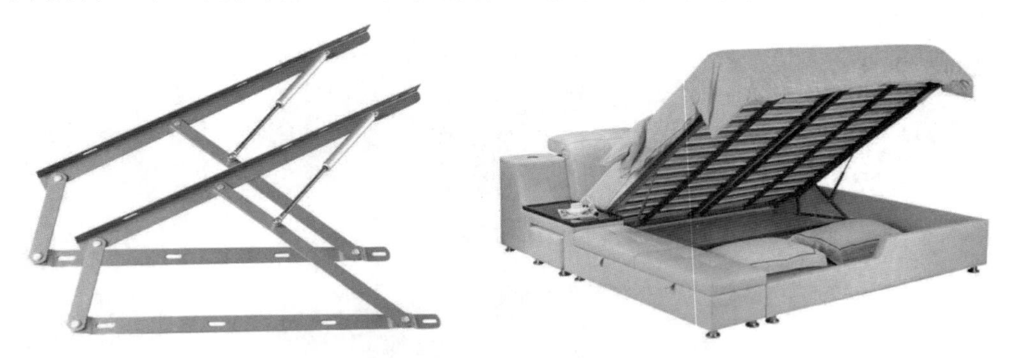

图 9-8　床垫升降液压杆及其应用

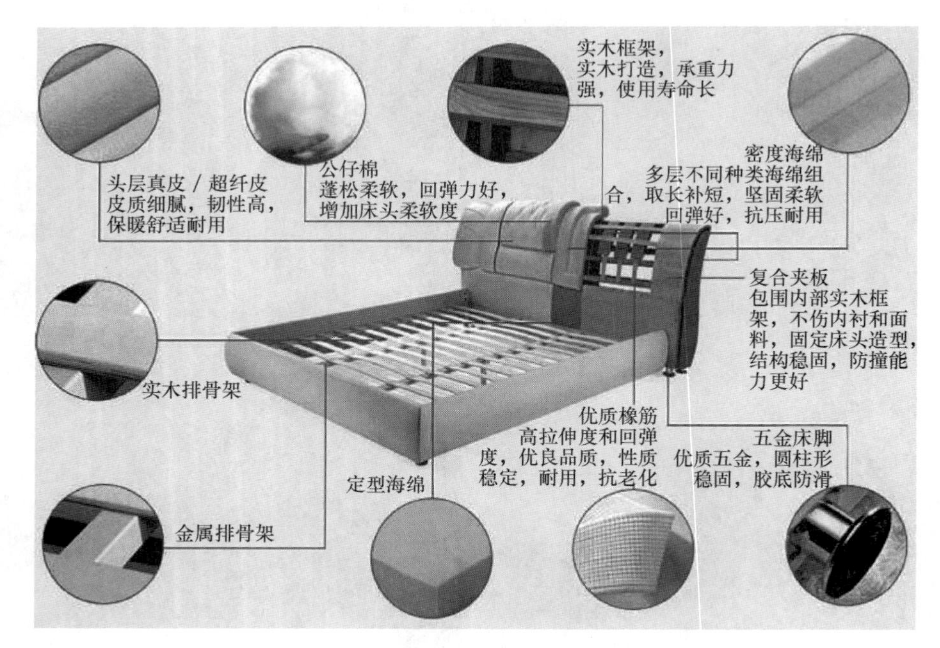

图 9-9　软包床的整体框架结构详图

9.2.2　床垫及结构

通常人们所说的床垫是指一百多年前起源于美国的弹簧软床垫。软体家具中床垫占有很大的比重，因材质与结构的不同而品种繁多，不同质量的床垫能带来不同的睡眠效果。设计合理、制造精良的床垫具有弹性足、弹力持久、透气性好、与人体曲线吻合较好等特征，能使人体的骨骼、肌肉处于松弛状态而得到充分的休息。

9.2.2.1 床垫的种类

随着物质文明和技术工艺的不断进步，现代的床垫种类逐渐趋向多元化，主要有：棕榈床垫、乳胶床垫、3D 床垫、弹簧床垫、充气床垫、充水床垫、儿童与婴儿床垫以及功能性床垫，如磁疗床垫等，表 9-2 列出了常用床垫的基本性能。

表 9-2 常用床垫的种类与基本性能

名称	简图	说明
棕榈床垫		由棕榈纤维编制而成，质地较硬或硬中稍带软，价格相对较低。有天然棕榈气味，耐用程度差，易塌陷变形，承托性能差，易虫蛀或发霉。 由山棕或椰棕添加现代胶黏剂制成，环保性好。山棕和椰棕床垫的区别是山棕韧性优良，但承托力不足，而椰棕整体的承托力和耐久力比较好，受力均匀，相对山棕偏硬
乳胶床垫		分合成乳胶和天然乳胶，合成乳胶来源于石油，弹性和透气性不足，天然乳胶来源于橡胶树。天然乳胶散发淡淡的乳香味，更加亲近自然，柔软舒适，透气良好，且乳胶中的橡树蛋白能抑制病菌及过敏源潜伏，但成本很高
3D 床垫		由双面网布和中间连接丝组成，用 8～10 层的 3D 材料叠加至厚度 16 cm。比传统材料透气性好，中间用 0.18mm 粗的涤纶单丝连接，保证了回弹性。然后外套用三明治网布和 3D 材料绗缝加拉链，或用棉质天鹅绒绗缝套
弹簧床垫		具有弹性好、承托性较佳、透气性较强、耐用等优点。内部结构主要有弹簧钢芯和外层软包材料。弹簧钢芯（内胆）由各式弹簧结构组成，外层软包材料则由塑料平网、各类毡料（麻毡、棉毡、椰棕垫料等）和绗缝面料组成。而绗缝面料又是由无纺布、海绵、面料等绗缝而成
充气床垫		易于收藏、携带方便，适用于临时加床、旅游
充水床垫		利用浮力原理，有浮力睡眠、动态睡眠、冬暖夏凉、热疗作用等特点，但透气性不足
儿童床垫		专门针对青少年生长发育特点而研发的床垫，与普通床垫的最大区别在于让床垫适应青少年骨骼成长的需求，从而有效预防驼背等常见问题

续表

名　称	简　图	说　明
婴儿床垫		指一岁以下的儿童所用的床垫，主要作用是支撑其身体，防止婴儿脊椎变形，令宝宝四肢放松，促进血液循环，有利于婴儿健康发育
磁疗床垫		高弹性柱状结构的泡沫垫块，具有优越的弹性和还原性，可以很好地支撑人体，起到缓冲的作用，在翻转时还可以起到轻柔的乳突按摩效果。由于安装了磁性材料，可能具有镇静安神、按摩释压、平衡人体经络、调节人体酸碱平衡等作用

9.2.2.2 健康睡眠与结构要求

由于重力的原因，当自然站立时，人的头、脊椎、骨盆在重力作用下处于自然平衡状态。但在睡眠状态时，重力作用及身体重量将会造成脊椎的紧张感。因此，在床垫结构设计时要考虑到床垫对身体的承托和对压力的缓冲，以便提供正确的矫正承托而使身体自然放松获得舒适的睡眠。优质的床垫可与身体紧密贴合，而且能保证脊椎的正常生理弯曲。

设计合理床垫的内弹簧可根据身体需要提供承托，每一个弹簧根据承受重量的不同提供正确的承托力，使身体与床垫贴合而缓解睡眠状态时重力产生的压力，从而提高睡眠质量。如图 9-10 所示描述了睡眠时人体体压的分布情况。

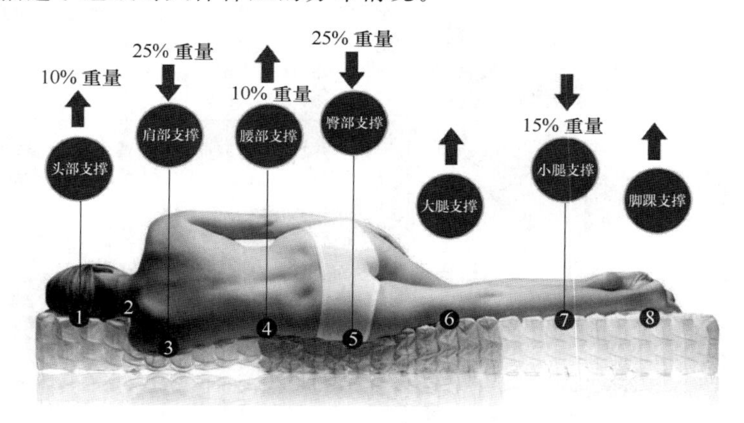

图 9-10　睡眠时的体压分布

9.2.2.3 软体结构

一般来说，弹簧床垫基本由三大部分组成，即床网（弹簧芯）、填充物和面料。弹簧芯在中间，填充物和面料呈对称形式（基本）分布于弹簧芯的上下。其中填充物有多种，如毛垫或毡垫在弹簧芯上面保证床垫的结实耐用，而作为填充料的棕垫层、乳胶或泡沫等软材料保证床垫的舒适度和透气性，具有较好的杀菌环保效果；最上面是环保的绗缝层作为面料，具有舒适、美观的特性。床垫内部的基本结构如图 9-11 所示。

在表 9-2 所列出的床垫中，弹簧床垫占的比重最大，结构也最复杂，在此主要对弹簧床垫的结构进行详细描述。

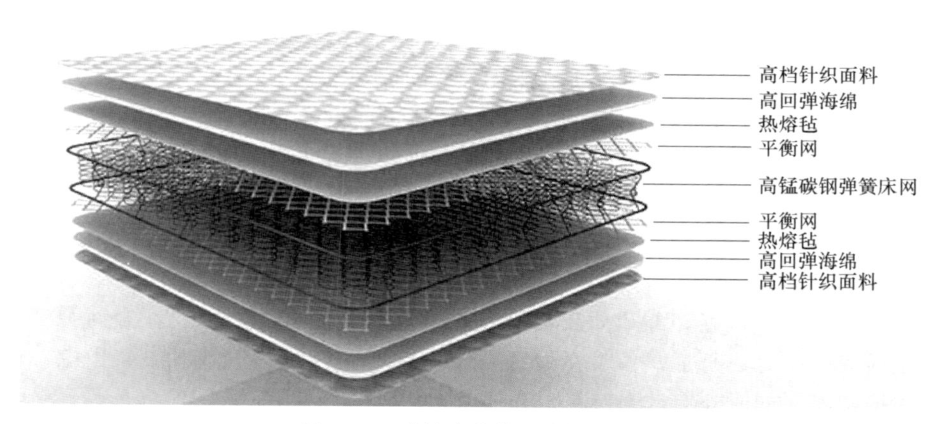

图 9-11 弹簧床垫的基本结构图

(1) 金属弹簧框架结构(床网)

按照弹簧的排列方式,弹簧床垫结构主要可分为 4 种,如图 9-12 所示。

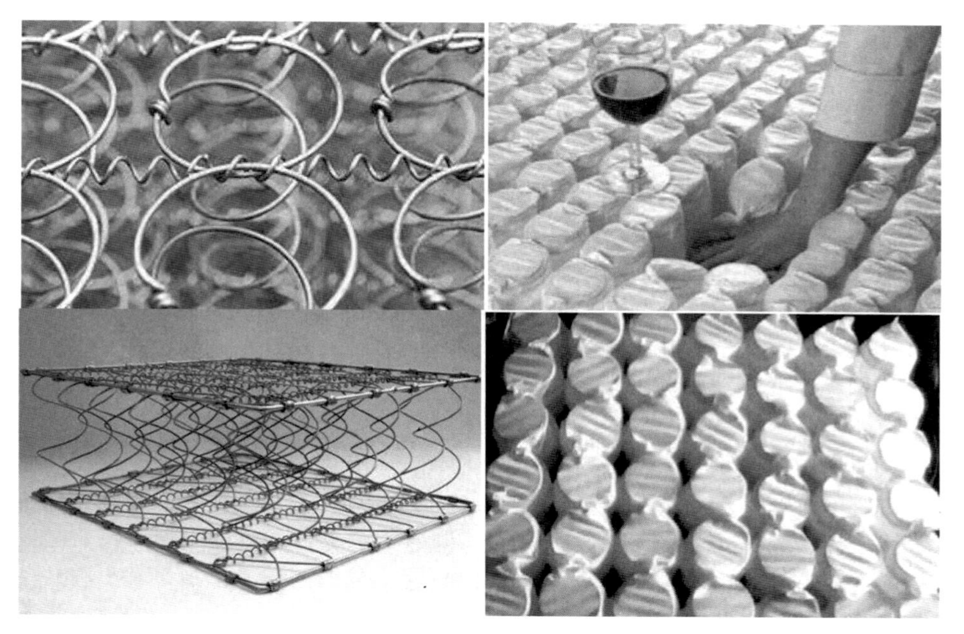

图 9-12 床垫内部结构

① 连接式弹簧结构:由一个个独立的弹簧经若干条螺旋状钢丝连接成一个“受力共同体”。结构工艺简单,成本较低,但缺点明显:抗干扰性差、一处受压,弹簧会相互牵扯,由于整个床网一起运动,故与身体贴合度较差,长期睡卧对脊椎会产生一定影响。同时,容易凹陷变形,如果长期睡在一个固定位置,且没有定期对床垫翻动,容易造成局部弹性疲乏。

② 袋装独立筒弹簧结构:用棉布将每个弹簧独立包裹,再用高韧性绗缝工艺将弹簧袋连接,因为每个弹簧筒能单独伸缩,可以完全贴合身体进行支撑,因此不会存在身体悬空的情况。且独立体弹簧施压后,装填入袋,一方转动,另一方不会受干扰。同时,由于每个弹簧由布料包裹,完全不会有金属之间相互摩擦的声音,因此抗干扰性好。

③ 线装直立式和整体式弹簧结构:线装直立式是由一股连绵不断的精钢线,从头到尾一体成型排列而成,因此形成了整体无断层式架构,并能顺着人体脊骨自然曲线适当而均匀

地承托，因此这种结构不易产生弹性疲乏。线状整体式结构：由一股连绵不断的钢丝蛇线按照人体工程学原理，将弹簧排列成三角形架构，将所承受的重量与压力呈金字塔形支撑，受力往周遭分布，确保弹簧弹力永远如新。

④ 袋装线状整体弹簧结构：将线状整体式弹簧装入无间隔的袖状双层强化纤维套中排列而成。该结构除具有线状整体式弹簧床垫的优点外，由于其弹簧系统与人体平行排列，故床面上的任何滚动都不会影响旁边的睡眠者。

（2）填充物

为了保证床垫的舒适度，并有效提高其使用功能和耐用程度，需要在金属弹簧框架与面料之间填充透气、贴身、舒适、缓冲的物质，如海绵、记忆棉、天然乳胶、山棕、椰棕、马毛、羊毛和棉麻等。同时还有改善床垫功能的平衡网、针织纤维棉、无纺布等。具体如下：

① 平衡网对床垫的受力起到平衡作用，韧性较好，不仅可平衡并分散人体对床网的压力，延长床垫的使用寿命，还能分散软性材料，防止其因受压而陷入床网内。

② 无纺布用于分开床网与填充物，缓解床网与填充物的摩擦力。

③ 棉毡可防止上下层材料之间的摩擦，起到缓冲和舒适的作用。

④ 山棕与椰棕、山棕经过脱糖处理，具有吸湿、透气、健康环保的功能，还可起到平衡加硬的效果。椰棕床垫具有冬暖夏凉、透气、吸湿、弹性大、经久耐用的特点。

⑤ 热压毡经高温高压而成，对床垫的结构具有定型作用，也可调节床垫的软硬度。

⑥ 海绵对整张床垫起到缓冲、柔软、舒适的作用，使其更加贴身。

⑦ 3D 材料是一种高分子合成纤维，呈现六面透气、中空立体的结构，空气和水分子能自由流通，形成湿热的微循环空气层，干爽舒适。具有多点密集承托、通风透气、可洗快干、环保健康、可卷易携带等特性。

⑧ 天然乳胶取自橡胶树汁液，弹性高。柔软舒适，透气性好，健康环保，可以满足不同体重人群的需要，能很好地调节体位承重，起到完全承托的作用，良好的支撑力能够适应睡眠者的各种睡姿，多用于高档床垫。

⑨ 记忆绵也称慢回弹海绵、惰性海绵、零压绵、太空绵等，具有解压、慢回弹、感温、透气与抗菌防螨的特性。用于床垫可以吸收并分解人体的压力，根据人体温度变化来调整软硬度以准确塑造体型轮廓，带来无压力贴合感，同时给予身体有效的支撑。可有效缓解骨骼肌肉疼痛，促进血液循环，辅助治疗颈椎及腰椎问题，减少打鼾、多翻身等失眠状况，延长深层睡眠时间，改善睡眠质量。

⑩ 其他填充物如纤维棉、羊毛等，主要为增加床垫的立体感和起保暖作用。

（3）面料

可用于制造床垫面料的种类较多，如全棉面料、帆布面料、竹纤维面料、竹炭纤维面料、3D 面料、棉麻面料、黄麻面料、提花面料、金银丝面料等。但目前市面上多以全棉布料和化纤布为主，在织布过程中经抗菌处理，可杀灭、抑制螨虫的生长，更符合健康睡眠的要求。

9.3 传统软体沙发

9.3.1 分类

根据产品材料的不同，沙发可具体分为真皮沙发、布艺沙发、皮布结合沙发及功能沙发等。

（1）布艺沙发

面料以布料为主，色彩艳丽，款式新颖多变，如图 9-13 所示，价格适中，适合大众消费。近年来，由于布艺沙发拥有富于变化的色彩及生动的图案设计，再加上柔软的舒适度，越来越为大众所喜爱。

图 9-13　布艺沙发

（2）真皮沙发

如图 9-14 所示真皮沙发，分为厚皮与薄皮两种，其中厚皮沙发面料中皮质较好的以青皮、黄牛皮为主，硬度较高，款式以大气著称，强调产品的高档、气派。而薄皮沙发更强调舒适性，适合于家庭使用，款式多变，色彩变化也较厚皮沙发多。

图 9-14　真皮沙发

（3）皮布结合沙发

结合了皮、布的优点，易脏、不易拆洗的地方用皮质，其他部位用布艺，如图 9-15 所示，比较人性化，既方便清洁，又达到美观的要求。根据使用的面料不同，皮布沙发有多

图 9-15　皮布结合沙发

种，如绒布、麻布或棉麻布皮布沙发等。

（4）功能沙发

功能沙发是一种在具备传统沙发初始功能的基础上，实现其他新设功能的现代沙发类产品，如姿态调整功能、形态变换功能、摇摆转动功能以及其他附加功能等，如图 9-16 所示。

图 9-16　功能沙发

9.3.2　传统软体沙发结构

传统软体沙发的结构主要包括支架结构、弹簧、软垫材料、钉、绳、底带、底布及面料等，主要结构如表 9-3 所示。

表 9-3　　传统软体沙发结构

基本结构	用材		说明
框架	木质框架		沙发的底架、靠背架、扶手等主体结构为木质，使用气钉枪 45°斜钉将实木木方和胶合板组装固定，主要部位再用铁钉加固
	金属框架		采用金属为框架材料制成的沙发，可进行焊、锻、铸等加工，能够任意弯成不同形状，能营造出各种造型风格
软体弹簧绷带	弹簧		弹簧是软体沙发重要的弹性元件，与沙发的舒适度紧密相关。常用的弹簧有圆柱形螺旋弹簧、双圆锥形螺旋弹簧、圆锥形螺旋弹簧、蛇形弹簧、拉簧、穿簧等多种
	绷带		沙发常用的绷带有黄麻绷带、钢绷带、棉布绷带、塑料绷带、橡胶绷带等。主要用于沙发的底座及靠背，能够为沙发提供一定的弹性和承载能力
	软垫材料及填料		软垫材料主要有泡沫塑料、棉花、棕丝等具有一定弹性和柔软性的材料，回弹性直接决定沙发的舒适程度
	其他	钉	软体沙发所用的钉有圆钉、木螺钉、骑马钉、鞋钉、气钉和泡钉等。主要用于框架、弹簧和绷带等的固定
		面线绳	软体沙发所用的面线绳有蜡绷绳、细砂绳、嵌绳等
面料	布料	棉纺织品	主要特点是透气性好，具有良好的物理性能和化学稳定性
		化纤面料	色彩鲜艳、质地柔软，但耐磨性、耐热性、吸湿性、透气性较差，遇热易变形，容易产生静电。用作沙发面料时具有结实耐用，易打理、抗皱免烫，可进行工业化大规模生产等优点
		混纺织物	既吸收了棉、麻、丝、毛和化纤各自的优点，又尽可能地避免了各自的缺点，且价格低廉
	皮料	真皮	真皮分为头层皮和二层皮两类。头层皮的主要特点是韧性好、弹性大，反复坐压不易破裂，毛孔清晰等。二层皮的主要特点是牢度、耐磨性较差，价格较便宜，利用率高
		人造革	主要特点是花色品种繁多、防水性能好、边幅整齐、利用率高，价格相对真皮便宜
		再生皮	皮张边缘较整齐、利用率高、价格便宜，但皮身较厚，强度一般

9.3.2.1 主要框架结构

沙发既要承受静载荷，又要承受动载荷和承重载荷，因此强度应符合要求。一般来说，软体沙发都有支架作为支撑，支架中常见的有木质和金属两种。

（1）木质框架结构

传统木质框架软体沙发主要是以木材及木质复合材料为主要框架材料制成的。沙发的内框由木质材料按样式和功能制成不同的零部件，采用榫卯、钉和连接件等方式接合，如图 9-17 所示。再在木框架的基础上安装软体部分的弹簧、绷绳、底带、衬料、填料和面料等。由于沙发的木质框架基本不外露，因此对木材硬度的要求不高，能满足正常使用的承重载荷和动载荷即可，且对木纹材色也没有要求。一般采用来源较广、价格较便宜的松、杂木制作框架。由于采用木质框架制成的软体沙发木框架成型简单，故可以形成多种款式的沙发。

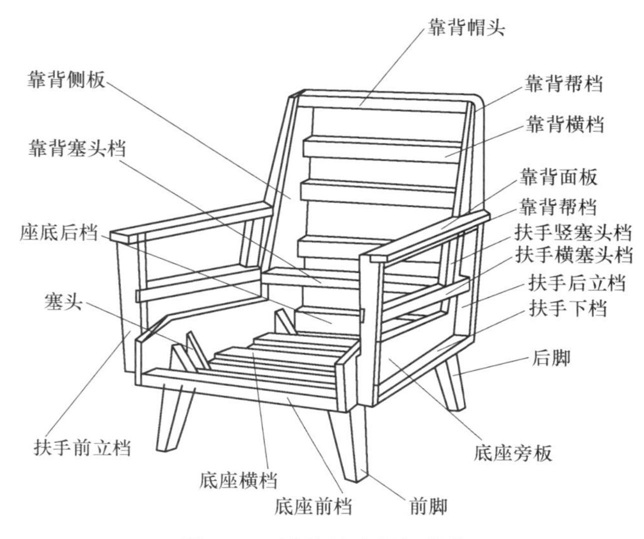

图 9-17 沙发的木框架结构

（2）金属框架结构

金属框架结构的沙发是以金属的管材、板材、线材或型材等为结构材料，同时与人接触部位配以软垫等制成的沙发，如图 9-18 所示。在金属框架中，金属构件之间或金属构件与非金属构件之间的接合通常采用焊接、铆接、螺纹连接及销接等方式进行配合。采用金属为框架材料制成的沙发，强度高，弹性好，富韧性，可通过焊、锻、铸等方法加工成不同形状，能营造出沙发曲直结合、刚柔相济、纤巧轻盈、简洁明快的多种造型风格。

图 9-18 沙发的金属框架结构

9.3.2.2 软体结构

软体沙发的软体主要由面料、海绵、弹簧、绷绳等组成，如图 9-19 所示。

（1）弹簧及其结构

弹簧是软体沙发重要的弹性元件，常用的弹簧有圆柱形螺旋弹簧、蛇形弹簧、拉簧、穿簧等多种。弹簧提供的舒适度与其软硬度有关，而软硬度又取决于钢丝号或弹簧中腰绕圈的宽度（盘芯直径）。

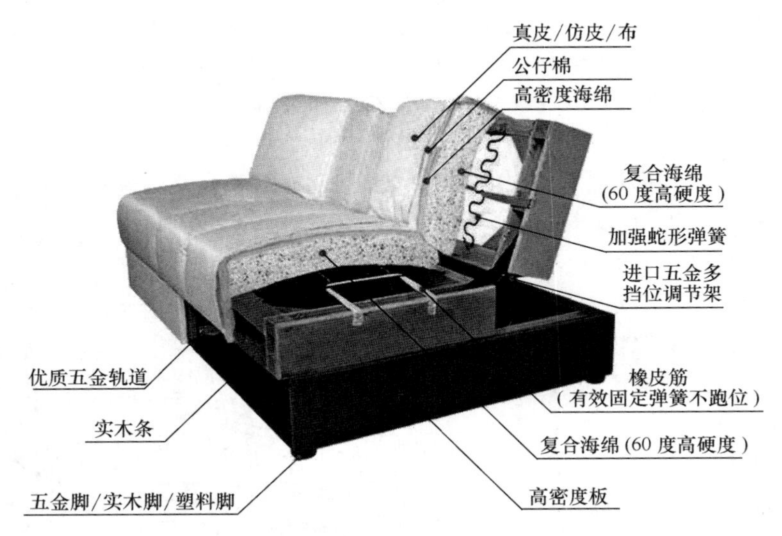

图 9-19　软体沙发的结构

① 种类

a. 圆柱形螺旋弹簧：主要用于制作弹簧软垫，常用规格的钢丝直径为 2.3～2.8mm，弹簧外径为 70～80mm，自由高度为 100～150mm。

b. 双圆锥形螺旋弹簧：软体沙发常用的一种弹簧，俗称沙发弹簧，常用的规格如表 9-4 所示。

表 9-4　双圆锥形螺旋弹簧常用规格

钢丝号	钢丝直径/mm	螺旋数/mm	自然高度/mm	上下螺旋外径/mm	中间螺旋外径/mm
13#	2.3	5	127	85～90	50～52
12#	2.8	5	127	85～90	50～52
12#	2.8	6	152.4	90～92	52～53
11#	2.9	6	152.4	90～92	52～53
11#	2.9	7	178	90～95	52～53
10#	3.2	8	203	95～100	53～55
9#	3.6	9	229	100～105	55～57
9#	4.0	10	254	105～110	55～57

c. 圆锥形螺旋弹簧：俗称宝塔弹簧、喇叭弹簧。使用时大头朝上，小头固定于骨架上，可节约弹簧用量，但稳定性较差。

d. 蛇形弹簧：俗称蛇簧，又称弓簧、曲簧。作为沙发底座用的蛇簧，钢丝直径需大于 3.2mm，作为沙发靠背弹簧直径需大于 2.8mm。蛇簧高度一般为 50～60mm，其长度根据实际需要确定。蛇簧可单独用于沙发底座和靠背，常跟泡沫塑料等软垫材料配合使用。

e. 拉簧：在弹簧软体沙发中使用，一般用直径 2mm 的 70# 钢丝绕制，其外径为 12mm，长度根据需要定制。拉簧常跟蛇簧配合使用，也可单独做沙发和沙发靠背的弹簧。

以上各种弹簧的形状如图 9-20 所示。

② 安装：弹簧多用各种钉将其固定在木质框架上。在软体沙发中，蛇簧应用最广，其安装结构如图 9-21 所示。

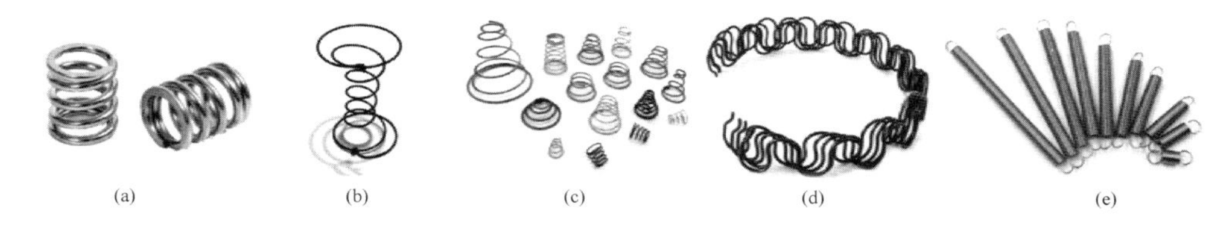

图 9-20 弹簧种类

(a) 圆柱形螺旋弹簧 (b) 双圆锥形螺旋弹簧 (c) 圆锥形螺旋弹簧 (d) 蛇簧 (e) 拉簧

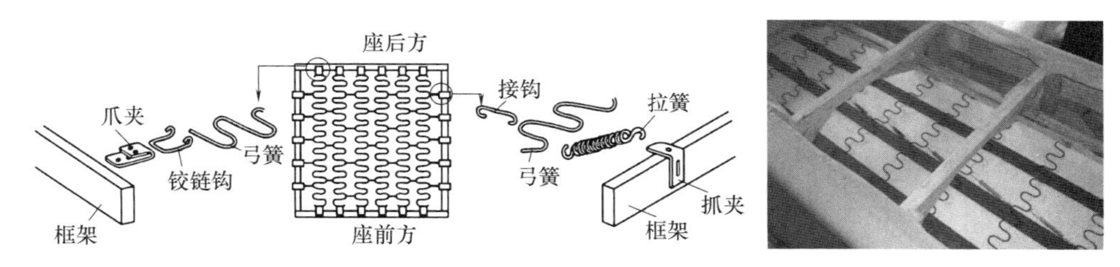

图 9-21 蛇簧的安装结构示意图

(2) 绷带及其结构

绷带是由粗麻线制成的50mm宽的带子，常用于沙发、沙发椅和沙发凳的底座及靠背。由于绷带具有一定弹性和承载能力，所以可以将其他软垫材料直接固定于其上，制成软体沙发。

① 种类

a. 麻绷带：是一种麻织品和胶制成的具有一定强度和弹性的支撑材料。常见的宽度规格有76，89，102mm。黄麻绷带的颜色为黄褐色到棕褐色，回弹好，强度较低，成本低，在软体家具中应用广泛。

b. 钢绷带：用钢材制成的具有一定弹性和强度的支撑材料。钢绷带宽度有16，19，25mm，以19mm宽度常见。钢绷带回弹性差，常用于低档沙发，有时与麻绷带配合使用。

c. 棉布绷带：采用棉布制成的具有一定弹性和强度的支撑材料，规格较多，宽度范围在13～51mm，但是强度低，仅用于靠背、扶手等不能承重的地方。

d. 塑料绷带：采用塑料制成的具有一定弹性和强度的支撑材料。强度变化大，可根据需要制成不同强度；不仅可用作绷带，还可直接用作垫子。

e. 橡胶绷带：采用天然或合成材料制成的具有一定弹性和强度的支撑材料。强度变化大，可以根据需要制成不同强度；容易安装，不仅作为绷带使用，还可直接用作垫子。主要用于低档家具中。

② 绷带的结构：根据绷带安装时的排列方式，可以将绷带分为交叉排列和垂直或平行排列。

a. 交叉排列：根据绷带编织数量的多少可将绷带交叉排列方式分为奇数结构和偶数结构。交叉排列方式具有更好的承重载荷，因此主要用于沙发的座面。当沙发为非弹簧软垫椅座时，绷带安装于座面之上；当沙发为弹簧底座时，绷带安装于座面之下，如图 9-22 所示。

b. 垂直或平行排列：根据绷带固定安装后的相互关系，可以把绷带的排列方式分为平行排列和垂直排列；垂直或平行排列主要用于靠背和扶手绷带的固定，对绷带的强度要求不高，如图 9-23 所示。

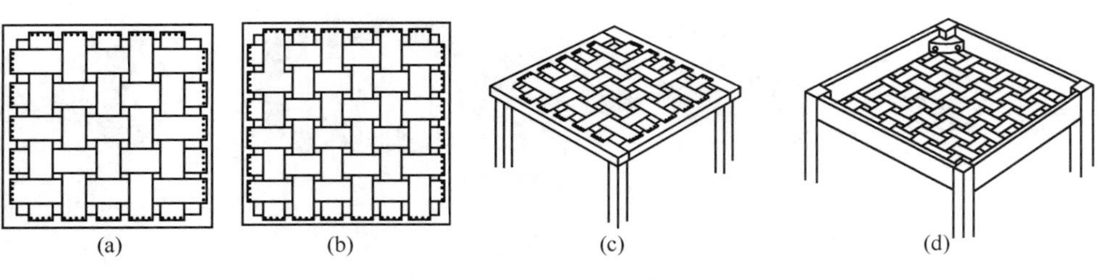

图 9-22　绷带交叉排列及安装示意图

（a）奇数排列　（b）偶数排列　（c）绷带安装于框架之上　（d）绷带安装于框架之下

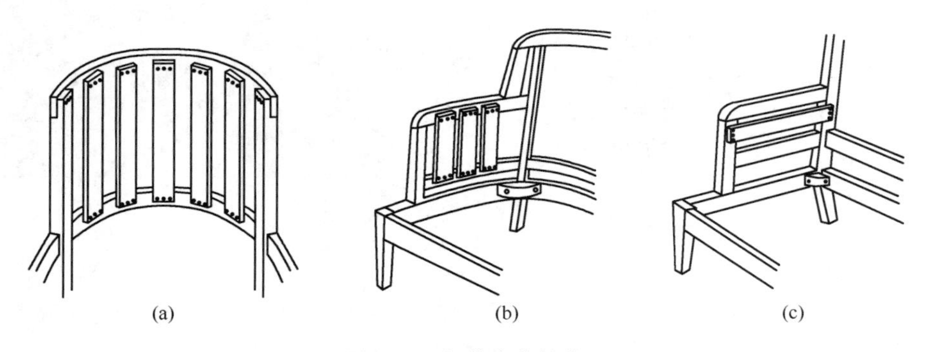

图 9-23　绷带安装结构

（a）（b）垂直排列　（c）平行排列

（3）软垫材料或填料

软垫材料主要有泡沫塑料、棉花、棕丝等具有一定弹性和柔软性的材料。填料质量根据其回弹性衡量。

① 泡沫塑料：在软体沙发中使用较多的泡沫塑料为聚氨酯泡沫塑料和聚醚泡沫塑料。做沙发坐垫的泡沫塑料其密度不能低于 $25kg/m^3$。因泡沫塑料具有一定的弹性，使用方便，其厚度、宽度和长度可以随意裁剪。由于泡沫塑料制作软体家具的工艺简单，所以泡沫塑料成为软体沙发主要的填充材料之一，泡沫塑料的质量要求如表 9-5 所示。

表 9-5　　泡沫塑料的质量要求

项目		高级产品	中级产品	普通产品
密度/(kg/m^3)	底座部位	≥27	≥26	≥25
	其他部位	≥24	≥23	≥22
拉伸强度/kPa		≥110	≥100	≥900
变形/%		≤4.0	≤6.0	≤9.0

② 棕丝及相类似的软垫材料：由于棕丝具有较强的柔韧性与抗拉强度，不变形、不吸潮、耐腐蚀、透气性好，使用寿命长等优点，一直是我国传统软体沙发中的主要绿色环保软垫材料之一。跟棕丝相似的软垫材料还有椰壳丝、笋壳丝、麻丝、藤丝、动物棕毛、动物羽毛绒等。

③ 棉花：棉花主要作为弹簧软体沙发的填充物铺垫于面料下面，以使面料包扎得饱满平整。虽然随着泡沫塑料应用逐渐增多而棉花逐渐被取代，但因棉花是对人与环境无害的绿色材料，故在高端软体沙发中仍得到普遍应用。

（4）其他辅助材料

① 钉：软体沙发所用的钉主要有圆钉、木螺钉、骑马钉、鞋钉、气钉和泡钉，常用的钉子如表9-6所示。

表 9-6　沙发制作常用钉类型

名　称	简　图	说　明
圆钉		主要用于钉制沙发的框架
木螺钉		主要用于沙发骨架的连接以及蛇簧、拉簧在木质框架上的固定
骑马钉（U形钉）	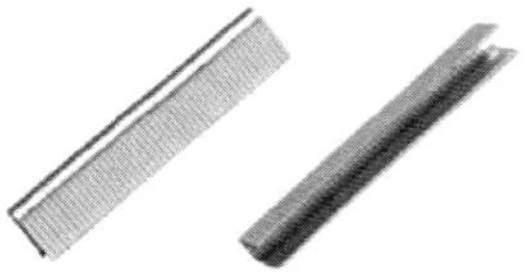	主要用于钉固软体沙发中的各种弹簧、钢丝和绷绳等
鞋钉		主要用于钉固软体家具中的绷带、绷绳、麻布和面料等
气钉		高效率地钉固沙发中的底带、底布、面料等
泡钉		主要用于钉固软体沙发中的面料与防尘布。由于钉的帽头外露，易脱漆、生锈，影响外观，故现使用铜质及其合金的较多

② 面料绳线

a. 蜡绷绳：由优质棉纱制成，并涂上蜡，具有防潮、防腐、使用寿命长的优点。直径为3～4mm，主要用于绷扎圆锥形、双圆锥形、圆柱形螺旋弹簧，以使弹簧对底座和靠背保持垂直，并相互连接成牢固整体而获得合适的柔软度，并使之受力均匀。

b. 细纱绳：俗称纱线，规格有21支21股、21支24股和21支26股三种，主要用于将弹簧和紧蒙在弹簧上的麻布连接在一起；并用于缝接夹在头层麻布和二层麻布中间的棕丝绳，使三者紧密相连，而不发生位移，且能用于第二层麻布锁边，以使周边轮廓平直。

c. 嵌绳：又称嵌线，与绷绳的粗细基本相同，较为柔软，使用 20～25mm 宽的布料包覆，缝制在面料与面料的交接处，以使软体沙发的棱角线平直、明显、美观。

9.3.2.3 面料

软体家具面料可以是各类皮、棉、毛、化纤织品或棉缎织品，也可用各类人造革。

（1）布料

布料可以分为天然织物、人造织物和混纺织物。

① 天然纺织品：是指在自然界生长的、具有纺织价值的纤维，比如棉、麻、毛、绒等。其主要特点是透气性好，良好的物理性能和化学稳定性。

② 化纤面料（化学纺织品）：是以化学纤维为主要材料制成的纺织物，主要特点是色彩鲜艳、质地柔软，但耐磨性、耐热性、吸湿性、透气性较差，遇热易变形，容易产生静电。用作软体家具面料时具有结实耐用、易打理、抗皱免烫等优点，可进行工业化大规模生产。

③ 混纺织物：将化学纤维与其他棉花、丝、麻等天然纤维混合纺纱制成的纺织产品，既吸收了棉、麻、丝、毛和化纤各自的优点，又尽可能地避免了各自的缺点，且价格低廉。

（2）皮料

① 真皮：真皮是牛、羊、猪、马、鹿等动物身上剥下的原皮，经鞣制加工制成的皮质材料，是现代真皮制品的必需材料。其中，牛皮、羊皮和猪皮是制革所用原料的三大皮种。同时，真皮分为头层皮和二层皮两类。

a. 头层皮：由各种动物的原皮直接加工而成，或对较厚皮层的牛、猪、马等动物皮脱毛后横切成上下两层，上层部分则加工成各种头层皮。具有韧性好、弹性大、毛孔清晰等特征。

b. 二层皮：二层皮是厚皮横切的上下两层中的第二层，表面附着 PU 材料进行重新黏合而成，故也称贴膜牛皮。耐磨性较差，但价格较便宜，利用率高。

② 人造革：也叫仿皮或胶料，是 PVC 和 PU 等人造皮革的总称。在纺织布基或无纺布基上由各种不同配方的 PVC 和 PU 等发泡或覆膜加工制作而成，具有花色品种繁多、防水性能好、边幅整齐、利用率高和价格相对真皮便宜的特点。

③ 再生革：将废革和真皮下脚料粉碎后，调配化工原料加工制作而成，其表面加工工艺同真皮的修面革、压花革。其特点是皮张边缘较整齐、利用率高、价格便宜；但皮质较厚，强度不高。

9.4 多功能软体沙发

9.4.1 框架结构

传统沙发属于框架固定式结构，沙发的框架采用金属或木材等材料制成，形态无法变换。多功能沙发为了满足姿态调整、形态变换、摇摆转动以及其他附加功能，需要采用电工、气动、手动结构等对沙发的框架结构进行连接和支撑。

（1）木质框架结构

多功能软体沙发的木质框架结构由木质材料构成，如图 9-24 所示，并在沙发的不同功能部件连接和转换处利用金属构件连接，如图 9-25 所示，赋予家具“关节”结构，能够自

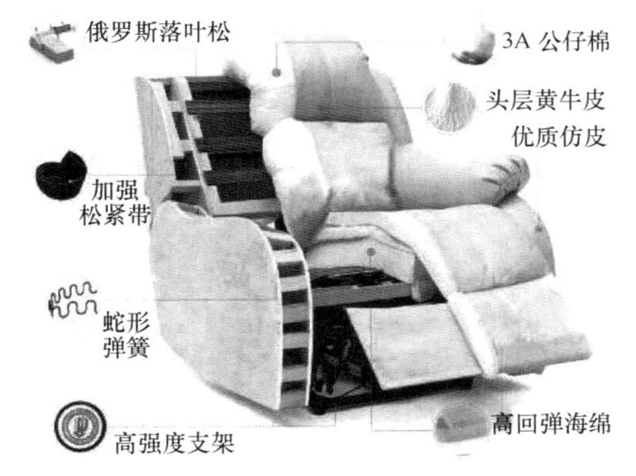

图 9-24 木质框架结构

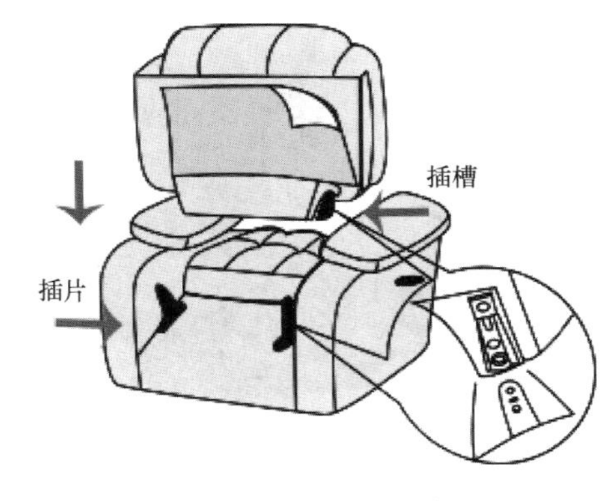

图 9-25 机构装配示意图

由的实现折叠、姿势变化、转动等功能。采用木质材料制成的沙发框架结构不仅便于实现多功能沙发的造型，而且能够保证使用寿命和强度，还能方便底带、弹簧、绷绳、底布和面料的固定，保证强度。

（2）金属框架结构

金属框架结构常见于具有形态变换功能的多功能软体沙发，即以金属结构配合木质材料构成沙发的基本框架，将沙发的折叠结构和推拉结构与框架相接合，以实现沙发的形态变换功能，如图 9-26 所示。

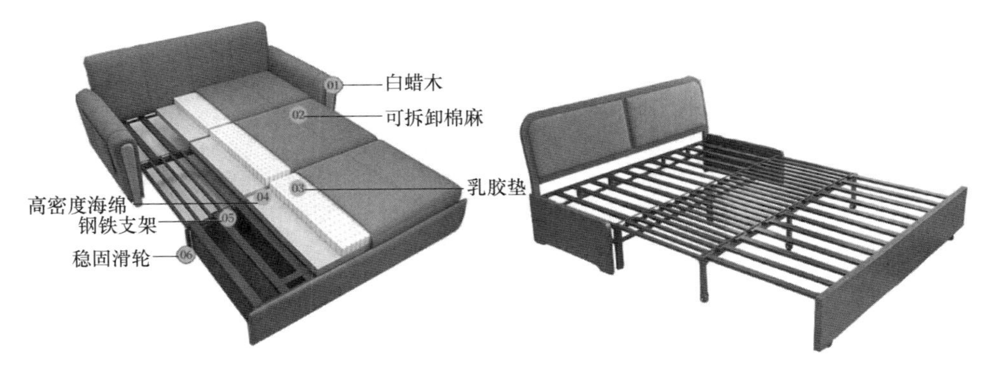

图 9-26 金属框架结构

9.4.2 功能结构

（1）调整姿态功能结构

如图 9-27 所示调整姿态的功能结构以活动钢架为支撑，利用钢架上的多种孔位来固定沙发框架（木框架或金属框架）并连接各部分需要活动的部件，如靠背架、座架和扶手架等，并在沙发的各部位连接处采用可调节的金属铆接连接件接合，需要进行姿势调整时可采用手动和电动的两种方式实现沙发的角度和位置的改变，从而达到沙发整体姿态的变化。如图 9-28 所示为多功能构件在沙发中使用的实例，从坐变换到躺，其中可根据需要实现多个角度的调整。

（2）形态变换功能结构

形态变换功能最常见的形式是沙发变换为沙发床的形式，这种变化形式主要是通过折叠结构和推拉结构来实现。如图 9-29 所示折叠式沙发床，通过折叠沙发靠背、座面或扶手来

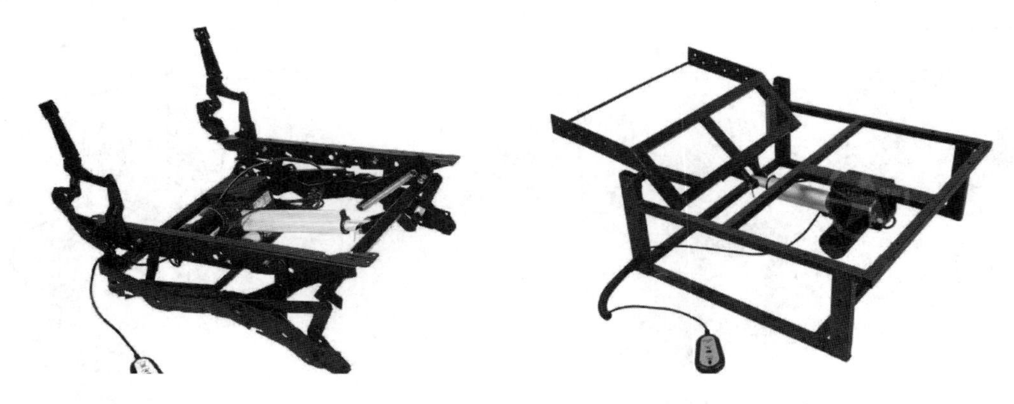

图 9-27　多功能沙发构件

图 9-28　姿势变换过程

图 9-29　折叠式与滑轨式结构

实现功能变换：需要时通过折叠结构将沙发靠背放平，与座面组成床体。

推拉式结构则是将床架做成滑轨式，折叠部分可隐藏于座面以下，用时再拉出与座面组成床架，如图 9-30 所示。

图 9-30　折叠式结构沙发变换过程

（3）转动升降功能结构

多功能转椅具有倾斜靠背、调节高度、灵活转动的特点。其靠背倾斜和高度升降调节装置安装在底座上，分别通过升降调节杆和倾斜调节杆来实现靠背倾斜和座高调节。转动结构则是由安装于底盘上的轴承来实现的，如图 9-31 所示。

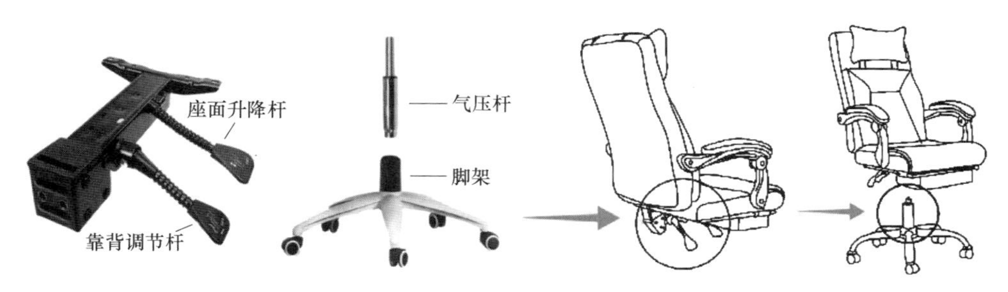

图 9-31 多功能转椅结构与功能示意图

9.5 其他软体家具

(1) 充气家具

充气家具有多种，如常见的充气床垫就是把承重的骨架和弹力垫精巧地接合在一起，用塑料薄膜或橡胶等非透气性弹力材料制作气室，如图 9-32 所示，通过充入气体，利用空气的张力形成床垫。充气家具的主要特点是可自行充气组成各种家具，携带与存放方便，但单体的高度因要保持稳定性而受到限制。充气家具多用于旅游家具，如沙滩椅、轻便沙发、浮床等。气床垫是体积较大的充气家具，主要由气室、拉筋和充排气嘴组成；气室分单气室、双气室和多气室，拉筋的排列分点状、管状、格状等。

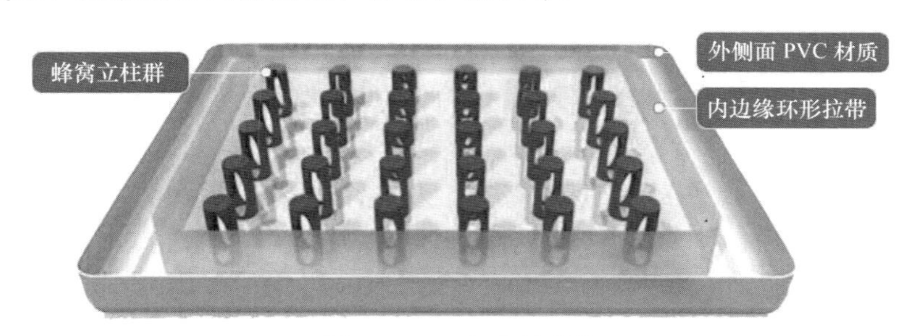

图 9-32 充气家具结构

充气沙发是较为常见的充气家具，可分为整体式充气沙发和分体式充气沙发，如图9-33所示。整体式充气沙发采用隔墙和拉筋结构，结构复杂，不便加工，维修困难。分体式充气沙发是采用一系列不同形状的单体气囊，经一定方式组合成不同形体的充气沙发。由于它们的组成部分是分体独立气囊，形体简单，故加工维修方便。这种充气沙发可根据人体部位对沙发各部位软硬程度的不同要求，分别对单体气囊充气，而且软硬程度完全可通过充气和排

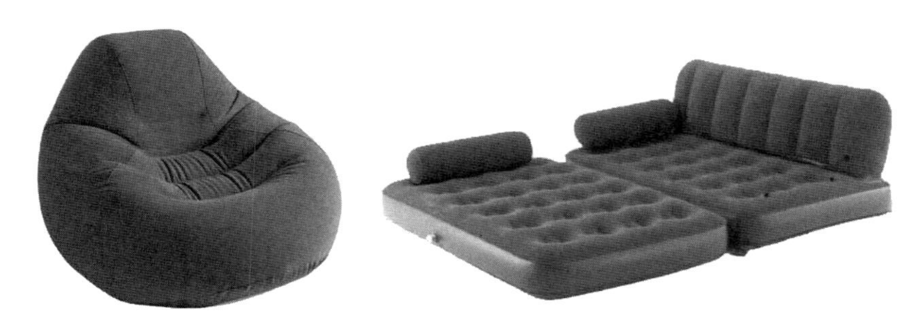

图 9-33 整体式充气沙发和分体式充气沙发

气自行调节。

（2）充水家具

充水家具是软体家具中的一种，是通过注水使家具形成骨架和支撑结构的一类产品。充水家具中最常见的是水床。

水床，是指利用人体工程学原理和流体力学原理，用水填充而制成的床或床垫。根据软硬程度可以分为软水床和硬水床。利用水的悬浮原理，水床能够贴合人体曲线，如图 9-34 所示，使床垫与人体紧密贴合，能够均匀支撑全身重量，减轻自重对脊椎、肌肉、微血管和神经系统的压力，有效构成健康的床垫系统，对脊椎起到特殊的保护作用。水床垫一般分为三种软硬度：小波浪、中波浪、大波浪。随着现代技术的发展，在水床中还加入了智能控温系统，能够满足不同季节的温度需求，保证床垫的舒适性。

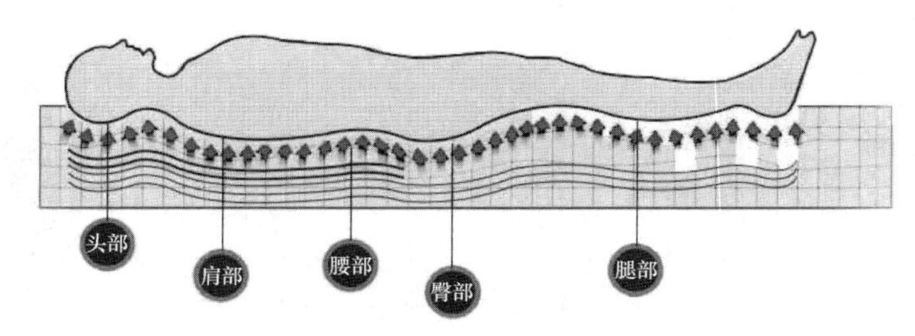

图 9-34　水床与人体曲线

（3）全软体家具

全软体家具是指不采用支架结构，仅采用弹性材料和软质材料而制成的家具。全软体家具最常见的是采用高密度聚苯乙烯粒子为内填物，帆布、亚麻布、麂皮绒、植绒等为外套制成的一类家具，俗称懒人沙发，又称“萨柯座椅”“懒骨头”等，如图 9-35 所示。懒人沙发主要特点是造型简洁、时尚美观，造型能够根据人体姿势变化而变化，坐感舒适。

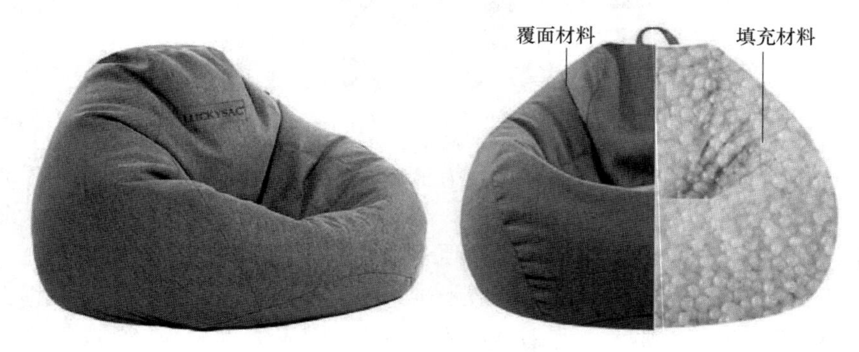

图 9-35　懒人沙发及其结构

软体家具是较为常见的一类家具产品，存在于生活的每一个空间。通过合理的结构设计与材料选用，可以有效提升生活质量，服务人们的生活。

参考文献

[1] 叶翠仙. 家具设计：制图·结构与形式 [M]. 北京：化学工业出版社，2017.
[2] 梁启凡. 家具设计 [M]. 北京：中国轻工业出版社，2000.
[3] 郑建启. 设计材料工艺学 [M]. 北京：高等教育出版社，2017.
[4] 张求慧. 家具材料学 [M]. 北京：中国林业出版社，2013.
[5] 关惠元. 现代家具结构讲座　第一～六讲 [J]. 家具，2007.
[6] 孙德林. 32mm 系统家具的设计与制造技术 [J]. 林产工业，2006，33 (1)：53-55.
[7] 孙德林，赵雪瑞，舒巍，等. 木楔在速生松木家具榫结构中的增强作用 [J]. 林产工业，2012，39 (1)：41-42.
[8] 赵雪瑞. 木楔在松木家具贯穿榫结构中增强作用的研究 [D]. 中南林业科技大学，2013.
[9] 胡文刚，白珏，关惠元. 一种速生材榫接合节点增强方法 [J]. 北京林业大学学报，2017，39 (4)：101-107.
[10] 周雪冰. 折叠式多功能家具设计研究 [D]. 中南林业科技大学，2012.
[11] 朱伟. 基于收启式结构的木质折叠椅系列产品设计 [D]. 中南林业科技大学，2016.
[12] 王拓然. 伸缩结构在产品设计中的应用研究 [D]. 北京理工大学，2015.
[13] 周杨，商景煜，刘青春. 圆竹家具连接结构探索 [J]. 科教导刊，2012，6：192-193，211.
[14] 唐开军，史向利. 竹家具的结构特征 [J]. 林产工业，2001，28 (1)：27-32.
[15] 陈新义，刘文金，张海雁. 基于竹集成材的家具产品设计技术研究 [J]. 包装工程，2019，40 (14)：162-166.
[16] 吕桢. 竹制家具设计与研究 [D]. 河北科技大学，2017.
[17] 袁哲. 藤家具的研究 [D]. 南京林业大学，2006.
[18] 闫丹婷. 竹藤家具的装饰艺术与结合方法的研究 [D]. 中南林业科技大学，2007.
[19] 曾蔚霞. 慈竹竹编在家具设计中的应用研究 [D]. 中南林业科技大学，2014.
[20] 杨凌云. 圆竹家具新型接合结构设计研究 [J]. 竹子研究汇刊，2015，34 (1)：26-30.
[21] 贺瑞林. 基于结构创新的圆竹家具设计研究 [D]. 中南林业科技大学，2016.
[22] 张英. 竹材的设计表现力研究 [D]. 中南林业科技大学，2011，6.
[23] 陈哲. 传统竹家具的结构改进研究 [D]. 中南林学院，2005.
[24] 宋杰，申黎明，侯建军. 功能沙发及其功能的实现 [J]. 家具，2011，6：94-98.
[25] 唐开军. 家具设计：第 2 版 [M]. 北京：中国轻工业出版社，2016.
[26] 柳万千. 家具力学 [M]. 哈尔滨：东北林业大学出版社，1993.
[27] 卡尔·艾克曼. 家具结构设计 [M]. 林作新，李黎，等编译. 北京：中国林业出版社，2008.
[28] 张帆. 基于有限元法的实木框架式家具结构力学研究 [D]. 北京林业大学，2012，6.
[29] 刘恒山. 齿轮有限元接触分析精确建模及传动精度研究 [D]. 大连理工大学，2015，6.
[30] 张蓓，陈帆. 有限元网格划分对零件热力学分析的影响研究 [J]. 机械工程师，2016，12：140-142.
[31] 郭洪锍. 基于 ANSYS 软件的有限元法网格划分技术浅析 [J]. 科技经济市场，2010，4：29-30.
[32] 衡小东. 家具材料中塑料的应用现状及发展趋势 [J]. 塑料工业，2019，47 (6)：155-158.
[33] 王湘，李淑慧，刘兵兵. 中国传统家具图案在现代产品装饰设计中的应用 [J]. 包装工程，2019，40 (14)：156-160.
[34] 曾卓，陈家新. 扫掠法有限元网格生成方法 [J]. 计算机工程与应用，2013，4 (02)：219-221.
[35] 何风梅. 板式家具强度设计 [M]. 北京：化学工业出版社，2009.
[36] 邓伟彬. 钣金件应力集中有限元分析与优化 [J]. 科技创新与应用，2018，20：102-103.
[37] 张仲凤，张继娟. 家具设结构设计 [M]. 北京：机械工业出版社，2016.
[38] 吴智慧. 木质家具制造工艺学 [M]. 北京：中国林业出版社，2004.

[39] 宋杰，张佳琦，朱汝斌，等. 金属“斗拱”在新中式家具设计中的应用研究 [J]. 家具与室内装饰，20,9,6：61-62.

[40] 杨跃倩，徐伟，张琳，等. 实木家具角部组合榫结构功能性改进研究 [J]. 林业机械与木工设备，2019，47 (6)：30-33.

[41] 舒巍. 有限元法在实木椅子结点设计中的应用研究 [D]. 中南林业科技大学，2013，6.

[42] https：//image. baidu. com/

[43] 百隆官网——动感开合技术 https：//www. blum. com/cn/zh/products/motion-technologies/

[44] Eckelma，C. A and Kwiatkowski. Experimental testing of the theory of deformations of cabinet designs [J]. Holztechnologie，1978，19 (4)：20-206.

[45] Lashgari and Hosseini Hashemi. Analysis of stress distribution and prediction of failures for T-shaped wood screw joints using the finite element method (FEM)，2012，1 (2)：119-128.

[46] Jerzy Smardzewski，Wojciech Lewandowski，Hasanözgür-Imirz. Elasticity modulus of cabinet furniture joints [J]. Materials and Design，2014，60：260-266.

[47] Musa Atar，Ayhan Ozcifci，Mustafa Altinok，Uzeyir Celike. Determination of diagonal compression and tension performances for case furniture corner joints constructed with wood biscuits [J]. Materials and Design，2009，30 (3)：665-670.

[48] Marcin Podskarbi，Jerzy Smardzewski. Numerical modeling of new demountable fasteners for frame furniture.

[49] Marcin Podskarbi，Jerzy Smardzewski，Krzysztof Moliński，Marta Molińska-Glura. Design methodology of new furniture joints [J]. Drvna Industrija，2017，67 (4)：371-380.